本书荣获中国石油和化学工业优秀科技图书奖

精密注塑工艺与产品缺陷解决方案100例

第2版

李宗启　刘云志　石威权　李忠文　编著

化学工业出版社
·北京·

内容简介

本书用100多个工程实例剖析了注塑加工常见的工艺问题和制品缺陷问题，并提出解决方法，给出了成型工艺表。所有案例均配彩图，生动直观。本书还总结了注塑成型工艺参数的设置和制品缺陷的成因。本书编入的注塑成型工艺条件来自作者做过的产品实例，目的是通过实例为读者提供解决注塑成型产品问题的思考方向。针对一个产品的解决方案并没有唯一的最优解，读者应根据具体的产品要求和工艺条件因地制宜进行调校。受收集资料的条件限制，本书不足之处在所难免，读者可以访问“精密注塑100例读者”贴吧或发邮件至lyh@cip.com.cn交流沟通。

本书可供注塑成型技术人员参考，也可作为技术工人培训教材。

图书在版编目（CIP）数据

精密注塑工艺与产品缺陷解决方案100例/李宗启等编著. —2版. —北京：化学工业出版社，2022.12（2025.4重印）

ISBN 978-7-122-42306-1

Ⅰ.①精… Ⅱ.①李… Ⅲ.①注塑－塑料成型②注塑－产品质量 Ⅳ.①TQ320.66

中国版本图书馆CIP数据核字（2022）第183080号

责任编辑：李玉晖　　装帧设计：张　辉
责任校对：刘曦阳

出版发行：化学工业出版社（北京市东城区青年湖南街13号　邮政编码100011）
印　　装：北京建宏印刷有限公司
710mm×1000mm　1/16　印张18½　字数394千字　2025年4月北京第2版第3次印刷

购书咨询：010-64518888　　售后服务：010-64518899
网　　址：http://www.cip.com.cn
凡购买本书，如有缺损质量问题，本社销售中心负责调换。

定　　价：128.00元

本书编写人员

深圳东创技术股份有限公司	李宗启
东莞职业技术学院	刘云志　李忠文　刘永文　蒋文艺
东莞市技师学院	石威权
东莞市理工学校	李新亮
惠州市盈旺精密技术股份有限公司	张伟君　黄有团　陈金生
东莞市润茂精密注塑有限公司	张　胜　余孝存　贺斌斌
广东健大电业有限公司	谭　刚　范庆贺　张　柳
东莞富强鑫塑胶机械制造有限公司	郑建林　胡　刚　刘　欢
东莞市莞泰居物业管理发展有限公司	匡朝晖　黄新勇　谢跃信
东莞市俊兴模具五金有限公司	黄伟添　张锐冰　刘富兴
希克斯电子（东莞）有限公司	严锦葵　文清华　邓仙林
上海川口机械有限公司东莞分公司	黄玉摄　谢　威　尤延宝
东莞市科创技工学校	王同富　周仕雄
佛山市竹之匠智能设备有限公司	李勇彪　陈智宜　陈少俊
一胜百模具（东莞）有限公司	黄招捡
东莞丽骏塑胶制品有限公司	李胜强
广州市豪田机械设备有限公司	刘钖伟
玖龙环球（中国）投资集团有限公司	黄小波
东莞智培教育咨询有限公司	黄　聪

目录

第1部分 概述

第2部分 案例分析

第1部分

概述

1 注塑成型工艺技术参数的设置

塑料是以有机合成树脂为主要成分，加入其他配合材料而构成的材料，是一种具有可塑特性的材料，注射成型就是利用塑料的这种可塑性能。通常在加热情况下，可注射成型加工各种类型、各种形状的器件等制品。常规塑料可分为通用塑料和工程塑料。通用塑料一般为非结构性材料，性能尚可，价格较低，产量较大，广泛应用在工农业、民用产品中。通用塑料一般有PE、PP、PS、PMMA、PVC、EVA等。工程塑料具有较高力学性能，耐温、耐磨、耐腐蚀，为结构性材料，具有优良的综合性能，可承受机械应力，在化工、机械加工等环境中可长期使用，应用在工业、农业、交通、国防等重要行业中。工程塑料常用的有ABS、POM、PC、PA、PPO、PET、PBT等。

塑料有玻璃态、高弹态和黏流态三种状态。玻璃态有一定刚性和强度；高弹态的塑料分子动能增加，链段展开成网状，链段之间不发生位置移动；黏流态的塑料分子，网状结构解体，链段之间自由移动，形成“液态”，加外力时，分子间相互滑动，造成塑料液体变形。注射成型就是将塑料原料加热塑化，变成黏流态进行注射充填模具型腔，再冷却成型。黏流态的熔融胶料转变回玻璃态的成型产品，即形成与模具型腔形状相同的制品。其加工设备就是注塑机（某些地区俗称“啤机”）。

注射成型是塑料加工成型的主要方法，注射成型加工过程就是将玻璃态的塑料原料经处理后装入加料斗中，再进入注塑机的熔胶筒中进行塑化处理和加热，加上螺杆旋转摩擦产生热量的作用，塑料原料变成高弹态，继而变成黏流态的熔融胶料，再进行射胶动作将熔融胶料由射嘴射入模具，经由模具的浇道口、流道口、浇口后进入模具型腔进行充模，然后再进行保压和冷却，注塑制品固化成型，成型后由模具上的顶针机构将制品顶出。这样完成一个注塑成型过程。由此可见，注塑成型过程与注塑机机型、模具、原料、注塑成型工艺密切相关。注塑机机型决定的注射量、锁模力与注塑成型产品十分相关：注射量决定注射成型产品的大小尺寸，锁模力决定注射成型产品的材料和品质要求。注射成型的原料物理特性、工艺性能也与注塑成型产品十分相关。模具的设计制造和加工，要依据原料的特性、产品的形状尺寸以及水口和浇口系统等来进行综合考虑。注射成型工艺技术参数的设置是综合了上述所有的特性、特点和要求来进行的。注射成型工艺参数主要包括压力参数、速度参数、温度参数、时间参数和位置参数等。参数设置的目的是以较低的生产成本，达到较高的经济效益。

1

1.1 注射成型压力参数的设置

在注射动作时，为了克服熔融胶料经过喷嘴、浇道口和模具型腔等处的流动阻力，射胶螺杆对熔融胶料必须施加足够的压力来完成射胶。注塑机主要由射胶和锁模两部分组成，注射压力和锁模压力（锁模力）等压力参数是注塑成型重要的工艺技术参数。注塑成型压力参数包括注射压力、锁模压力、保压压力、背压压力、其他动作压力等。

（1）注射压力

注射压力又称射胶压力，是最重要的注塑成型压力参数，它对熔融胶料的流动性能和模具型腔的填充有决定性的作用，对注塑制品尺寸精度、品质质量也有直接影响。射胶压力参数根据不同机型而设置。常见机型中，一般有一级、二级、三级射胶压力。亿利达等机型是三级射胶压力设置；震雄注塑机、力劲注塑机是四级射胶压力设置；海天注塑机有六级射胶压力参数。在具体生产中要根据塑料原料、具体成型产品结构等来合理选取和设置压力参数。

（2）锁模压力

锁模压力是从低压锁模开始设置，经过高压锁模，直至锁模终止为止。锁模动作分为三个阶段，锁模开始时设置快速移动模板所需的压力参数，以节省循环时间提高效率。锁模动作即将结束时，为了保护模具，消除惯性冲击，应降低锁模压力参数。当模具完全闭合后，为了达到预设的锁模力，应增加锁模压力参数的设定值。还有些机型采用快速→慢速→低压→高压四段参数的设定来完成锁模压力的设置，如力劲注塑机等；震雄注塑机机型采用低压锁模→高压锁模→锁模力→锁模终止四段参数设定。

（3）保压压力

保压是在射胶动作完成后，对模具腔内的熔融胶料继续进行压实，对模腔内制品冷却成型收缩而出现的空隙进行补缩，并使制品增密。保压压力保证模腔压力一定，一直到浇口固化为止。常设定保压时间来控制保压压力。有保压一段、保压二段的参数设定，例如震雄机、亿利达机、宝源机、恒生机等均采用。有的机型还具有多段保压参数设定，如力劲机有保压一段至保压四段，海天机有保压一段至保压五段的参数设定。保压压力决定补缩位移的参量大小，决定制品质量的一致性、均匀性、致密性等重要性能，对于提高制品质量和生产效益有十分重要的意义。设置保压压力参数的一般原则是保压压力要略小于充模力，浇口保压时间大于固化时间。

（4）背压压力

背压压力是塑料原料在熔胶筒内塑化和计量过程中产生的，在螺杆顶端和熔胶筒前端部位，熔融胶料在螺杆旋转后退时所受到的压力，常称作塑化压力。背压压力阻止螺杆后退过快，确保塑化过程均匀细密。适当设置背压压力参数，可增加熔融胶料的内应力，提高均匀性和混炼效果，提高注射成型的塑化能力。

（5）其他动作压力

注塑机各动作的压力参数，均采用比例压力电磁阀进行动作压力参数设置，可方便地调校和预置，使注塑机工作在最佳工作状态，以保质保量完成生产操作。

1.2 注射成型流量参数的设置

流量参数包括射胶速度、熔胶速度、开模动作速度、锁模动作速度等。

（1）射胶速度

射胶速度对熔融胶料的流动性能、塑料制品中的分子排列方向及表面状态有直接影响。射胶速度推动熔融胶料流动，在相邻流动层间产生均匀的剪切力，稳定推动熔融胶料充模，对注塑成型制品产品质量和精度有重大的影响。不同机型的射胶速度参数设置不同。常见的注塑机机型中，震雄注塑机有一至五段射胶速度，力劲注塑机有一至四段射胶速度。射胶速度和射胶压力要相辅相成，配合使用。射胶速度的设置一般是从一段射胶开始，经过二段射胶……直到射胶终止为止。射胶速度的大小设置，也是结合塑料原料特性和注射成型模具设计的形状、尺寸、精度等综合参数而定，射胶速度的快慢会影响成型产品的质量和品质。

（2）锁模、开模速度

锁模和开模速度的参数设置基本上同压力参数设置。例如开模动作速度的三个阶段，第一阶段为了减少机械振动，在开模动作开始阶段，要求动模板的移动缓慢，这是由于注塑成型制品在型腔内，如果快速开模，有损坏塑件的可能，过快开模还可产生巨大的声浪；在开模第二阶段，为了缩短循环周期时间，动模板应快速移动，以提高机器使用效率；第三阶段在动模板接近开模终止位置时，为了减小惯性冲击，应减慢开模速度。开模整个动作过程采用慢→快→慢的速度参数设置，锁模动作速度也常与开模相同。综合各方因素，稳定、快速、高效是进行速度参数设置的目的。

1.3 注塑成型温度参数的设置

注塑成型温度参数是注塑成型工艺的核心内容，直接关系到注塑成型产品的质量，影响塑化流动和成型制品各工序的时间参数设置。一般温度参数主要包括熔胶筒各区加热温度、射嘴温度、模具温度、料温和油温等。

（1）熔胶筒温度

注塑成型就是对塑料进行加温，将颗粒原料在熔胶筒中均匀塑化成熔融胶料，以保证熔融胶料顺利地进行充模。熔胶筒温度一般从料斗口到射嘴逐渐升高，因为塑料在熔胶筒内逐步塑化。螺杆的螺槽中的剪切作用产生的摩擦热等因素都直接影响温度，所以温度参数设置分段进行。通常将熔胶筒分成前端、中段和后端加热区间，分别设置所需参数。熔融胶料的温度一般要高于塑料流动的温度和塑料的熔点温度，低于塑料的分解温度。实际生产中常凭借经验来确定或根据注塑制品情况来确定。如工程塑料温度要求高些，可适当使熔胶筒温度设置偏高一些，使塑料充分塑化。

（2）射嘴温度

射嘴是熔胶筒内连接模具型腔浇口、流道口和浇注口的枢纽。射嘴温度设置合理，熔融胶料流动性能合适，易于充模，同时塑料制品的性能如熔接强度、表面光泽度都能提高。射嘴温度过低，会发生冷料堵塞射嘴或堵塞浇注系统的浇口、流道口等不能正常顺利进行生产，还可因冷料使制品带有冷料斑，影响塑料制品的品质；射嘴温度过高，会导致熔融胶料的过热分解，导致塑料制品的物理性能和机械性能下降等。射嘴温度设定一般进行温度设定，充分保持射嘴温度恒定。

（3）模具温度

模具温度一般是指模具腔内壁和塑料制品接触表面的温度。模具温度对精密注射成型加工的塑料制品的外观质量和性能影响很大。模具温度参数的设置常由塑件制品尺寸与结构、塑料材料特性、塑料制品的工艺条件等来决定。模具温度的设置，对熔融胶料而言都是冷却，控制模具温度都可使塑料成型制品冷却成型，为顺利脱模提供条件；控制模具温度，可使模具型腔各部温度均衡一致，使型腔内制品散热程度一致，以避免因内应力的产生导致制品性能下降，保证制品质量。

（4）料温和油温

塑料原料在注塑前需要对其进行处理，因为原料在储运过程中，会吸收大气中的水分。一些含有亲水基因的大分子原料如尼龙的水分含量有可能远远超过材料注射成型加工所允许的范围。聚碳酸酯的饱和吸水率可达 0.2% ～ 0.5%，尼龙 PA6 可达 1.3% ～ 1.9%，ABS 可达 0.2% ～ 0.45%。所以在注射成型前必须进行预热干燥处理。塑料在注射成型过程中，含水率是重要指标。含水率过高，可使制品表面出现银丝、斑纹和气泡等缺陷，严重时可引起高分子聚合物在注射成型过程中产生降解，影响制品的内在质量和外观品质。常用的塑料原料中，聚碳酸酯、尼龙、ABS、亚克力（即聚甲基丙烯酸甲酯）塑料等容易吸潮，需要进行干燥处理，即控制塑料原料的温度；而对于其他原料如聚乙烯、聚丙烯、聚甲醛等，因吸水率很低，通常在储存较好的环境下，吸水率不会超过允许值，可以不必进行干燥处理。

表 1-1 是常用塑料原料工艺性能。

油温是液压系统中压力油的温度，压力油温度是靠冷水器的进出水量来调整的，压力油温度对注塑成型工艺有重要的影响。油温过高会使油的黏度降低，可使系统产生气泡、增加泄漏量、导致液压系统压力和流量波动，直接影响注塑成型加工生产。

表1-1　常用塑料原料工艺性能

原料名称	原料处理	干燥温度	干燥时间	回收料利用
聚苯乙烯	不需干燥			可使用回收料及废料
ABS胶料	需要干燥	60～80℃	1～4h	可混入30%的回收料
苯乙烯	不需干燥			可使用回收料及废料
聚乙烯	不需干燥			可使用回收料及废料
聚丙烯	不需干燥			可使用回收料及废料
PVC硬料	不需干燥			可使用回收料
聚碳酸酯	需要干燥	100～120℃	7～8h	可使用20%的回收料
亚克力	需要干燥	70～80℃	6～8h	可使用20%的回收料，但要预热干燥
尼龙	需要干燥	80～100℃	10～14h	可使用20%的回收料
聚甲醛	不需干燥			可使用10%～15%的回收料
丙酸纤维素	需要干燥	70～80℃	0～4h	可使用20%的回收料

1.4　注塑成型时间参数的设置

注塑成型时间参数是保证生产正常的一个重要参数，它直接影响劳动生产效率和设备的利用率，通常完成一次注塑成型所需用的时间称作成型时间。成型时间又包括了注射时间、冷却时间、低压锁模时间、顶针时间、周期循环时间、熔胶时间、开模时间、吹风时间、熔胶筒预热时间等。机型不同时间参数是相同的。

（1）注射时间

注射时间（射胶时间）一般包括充模时间和保压时间，一般在旧型号机型上采用射胶时间继电器来控制射胶动作，从射胶动作开始计时到射胶终止这段时间为射胶时间，接着转为保压动作计时。电脑控制的机型用预置时间参数，在电脑规定的时间开关按键上预置，还可以采用位置控制来进行射胶动作的转换。

（2）冷却时间

一般在旧型机型上采用冷却时间继电器来控制冷却动作，从射胶计时到开始进入冷却时间计时，直到开模动作开始时为止是冷却计时时间。电脑控制的机型可用预置时间开关的参数进行冷却计时，用时间开关按键进行操作。

（3）低压锁模时间

低压锁模时间参数设置一般由快速低压锁模开始计时，直到锁模动作完成后，慢速高压开模前终止计时，旧型号机型采用时间继电器来控制和调节低压锁模时间，对于模具内有异物，机绞伸不直、超过低压锁模设定时间，就会开始报警。电脑控制机型是在键盘上输入低压锁模时间参数，以供给电脑控制低压锁模时间。

（4）周期循环时间

周期循环时间是从顶针动作完毕开始计时，直到锁模动作下一个循环开始的时间。周期循环时间可用时间继电器或电眼信号来进行计时。电脑注塑机则在键盘上输入周期循环时间参数，以供给电脑控制循环时间。

1.5 注塑成型位置参数的设置

注塑成型位置参数是保证注塑成型制品生产正常的重要参数。注塑成型工艺要求的每一个动作，都要靠各动作的位置来控制，尤其注塑成型动作的顺序控制和时序控制，都要由动作的具体位置来控制。位置控制常采用行程开关、极限开关、接近开关、电子尺、光学解码器等电器元件来检测。根据具体机型的不同采用不同的感应器件，设置不同的参数。旧机型的位置控制是由各个动作的限位开关来传递信号，电脑机型则使用各种电器元件来传递感应信号。对于精密注射成型的塑料制品，常采用电子尺、光学解码器来进行检测，以控制注塑成型各动作精密可靠，精度高，品质高，工作效率高。

一般注塑机动作控制采用限位开关、接近开关来检测距离和位置，不需要进行参数设置。而电脑控制的注塑机需要对距离和位置进行参数设置。常对锁模开模动作、射胶熔胶动作、顶针前后动作等进行参数设置。震雄注塑机采用光学解码器来控制行程，对锁模、开模、射胶、熔胶动作的行程进行设置。力劲注塑机采用电子尺来控制行程，对锁模、开模、射胶、熔胶、顶针前后动作的行程进行设置。海天注塑机也是采用电子尺来控制注塑成型的核心参数。

位置参数的预置在微机控制系统中进行，它通过先进的电器元件，把位移、距离变成微变电压信号或电脉冲信号输入微机系统进行控制运算，避免了直接安装和机器零件的接触，减少了故障点，缩小了体积，有效地提高了生产率，也提高了注塑精密度。

在精密注塑过程中，模具的精密配合非常重要。模具间的位置非常精密，模具型腔表面光洁度非常高，才能保证产品光泽明亮；模具间隙配合严密无缝，才能保证产品不存在披锋；模具的进胶品位、水口位和模具成型产品的骨位、扣位等机械部件位置严密，精度合格，才能充分保证精密注塑。可以说注塑机位置控制是宏观控制，模具配合是位置控制的微观控制。模具也是精密机械零件的组合体，配合间隙和表面光洁度就是位置控制的参量。所以，模具的零件部分也直接影响注塑成型，也是需要关注的机械零件部分。

2 注塑成型产品缺陷成因

2.1 注塑机电气部分

注塑机电气部分是注塑机动作的动力源，它包括油泵电机电源、电加热电源、驱动电路和控制电路的电源。

与注塑成型温度参数相关的是加热电源。加热电源分为加热主电路和控制电路。加热主电路为熔胶筒提供加热，由加热圈将电能转换成热能。控制电路为加热电路提供温度信号采集，控制驱动执行器件进行电能传递，即执行温度信号采集、传递、运算处理、输出驱动、大功率电能传递等。温度工艺参数的设置是否合适是关系到注塑成型产品质量好坏的重要因素。温度工艺参数既与使用的塑料原料有关，又与机器的熔胶筒加热温度、射嘴温度和模具温度有关。塑料的种类繁多，其熔点、密度不同，再加上回收料和其他料等混入，熔胶筒温度设置也有不同，注塑机型对熔胶筒加热区段设置也有不同，所以熔胶筒温度设置要具体情况具体对待。对于常用的塑料原料如PS、PE、PP、PA、POM、ABS等设置温度参数要按供应商提供的技术参数进行设置。对热敏性塑料的温度要严格设定，如果温度设置不当，会对产品质量或机器造成损坏。如对PVC温度不严格控制，温度过高会使塑料分解或烧焦，结果会影响生产或损坏螺杆或熔胶筒。对热敏性塑料，要考虑其他因素，如塑化过程中的摩擦热量，一般预置温度时先低一些，在试注射和调校完成后或过程中，再升高，以防止温度过高而分解。温度参数的设置和校正还要结合具体塑料原料特性，除考虑模具型腔尺寸和精度要求外，还要参考注塑成型动作的压力和流量参数的大小来进行综合校正。习惯做法是温度参数按工艺条件来设置，调整其他参数，但在塑化程序不良、调校不良或产品不正常时需核实温度参数的设置和实际温度情况。

温度参数设置要适当，不恰当的温度设置会造成注塑成型产品出现质量问题，常见的情况如下：

① 塑料加温温度低和模具温度低可使得塑料熔融胶料塑化不良，会引起注塑制品质量问题，例如注射件射胶不足、表面不光滑、透明度不良、熔接不良、表面流纹和波纹、冷块、僵料、云母电状分层脱皮、制品发脆等。

② 模温低可导致产品表面粗糙、制品脆裂、浇口呈层状等不良缺陷。

2.2 注塑机机械传动部分

注塑机机械传动部分是注塑机的骨架和执行机构。由锁模部分、射胶部分及辅助部分组成机械传动系统，系统又通过液压驱动装置来完成注塑成型的每个动作。

模板不平衡会造成动模和静模之间的缝隙，使注塑成型的产品产生披锋缺陷。其原因是：射胶部分的螺杆和熔胶筒有配合间隙。在正常情况下，塑料原料在加热圈的加热条件下，塑化成熔融胶料，在射胶时，通过射嘴将熔融胶料推射入模具型腔。如果螺杆和熔胶筒之间间隙过大、严重磨损，就不能达到完全塑化，使产品质量受到影响。如果螺杆过胶头、过胶介子损坏就会造成射胶无力或漏胶。

锁模部分主要有模板与拉杆（哥林柱）组成锁模刚体。支承动模板开启和闭合动作。哥林柱之间的平行度、模板与机架的垂直度、射嘴与模板浇注口的同轴度等都事关注塑成型制品的质量。注塑机机械传动机构的配合不当、润滑失效等都会造成机器的磨损或早期失效，如果调校不当会造成机器磨损或较大的振动，都严重影响制品或机器寿命。

模具在生产过程中也经常发生故障影响产品质量，如模具的撞伤、模具拉模；进胶口位拖伤；水口变形、拖伤、傍位；骨位拖伤，骨位变形，扣位拉翻等涉及模具机械方面的故障。在生产实际过程中，都需要加以控制和处理。

2.3 注塑机液压系统

注塑机液压系统受电气控制系统的推动，通过液压传动系统去推动机械传动部分，也可以说是注塑成型各动作的动力源，依靠液压执行元件推动机械传动系统工作，将液压能转换为机械能。液压传动系统主要以动力元件油泵为核心器件，通过控制元器件（各种流量、压力和方向阀）驱动执行机构运动，液压马达推动螺杆进行旋转运动来塑化塑料，液压系统的辅助元件为液压传动系统服务。液压系统还提供储油、过滤、散热、沉淀杂质、冷却压力油和显示压力值等项工作。液压系统的每部分都与注塑成型产品息息相关，与机械传动、电气控制息息相关。液压传动系统为注塑成型生产不可缺少的一个重要组成部分。

液压泵是为液压系统提供压力的核心元件，也是系统压力的压力源，直接影响注塑成型各动作的可靠稳定性和注塑成型产品质量。液压泵配合压力阀、流量阀为系统提供机械传动所需的动力，方向阀为系统的顺序控制和时序控制提供相应的机械传动。在调校产品、查巡故障时，一般都是在液压系统正常的情况下进行，所以当调校产品无法排除缺陷时，应对液压系统进行检查和调校。与注塑成型相关的机械动作和液压驱动相关，也是查巡的要点。

2.4 注塑成型工艺参数

如前所述，注塑成型工艺参数的设置直接影响注塑成型产品的质量，在注塑成型操作过程中，每个工艺参数都与产品的品质有密切关系，工艺参数的相互配合、互相弥补、良好配置、最佳组合是成型优质产品的技术保证和质量保证。工艺参数中，压力参数主要涉及射胶压力、保压压力、锁模压力等；速度参数主要涉及射胶速度、开模速度、锁模速度和熔胶速度等；时间参数主要涉及射胶时间、冷却时间、低压锁模时间和循环周期时间等；位置和行程参数主要涉及开、锁模动作过程中的行程变换，射胶动作过程中的行程位置控制、熔胶动作过程中的行程设置等；温度参数主要涉及各种塑料的加热温度以及各加热区段的加热温度、射嘴加热温度、模具温度和油温控制等参数设置。这些参数设置，均要按照注塑机本身注塑成型工艺技术条件设置。具体操作过程中还要结合实际情况，根据塑料原料的成分、机器熔胶筒的塑化情况，结合工作经验，对其进行修定或修改。还要通过试操作调校运行。通过对成型产品不良缺陷的分析，有针对性地进行参数调整，补充修改后调出合格的成型产品，才可使注塑机正常运行。

工艺技术参数的设置要适当，符合工艺技术要求。在对参数进行调校时，要严格操作，遵守工艺流程规则。在调校试运行过程中，应当避免以下的设置：压力参数设置很低而流量参数很高；保压压力参数设置很高而流量参数设置很低。

常见的压力参数、速度参数设置问题如下：

① 压力参数设置不足或速度参数设置不足，会导致制品的凹痕和气泡；制品的表面波纹、熔接不良、接痕明显；制品表面胀肿，流纹和波纹；制品发脆，浇口呈层状等缺陷。

② 压力参数设置过大或速度参数设置过大，会导致制品变色、黑点、黑线等缺陷。

③ 压力参数设置过高，会导致成型产品产生物料溢边，飞边过大，漏胶、粘模及脱模不良，制品破裂或龟裂等缺陷。

④ 速度参数设置过高，会导致成型产品产生制品烧焦，透明度不良，塑件制品不良等缺陷。

⑤ 压力参数设置太低，会导致制品射胶不足、模具型腔不充满、尺寸不稳定、银丝或斑纹、制品表面粗糙等缺陷。

⑥ 速度参数设置太低，会导致制品存在表面粗糙、容易产生翘曲变形等缺陷。

常见时间参数设置问题如下：

① 射胶时间设置过短，会导致制品射胶不足或模具型腔充模不满、凹痕或气泡、银丝或斑纹、制品尺寸不稳定、制品发脆、塑件不良等。

② 射胶时间设置过长，会导致成型产品溢边、漏胶、粘模或浇道口堵塞、浇口呈层状，脱模不良等缺陷。

③ 冷却时间设置过长，会导致成型产品存在浇道口粘模、制品裂纹等缺陷。

④ 冷却时间设置过短，会导致制品翘曲和变形、尺寸不稳定，水口堵塞或浇口粘模，塑件脆弱等缺陷。

⑤ 保压时间设置太短，会导致注塑成型产品尺寸不稳定，出现银丝、斑纹、凹痕、气泡、发脆等缺陷。

3 注塑成型常见制品缺陷及解决方法

（1）制品凹痕

现象 制品凹痕或气泡、塌坑、缩水、缩孔、真空泡等都是制品凹痕缺陷。

原因 由于保压补缩不良，制品冷却不均、模腔胶料不足，塑料收缩过大，使产品表面出现凹痕、塌坑、真空泡、空洞等，看上去有不平整的感觉。

（2）成品不满

现象 塑件不良、模具不充满、气泡表面不完整等都是制品成品不满缺陷。

原因 主要是物料流动性太差、供料不足、熔料填充流动不良、充气过多和排气不良造成填充模具型腔不满，导致塑件外形残缺不够完整或多型腔时个别型腔充填不满或填模不良等。

（3）制品披锋

现象 飞边过大、毛边过大都是制品披锋缺陷。

原因 由于锁模不良、模边阻碍或间隙过大、塑料流动性过强、射胶胶料过多，塑件制品沿边缘出现多余的薄翅、片状毛边等。

（4）制品熔接不良

现象 熔接痕明显、表面熔合线等都是制品熔接不良缺陷。

原因 由于物料污染、胶料过冷或使用脱模剂过多等致使熔料分流汇合料温下降，树脂与附和物不相溶等原因致使熔料分流汇合时熔接不良，沿制品表面或内部产生明显的细接缝或微弱的熔合线等。

（5）制品裂纹

现象 拉裂、顶裂、破裂、龟裂等都是制品裂纹缺陷。

原因 由于制品内应力过大、脱模不良、冷却不均匀、塑料混合比例不当、性能不良、模具设计不良或设置参数不当如顶针压力过大等，制品表面出现裂缝、细裂纹、开裂或在负荷和溶剂作用下发生开裂。

（6）制品变形

现象 变形、翘曲、表面肿胀、尺寸不稳定等都是制品变形缺陷。

原因 由于注塑成型时残余应力、剪切应力、制品壁厚薄不均匀及收缩不均匀造成内应力，加上脱模不良、冷却不足、制品强度不够、模具变形等因素，制品发生形状畸变、翘曲不平、型孔偏离、壁厚不均等现象；由于模具强度、精度不足，注塑机工作不稳定及工艺技术条件不稳定等原因，致使制品尺寸变化不稳定。

（7）制品银纹

现象 银丝斑纹、表面云纹、表面银纹等都是制品银纹缺陷。

原因 由于塑料原料内水分过大或充气过大或挥发物过多，熔料受剪切作用过大，熔料与模具表面密合不良，或急速冷却或混入杂料或分解变质，制品表面沿料流方向出现银白色光泽的针状条纹或云母片状斑纹等。

（8）制品变色

现象 制品颜色差异、色泽不均、变色等都是制品变色缺陷。色泽不均是制品颜色和标准色对比后或深或浅、颜色不一致的现象。

原因 由于颜料或填料分布不良，物料污染和降解，物料挥发物太多，着色剂、添加剂分解等使塑料或颜料变色，在制品表面产生色泽差异。色泽不均匀的制品常和塑料、颜料的热稳定性不良有关，熔接部分的色泽不均匀常与颜料变质降解有关。

（9）制品波纹

现象 表面波纹、流纹、塑面波纹等都是制品波纹缺陷。

原因 由于熔料沿模具表面不是平滑流动填充型腔，而是呈半固化波动状态沿模具型腔表面流动，熔料有滞留现象造成波纹。

（10）制品粗糙

现象 表面不光泽、表面粗糙、模斑、拖花、划伤、模印、手印等都是制品粗糙或制品不光滑的表现。

原因 主要原因是模具光洁度不够，熔料与模具表面不密合，模具上粘有其他杂质或模具维护修理后的表面印迹，或者是操作不当，不清洁，以及料温、模温等参数设置不当，致使制品表面不光亮、有印迹、不光滑、有划伤伤痕、有模印以及表面呈乳白色或发乌。

（11）制品气泡

现象 制品的内部真空泡或膨胀制品的气泡等缺陷。

原因 由于熔料内充气过多或排气不良而导致制品内部残存的单体、气体和水分形成体积较小或成串的空穴或真空泡。

（12）制品粘模

现象 脱模不良、塑件粘模等缺陷。

原因 物料污染或不干燥、模具脱模性能不良、填充作用过强等原因使得制品脱模困难或脱模后制品变形、破裂，或者制品残留不符合设计要求。

（13）制品分层脱皮

现象 云母片状分层脱皮、塑料在浇口呈层状等缺陷。

原因 由于原料混合比例不当或料温、模温不当，塑化不均匀，熔料沿模具表面流动时剪切作用过大，塑料呈薄层状剥落，制品的物理性能下降。

(14) 浇口粘模

现象 浇口或水口堵塞、断胶、断针、主流道粘模、直浇道粘模等都是浇口粘模缺陷。轻者粘模，重者堵塞。

原因 由于浇道口、浇道斜度设计不够，浇口套内有阻力作用，或冷却不够，使浇口粘在浇口套内或者堵塞水口等。

(15) 制品浑浊

现象 透明度不良、制品浇口处浑浊缺陷。

原因 由于物料污染和干燥不好、熔料与模具表面接触不良、制品表面有细小凹穴造成光线乱散射、塑料分解或有杂质废料掺入等，模具表面不光亮，排气不好，透明塑料透明不良或不均。

(16) 制品斑点

现象 制品黑点、黑线、黄点、黄线、黑色条纹、棕色条纹等都是制品斑点缺陷。

原因 由于塑料分解出的或料中存在的可燃性挥发物、空气等在高温高压下燃烧，烧伤的树脂随熔料注入型腔，在制品表面呈现出各种斑点或沿制品表面呈炭状烧伤。

(17) 制品僵块

现象 制品冷块或僵块。

原因 由于有冷料或塑化不良的胶料掺入，这些没塑化的和未充分塑化的料使塑料制品有夹生。

(18) 漏胶

现象 物料溢边、射嘴滴胶等。

原因 料筒与射嘴的温度设定不当，射嘴与主浇口模嘴接触不良，锁模力不均匀或不恒定，塑料流动性过强，射嘴温度过高而产生漏胶溢料现象。

注塑成型产品缺陷是造成产品质量不合格的根源，产品缺陷又和注塑操作员、注塑维修工的技术水平有关。保证产品质量，要求注塑操作员对注塑成型的机器和工艺技术有丰富的实践经验；要对所使用的注射机器性能熟悉掌握并熟练使用；要对注塑成型工艺技术全面了解，掌握从塑料原料到产品包装的各个环节的全过程设置和调校。

在注塑成型操作过程中，常见的产品缺陷也有一定的趋向，通常做法是通过对产品缺陷的正确判别诊断，综合分析可能产生的原因，结合实际工作经验，摸索出一套规律。通过对塑料原料、各温度参数、压力参数、速度参数、行程参数、时间参数的设置，针对具体情况如模具、射嘴、熔胶筒、螺杆以及润滑剂、脱模剂等进行合理的参数预置和修改，结合实际对工艺技术参数进行调节和校正，通过调校试运行，以防止产品缺陷产生，保证产品质量合格。

注塑成型常见产品缺陷的成因和解决方法见表3-1。

表3-1 注塑成型常见产品缺陷的成因和解决方法

产品缺陷	可能原因	解决方法
制品凹痕	（1）模腔胶料不足，引起收缩 ① 填充入料不足或加料量不够 ② 浇口位置不当或浇口不对称 ③ 分流道、浇口不足或太小 ④ 制品壁厚或厚薄不均匀，在厚壁处的背部容易出现凹痕	进行调节校正 ① 增加加料或开大下料口闸板 ② 限制熔胶全部流入直浇道浇口，不流入其他浇口 ③ 增多分流道和增大浇口尺寸 ④ 可对工模模具进行修改或增加注射压力
	（2）工艺技术参数调节不当 ① 射胶压力小，射胶速度慢 ② 射胶时间设置太短 ③ 保压时间设置太短 ④ 冷却时间设置太短	进行调节校正 ① 调节增大射胶压力和射胶速度 ② 增加射胶时间设定值 ③ 增加保压时间设定值 ④ 增加冷却时间设定值
	（3）塑料过热 ① 塑料过热，熔胶筒温度设置太高 ② 模具温度过高 ③ 模具有局部过热或制品脱模时过热	进行调节校正 ① 降低熔胶筒的温度设定值 ② 降低模温，调节冷却系统进水闸阀 ③ 检查工模冷却系统或延长冷却时间
	（4）料温太低或塑化不良，使熔料流动不良	增加熔胶筒各段加热区温度，检验塑化胶料的程度
成品不满	① 物料在料斗中“架桥”使加料量不足 ② 注射量不够，塑化能力不足以及余料不足 ③ 分流道不足或浇口小 ④ 流入多型腔工模的熔胶流态不能适当平衡 ⑤ 模腔熔胶量大于注塑机的射胶量 ⑥ 模具浇注系统流动阻力大，进料口位置不当，截面小、形式不良，流程长而且曲折 ⑦ 空气不能排出模腔 ⑧ 塑料含水分、挥发物多或熔料中充气多 ⑨ 射嘴温度低，料筒温度低，造成堵塞，或射嘴孔径太小 ⑩ 注射压力小，注射速度慢 ⑪ 射胶时间设置太短 ⑫ 保压时间设置太短 ⑬ 塑料流动性太差，产生飞边溢料过多 ⑭ 模具温度太低，塑料冷却太快 ⑮ 脱膜剂使用过多，型腔内有水分等 ⑯ 制品壁太薄、形状复杂并且面积大	① 检查运水圈冷却系统，消除“架桥”现象 ② 减小注射量来保持固定料量进入以及增强塑化能力 ③ 增加分流道或扩大浇口尺寸 ④ 改正不平衡流态 ⑤ 用较大注塑机或减少工模内模型腔数目 ⑥ 改进或修改模具浇注系统，包括进料口位置、截面、形式和流程等方面 ⑦ 增加排气道数目或尺寸 ⑧ 塑料注塑成型前要干燥处理，保证混料比例，减少杂质 ⑨ 提高料筒、射嘴温度，保证充分塑化，更换大孔径射嘴 ⑩ 增加注射压力和速度参数值 ⑪ 增加射胶时间参数的设置值 ⑫ 增加保压时间参数的设置值 ⑬ 校正温度设置的参数值，防止溢料产生 ⑭ 调节模温和冷却时间 ⑮ 合理控制脱模剂用量，防止过多水分 ⑯ 尽力降低制品复杂程度
制品披锋	① 制品投影面积超过注射机所允许的最大制品面积 ② 模具安装不正确或单向受力 ③ 注塑机模板不平行或拉杆变形不均	① 选用较大的注塑机或选用合适面积的制品模具 ② 检查模具安装情况并固定压紧 ③ 检查模板及拉杆是否平行，并进行校正消除变形

续表

产品缺陷	可能原因	解决方法
制品披锋	④ 模具平行度不良或模边有阻碍 ⑤ 模具分型面密合不良，型腔和型芯偏移或滑动零件的间隙过大 ⑥ 塑料流动性太大，且加料量太大 ⑦ 型腔料温高，模温过高 ⑧ 注射压力过大，注射速度过快 ⑨ 锁模力不恒定或锁模力不均匀	④ 清洁或打磨模边，检查模具平行度 ⑤ 检查模具分型面是否干净无杂物，校正偏移或间隙，或更换零件 ⑥ 加料量控制合适 ⑦ 控制加热熔胶筒的温度和模具温度 ⑧ 降低射胶压力、速度参数 ⑨ 调校锁模力参数或修正工模两边对称
熔接不良	① 浇口系统形式不当，浇口小，分流道小，流程长，流料阻力大，料温下降快 ② 料温太低或模温太低 ③ 塑料流动性差，有冷料掺入，冷却速度快 ④ 模具内有水分或润滑剂，熔料充气过多，脱模剂过多 ⑤ 注射压力太小或注射速度慢 ⑥ 制品形状不良，壁厚薄不均匀，使熔料在薄壁处汇合 ⑦ 模具冷却系统不当或排气不良 ⑧ 塑料内掺有不相溶的料、油质或脱模剂不当	① 改进浇口系统，增大浇口或分流道，减小流程及流料阻力，保持料温度幅度 ② 增加熔胶筒和工模温度 ③ 对于流动性差的料，防止冷料加入加速冷却，影响流动速度 ④ 检查排气孔，擦干工模内壁，或按工艺技术标准使用塑料、添加剂等 ⑤ 增加射胶压力和速度设置值 ⑥ 改善制品形状或增加注塑成型周期时间 ⑦ 检查冷却系统和排气孔情况 ⑧ 检查塑料有无污染，擦净工模壁，涂上适当的脱模剂制品裂纹
制品裂纹	① 塑料有污染、干燥不良或有挥发物 ② 塑料及回料混合比例大，使塑料收缩方向性过大或填料分布不均 ③ 不适当的脱模设计，制品壁薄，脱模斜度小，有尖角及缺口，容易应力集中 ④ 顶针或环定位不当，或成型条件不当，应力过大，顶出不良 ⑤ 工模温度太低或温度不均 ⑥ 注射压力太低，注射速度太慢 ⑦ 射胶时间和保压时间设置太短 ⑧ 冷却时间调节不适当，过长或过短 ⑨ 制品脱模后或后处理冷却不均匀，或脱模剂使用不当	① 检查塑料是否有污染掺杂等 ② 严格掌握塑料回料及废料掺入比例，使得塑料能良好地塑化 ③ 修改工模设计，消除斜度小、尖角及缺口 ④ 调校安装顶针装置，使顶针顺利顶出制品而不发生冲撞 ⑤ 调节工模温度，保持正常或提高模温 ⑥ 增加射胶压力和速度参数设定值 ⑦ 增加射胶时间和保压时间参数设定值 ⑧ 根据制品具体情况，合理调节冷却时间 ⑨ 合理使用脱模剂，保证制品脱模后冷却状态均匀
制品变形	① 塑料塑化不均匀、供料填充过量或不足 ② 浇口位置不当，不对称或数量不够 ③ 模具强度不够，易变形，精度不够或有磨损或定位不可靠或顶出位置不当 ④ 脱模系统设计不良或安装不好，脱模时受力不均匀 ⑤ 塑料料温太低，模温低，射嘴孔径小，在注射压力速度高时剪应力大	① 调节螺杆后退位置，减小入料，降低射胶压力或增加压力 ② 更改浇口或在浇口控制流动速度 ③ 检查或修改模具或安装校正使之定位准确，精度良好，顶出位置适当 ④ 可更改设计或再安装调试，使制品脱模时受力均匀 ⑤ 增加熔胶筒的温度及模具温度，减小射胶压力和速度以防止剪应力过大

续表

产品缺陷	可能原因	解决方法
制品变形	⑥ 料温高，模温高，填充作用过分，保压补缩过大，射胶压力高时，残余应力过大 ⑦ 制品厚薄不均，参数调节不当，冷却不均或收缩不均 ⑧ 冷却时间参数设置太短，脱模制品变形，后处理不良或保存不良 ⑨ 模具温度不均，冷却不均，对壁厚部分冷却慢，壁薄部分冷却快，或塑件凸部冷却快，凹部冷却慢	⑥ 降低熔胶筒的温度及模具温度，减小射胶压力和保压补缩，以防残余应力过大 ⑦ 检查模具受热是否均匀，或修改模具使之厚薄均匀，或合理调节参数使收缩均匀 ⑧ 增加冷却时间参数设定值，调节其他参数，加强后处理工序和保存堆放合理，免受外力作用而变形 ⑨ 调节模具冷却系统对模具温度的控制并均匀分布，避免冷却不均造成温度不均而使塑件温度不均，收缩不均，发生变形
制品银纹	① 塑料配料不当或塑料粒料不均，掺杂或比例不当 ② 塑料中含水分高，有低挥发物掺入 ③ 塑料中混入少量空气 ④ 熔胶在模腔内流动不连续 ⑤ 模具表面有水分、润滑油，或脱模剂过多或使用不当 ⑥ 模具排气不良，熔料薄壁流入厚壁时膨胀，挥发物汽化与模具表面接触液化生成银丝 ⑦ 模具温度低，注射压力小，注射速度小，熔料填充慢冷却快形成白色或银白色反射光薄层 ⑧ 射胶时间设置太短 ⑨ 保压时间设置太短 ⑩ 塑料温度太高或背压太高 ⑪ 料筒或射嘴有障碍物或毛刺影响	① 严格塑料比例配方，混料应粗细均一，保证塑化 ② 对塑料生产前进行干燥，避免污染 ③ 降低熔胶筒后段的温度或增加熔胶筒前段的温度 ④ 调正浇口要对称，确定浇口位置或保持模温均匀 ⑤ 擦干模具表面水分或油污，合理使用脱模剂 ⑥ 改进模具设计，尽量严格塑料原料的比例配方和减少原料污染 ⑦ 增加模温，增加射胶压力和速度，延长冷却时间和注塑成型周期时间 ⑧ 增加射胶时间的参数设定值 ⑨ 增加保压时间的参数设定值 ⑩ 由射嘴开始，减小熔胶筒的温度，或降低螺杆转速，使螺杆所受的背压减少 ⑪ 检查料筒和射嘴，浇注系统太粗糙，应改进和提高
制品变色	① 塑料和颜料中混入杂物 ② 塑料和颜料污染或降解、分解 ③ 颜料质量不好或使用时搅拌不均匀 ④ 料筒温度、射嘴温度太高，使胶料烧焦变色 ⑤ 注射压力和速度设置太高，使添加剂、着色剂分解 ⑥ 模具表面有水分、油污，或使用脱模剂过量 ⑦ 纤维填料分布不均，制品与溶剂接触树脂溶失，使纤维裸露 ⑧ 熔胶筒中有障碍物促进物料降解	① 混料时避免混入杂物 ② 原料要干燥，设备干净，换料时要清除干净，以免留有余料 ③ 保证所用颜料质量，使用搅拌时颜料要均匀附在料粒表面 ④ 降低熔胶筒、射嘴温度，清除烧焦的胶料 ⑤ 降低射胶压力和速度参数值，避免添加剂分解 ⑥ 擦干模具表面水分和油污，合理使用脱模剂 ⑦ 合理设置纤维填料的工艺参数，合理使用溶剂，使塑化良好，消除纤维外露 ⑧ 注意消除障碍物，尤其对换料要严格按步骤程序进行，或使用过渡换料法

续表

产品缺陷	可能原因	解决方法
制品表面波纹	① 浇口小，导致胶料在模腔内有喷射现象 ② 流道曲折，狭窄，光洁度差，供应胶料不足 ③ 制品切面厚薄不均匀，面积大，形状复杂 ④ 模具冷却系统不当或工模温度低 ⑤ 料温低、模温低或射嘴温度低 ⑥ 注射压力、速度设置太小	① 修改浇口尺寸或降低射胶压力 ② 修改流道和提高其光洁度，使胶料供应充分 ③ 设计制品使切面厚薄一致，或去掉制品上的突盘和凸起的线条 ④ 调节冷却系统或增加模温 ⑤ 增加熔胶筒温度和射嘴温度 ⑥ 增加射胶压力和速度参数设定值
制品粗糙	① 模具腔内粗糙，光洁度差 ② 塑料内含有水分或挥发物过多，或塑料颜料分解变质 ③ 供料不足，塑化不良或塑料流动性差 ④ 模具壁有水分和油污 ⑤ 使用脱模剂过量或选用不当 ⑥ 熔料在模腔内与腔壁没完全接触 ⑦ 注射速度慢，压力低 ⑧ 脱模斜度小，脱模不良或制品表面硬度低，易划伤磨损 ⑨ 料粒大小不均，或混入不相溶料产生色泽不均、银丝等	① 再次对模具型腔进行抛光作业 ② 干燥塑料原料，合理使用回收料，防止杂质掺入 ③ 检查下料口情况以及塑胶料塑化情况，再调节参数 ④ 清洁和修理漏水裂痕或防止水汽在壁面凝结，擦净油污 ⑤ 正确选用少量的脱模剂，清洁工模 ⑥ 可通过加大射胶压力、提高模温、增加供料来改善 ⑦ 增大射胶压力和速度设定，增加熔胶温度，增加背压 ⑧ 修改模具斜度，合理选用顶针参数，操作时精心作业 ⑨ 混料时注意料粒大小要均匀，防止其他料误入
制品气泡	① 塑料潮湿，含水分、溶剂或易挥发物 ② 料粒太细、不均或背压小，料筒后端温度高或加料端混入空气或回流翻料 ③ 模腔填料不足或浇口、流道太小 ④ 注射压力和速度设置太低 ⑤ 射胶时间设置太低 ⑥ 模温低或温度不均匀，射嘴温度太高	① 注塑前先干燥处理胶料，也要避免处理过程中受过大的温度变化 ② 对细料粒或不均匀料，设置好料筒各区端温度，以防止注塑成型时有空气介入 ③ 扩大浇口、流道尺寸，检查下料口或射胶动作参数 ④ 增加射胶压力、速度设定值 ⑤ 增加射胶时间参数设定值 ⑥ 检查模具冷却系统，重新排列，使工模温度一致，降低射嘴设定温度值
制品粘模	① 浇口尺寸太大或型腔脱模斜度太小 ② 脱模结构不合理或工模内有倒扣位 ③ 工模内壁光洁度不够或有凹痕划伤 ④ 料温过高或注射压力过大 ⑤ 注射时间参数设置太长	① 修改模具浇口和型腔设计尺寸 ② 模具结构应合理，除去倒扣位，打磨抛光，增加脱模部位的斜度 ③ 对工模型腔内壁再次抛光，打磨处理凹痕划伤后再抛光 ④ 降低料温和减小射胶压力，降低螺杆转速或背压 ⑤ 减小射胶时间参数设定值

续表

产品缺陷	可能原因	解决方法
制品粘模	⑥ 冷却时间参数设置太短 ⑦ 模内制品表面未冷却硬化或模温太高 ⑧ 射嘴温度低，射嘴与浇口套弧度吻合不良 ⑨ 射嘴孔径处有杂质或浇口套孔径比射嘴孔径小	⑥ 增加冷却时间参数设定值 ⑦ 延长保压时间并加强工模冷却，降低模温 ⑧ 降低射嘴温度，调校或修理使射嘴与浇口套吻合 ⑨ 清除射嘴孔与浇口套处的杂质，更换射嘴孔径或修改浇口套孔径
浇口粘模	① 浇口锥度不够或没有用脱模剂 ② 浇口太大或冷却时间太短 ③ 料温高，冷却时间短，收缩不良 ④ 工模表面有损伤或凹痕 ⑤ 射胶压力过大，使制品脱模时没有完全顶出 ⑥ 射胶压力过大，复杂型腔的孔被堵塞，形成胶柱，引起断针	① 增加浇口锥度，使用适量的脱模剂 ② 延长冷却时间，缩小浇口直径 ③ 降低料温，增加冷却时间，使收缩良好 ④ 修理工模型腔，表面进行抛光 ⑤ 调校工艺技术参数，如降低射胶压力和顶针动作参数，预防断胶 ⑥ 调校工艺技术参数，降低射胶压力或速度，以防止断针
制品飞边	① 塑料温度、工模温度太高 ② 注射压力太高或塑料流动性太大 ③ 工模两边不对称或锁模力不均 ④ 模板不平衡或导柱变形，使模具平行度不良 ⑤ 注射时间设置太长 ⑥ 模边有阻碍，使分型面密合不良，或型腔、型芯部分滑动，零件间隙过大	① 降低塑料加热筒温度及工模温度 ② 降低射胶压力或速度 ③ 调校工模模具对称，调校锁模力参数 ④ 调整校核模具、模板平衡，使四边受力均衡 ⑤ 减少射胶时间参数值的设定 ⑥ 清洁或打磨模边，修理更换间隙过大的零件
制品透明度不良	① 塑料中含有水分或有杂质混入 ② 浇口尺寸过小、形状不好或位置不好 ③ 模具表面不洁，有水分或油污 ④ 塑料温度低，或模温低 ⑤ 料温高或浇注系统剪切作用大，塑料分解 ⑥ 熔料与模具表面接触不良或模具排气不良 ⑦ 润滑剂不当或用量过多 ⑧ 塑料塑化不良，结晶性料冷却不良、不均或制品壁厚不均 ⑨ 注射速度过快，注射压力过低	① 塑料注塑前应干燥处理，并防止杂质混入 ② 修改模具浇口尺寸、形状或位置，使之合理 ③ 擦干水分或油污，表面进行抛光 ④ 提高塑料熔胶筒温度或模温 ⑤ 降低料温，防止塑料降解或分解 ⑥ 合理调校射胶压力、速度参数，检查排气道排气状况 ⑦ 适量使用润滑剂 ⑧ 合理调整工艺技术参数，防止结晶性料冷却不良或不均匀 ⑨ 调节射胶速度和压力，使之合适
制品尺寸不稳定	① 机器电气系统、液压系统不稳定 ② 注塑成型工艺技术条件不稳定	① 检查和调校机器的电气液压控制系统，使控制稳定正常 ② 检查工艺技术参数是否稳定，加料系统是否正常，温度控制系统是否正常，螺杆转速是否正常，背压是否稳定，注塑成型各动作液压系统是否稳定正常等

续表

产品缺陷	可能原因	解决方法
制品尺寸不稳定	③ 注塑成型工艺技术条件设置不当 ④ 模具强度不足，导柱弯曲或磨损 ⑤ 模具锁模不稳定，精度不良，活动零件动作不稳定，定位不准确 ⑥ 塑料加料量不均或颗粒不均，塑料塑化不良或机器熔胶筒与螺杆磨损 ⑦ 制品冷却时间设置太短，脱模后冷却不均匀 ⑧ 制品刚性不良，壁厚不均及后处理条件不稳定 ⑨ 塑料混合比例不当、塑料收缩不稳定或结晶性料的结晶度不稳定	③ 检查注射压力是否正常，射胶和保压时间设置是否正常，生产周期是否稳定以及注塑成型各动作压力、速度参数设置是否合适 ④ 检查导柱是否有磨损或弯曲变形 ⑤ 检查模具精度和零件动作及定位情况，消除不良因素，使各动作稳定正常 ⑥ 检查机器性能，熔胶筒与螺杆间隙过大或磨损严重时应更换或修理 ⑦ 延长冷却时间，检查冷却系统的运行状况 ⑧ 检修模具或调节工艺参数，加强后处理条件稳定 ⑨ 合理搭配回料或废料的比例，对结晶度不稳定的料要通过工艺、原料等进行弥补
制品出现斑点、黑线条等	① 熔胶筒内壁烧焦，胶块脱落，形成小黑点 ② 空气带来污染或模腔内有空气，导致焦化形成黑点 ③ 产生黑色条纹 a. 料筒、螺杆不干净，或原料不干净 b. 料筒内胶料局部过热 c. 冷胶粒互相摩擦，与熔胶筒壁摩擦时烧焦 d. 螺杆中心有偏差，使螺杆与熔胶筒壁面摩擦，烧焦塑料 e. 射嘴温度过高，烧焦胶料 f. 胶料在熔胶筒内高温下滞留时间太长 ④ 产生棕色条纹或黄线等 a. 熔胶筒内全部或局部过热 b. 胶料粘在熔胶筒壁或射嘴上以致烧焦 c. 胶料在熔胶筒内停留时间过长 d. 料筒内存在死角	① 清除熔胶筒内壁焦料；用较硬的塑料置换料筒内存料，以擦净料筒壁面；避免胶料长时间受高温 ② 塑料要封闭好并在料斗上加盖；工模排气道要改好；修改工模设计或制品设计或浇口位置；增加或减小熔胶筒和工模温度，以改变胶料在模内的流动形态；减低射胶压力或速度的设置 ③ 分别按以下方法处理 a. 清理料筒及螺杆，使用无杂质、干净的原料 b. 降低或均匀地加热熔胶筒，使温度均匀 c. 加入有外润滑剂的塑料；再生回料要加入润滑剂；增加熔胶筒后端的温度 d. 校正螺杆与熔胶筒间隙，使空气能顺利排出熔胶筒；避免用细粉塑料，避免螺杆与熔胶筒壁面间形成摩擦生热，细料塑料应造粒后使用 e. 降低射嘴的温度或控制温度变化范围 f. 尽量缩短成型循环时间；减小螺杆转速、加大背压或在小容量注塑机上注塑；尽量让塑料不在熔胶筒内滞留 ④ 分别按以下方法处理 a. 降低熔胶筒的温度设定；降低螺杆旋转速度；减少螺杆背压设定值 b. 对熔胶筒内壁、射嘴内径等一并进行清理，擦除干净 c. 更改工艺参数，缩短注塑成型周期 d. 更换螺杆

续表

产品缺陷	可能原因	解决方法
制品出现斑点、黑线条等	⑤ 注射压力太高，注射速度太大 ⑥ 熔胶筒内胶料温度太高或射嘴温度过高 ⑦ 螺杆转速太高或背压太低 ⑧ 浇口位置不当或排气道排气不良	⑤ 降低射胶压力和射胶速度的设定值 ⑥ 降低熔胶筒的温度和降低射嘴温度的设定值 ⑦ 增加背压和减小螺杆转速 ⑧ 检查模具的排气孔情况，改变浇口位置
制品分层脱皮	① 塑料混入杂质，或不同塑料混杂，或同一塑料不同级别相混合 ② 塑料过冷或有污染混入异物 ③ 模温过低或料冷却太快，料流动性差 ④ 注射压力不足或速度太慢 ⑤ 射胶时间设置过长 ⑥ 塑料混合比例不当或塑化不均匀	① 要使用同一级别的塑料，避免杂质或其他特性的塑料相混杂使用 ② 增加熔胶筒的温度，清洁熔胶筒 ③ 提高模温和料温 ④ 提高射胶压力和速度 ⑤ 减少射胶时间设定值 ⑥ 塑料和回料混合比例要适当，调节工艺参数使塑化均匀
制品僵块	① 塑料混入杂质或使用了不同牌号的塑料 ② 注塑机塑化能力不足，注塑机容量接近制品质量 ③ 塑料料粒不均或过大，塑化不均 ④ 料温和模温度太低 ⑤ 射嘴温度低，注射速度小	① 防止杂质混入和防止料误加入 ② 调整注塑机机型，使注塑容量与机型塑化能力相匹配 ③ 调节工艺技术参数，使塑化均匀 ④ 增加熔胶筒温度和工模温度 ⑤ 增加射嘴温度，增加射胶速度
制品脆弱	① 塑料性能不良，或分解降聚，或水解，或颜料不良和变质 ② 塑料潮湿或含水分 ③ 塑料回用料比例过大或供料不足 ④ 塑料内有杂质及不相溶料或塑化不良 ⑤ 收缩不均、冷却不良及残余应力等，使内应力加大 ⑥ 制品设计不良，如强度不够、有锐角及缺口 ⑦ 注射压力太低，注射速度太慢 ⑧ 注射时间短，保压时间短 ⑨ 料温低，模温低，射嘴温度低	① 采用性能良好、无变质分解的塑料 ② 对塑料进行干燥处理 ③ 合理选用回用料的比例，保证供料 ④ 清除原料中的杂质和不相溶料 ⑤ 调节工艺技术参数，消除应力 ⑥ 修改工模模具设计，消除锐角和缺口 ⑦ 增加射胶压力和速度的设定值 ⑧ 增加射胶时间、保压时间的设定值 ⑨ 增加熔胶筒和射嘴的温度及工模温度

针对注塑成型制品缺陷进行参数调整的方法如下。

(1) 制品不足缺陷

射胶压力↑	背压压力↑	射胶速度↑
射嘴温度↑	料筒中段温度↑	保压时间↑
水口宽度↑	模温↑	冷却水量↓
射嘴尺寸↑		

（2）披锋缺陷

锁模压力↑　射胶压力↓　射胶速度↓
射嘴温度↓　料筒中段温度↓　射胶时间↓
保压时间↓　冷却时间↑　模温下降↓

（3）缩水缺陷

射胶压力↑　保压压力↑　射胶速度↑
射嘴温度下降↓　料筒中段温度↓　保压时间↑
冷却时间↑　流道口尺寸↑　冷却水量↑
射嘴尺寸↑

（4）银线条纹缺陷

射胶速度↓　射嘴温度↓　料筒中段温度↓
料筒末段温度↓　熔胶速度↓　模具温度↑
冷却水量↓　射嘴尺寸↑

（5）熔接痕

背压压力↑　熔胶速度↑　射胶速度↑
射嘴温度↑　料筒中段温度↑　流道口尺寸↑

（6）光泽不良

射胶压力↑　射嘴温度↑　料筒中段温度↑
流道口尺寸↑　模温↑　射嘴尺寸↑

（7）气泡

射胶压力↑　保压压力↑　背压压力↑
射胶速度↓　射嘴温度↓　保压时间↑
料筒中段温度↓　料筒末端温度↓　流道口尺寸↑
冷却水量↑　射嘴尺寸↑

（8）烧焦

射胶压力↓　保压压力↓　射嘴温度↓
料筒中段温度↓　流道口尺寸↑　射嘴尺寸↑

（9）顶裂

射胶压力↓　射胶速度↓　料筒中段温度↑
冷却时间↑　流道口尺寸↑　冷却水↑
射嘴尺寸↑

（10）弯曲变形

射胶压力↑　射胶速度调整↓　射嘴温度↓
料筒中段温度↓　料筒末端温度↑　冷却时间↑

模温调整↓	冷却水量↑	保压时间↓

（11）退模不良

射胶压力↓	射嘴温度↓	冷却时间↓
料筒中段温度↓	冷却水量↓	保压时间↓
射嘴尺寸↓		

第 2 部分

案例分析

案例1 表面烘印发亮

现象 产品表面为细纹面，在成型中由于气体没有完全排出而导致产品表面烘印发亮难改善，不能满足品质要求。

分析 模具温度设置不合理；第四段压力设定太低；模具排气不良。

（1）注塑机特征

牌号：HT120T　锁模力：120t　塑化能力：125g

（2）模具特征

模出数：1×2　入胶方式：大水口（侧进胶）　顶出方式：顶针及斜顶顶出　模具温度：125℃（恒温机）

（3）产品物征

材料：ABS+PC HI-1001BN　颜色：黑色　产品重（单件）：5.68g　水口重：11.66g

（4）不良原因分析

① 模具为1×2的机壳，模具流道较长，进胶口方式为点入进胶，熔料流至进胶口附近，由于速度慢及压力大，造成产品应力增加，烘印明显。

② 模具温度设定得过低不利于气体排出模而造成困气。

（5）对策

① 运用多级注射及位置切换。

② 第一段用相对快的速度刚刚充满流道至进胶口及找出相应的切换位置；第二段用中速较大压力充满模腔的95%以免高温的熔融胶料冷却；第三段用慢速充满模腔，使模腔内的空气完全排出，最后转换到保压切换位置。

③ 提高模具体温度。

④ 在分型面四周加开排气。

⑤ 用橡皮擦擦发亮表面。

注塑机：HT120T　　B 型螺杆　　射胶量 125g			品名：C3000 底壳		
原料：ABS+PCHI-1001BN	颜色：黑色	干燥温度：105℃	干燥方式：抽湿干燥机	干燥时间：3h	再生料使用：0
成品重：5.68g	水口重：11.66g	模具模出数：1×2	浇口入胶方式：大水口进胶（侧进胶）		

料筒温度/℃	1	2	3	4	5
设定	285	280	275	250	
实际					
偏差					

模具温度/℃	使用机器	设定	实际
前	油温机	125	105
后	油温机	125	100

保压压力/kgf[1]	58	92			
保压时间/s	1.5	0.5			
射胶残量/g	8.0				

射出压力/kgf[1]	125	135	115	
射出位置/mm	9	15	20	
射出速度/%[2]	10	35	55	
射速位置/mm	26	37	48	

中间时间/s	射胶时间/s	冷却时间/s	全程时间/s	背压/kgf	回转速度/%			回缩速度/%	料量位置/mm	回缩位置/mm
1.0	1.0	10	22	5.6	10	45	50	10	56	1.6

合模保护时间/s	加料监督时间/s	锁模力/kN	顶出长度/mm	顶出次数	回转位置/mm				
0.8	10	480	45	1	15	25	25.6		

模　具　运　水　图

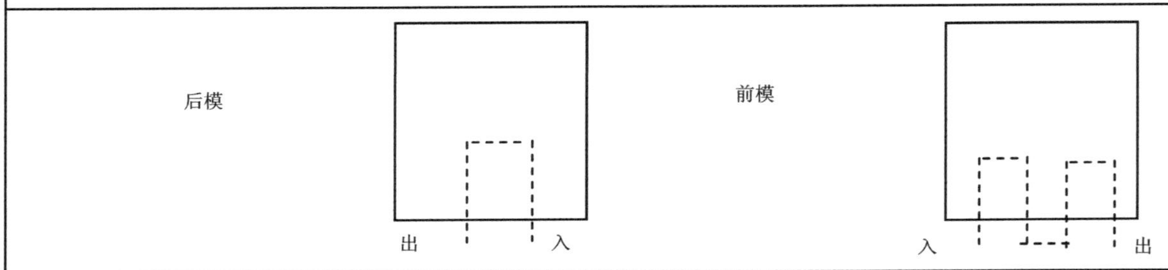

第二段压力由原来110kgf改为135kgf,模具温度由原来110℃改为125℃

①1kgf=0.1MPa。
②指相对于最大速度的百分比。

案例2 表面流痕

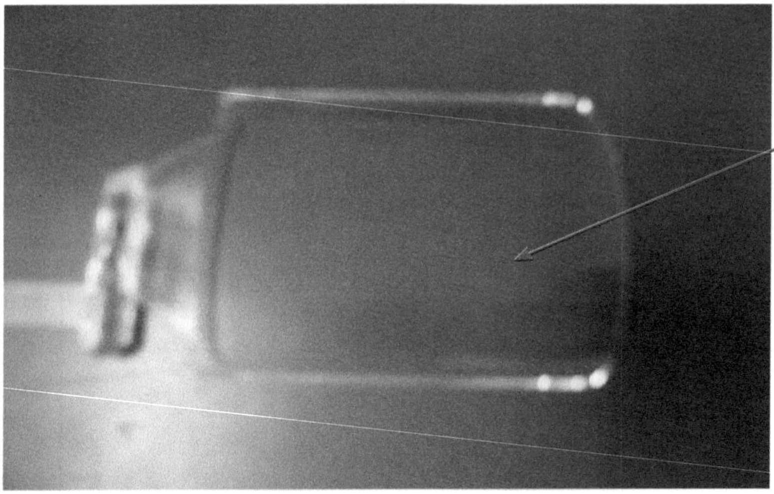

现象 透明镜片在生产过程中表面有流痕现象。

分析 速度快会产生熔料加剧剪切产生高温易分解；模具表面光洁若射速过快容易产生流痕；位置切换过早。

（1）注塑机特征

牌号：DEMAG　锁模力：50t　塑化能力：80g

（2）模具特征

模出数：1×2　入胶方式：扇形浇口　顶出方式：顶块顶出　模具温度：100℃（恒温机）

（3）产品物征

材料：PMMA　颜色：透明　产品重（单件）：3.5g　水口重：8g

（4）不良原因分析

模具主流道很大，入胶口方式为潜水进胶，熔料流至进胶口附近，由于速度过快及模具表面很光洁，造成高剪切使熔料瞬间迅速升温，使原料分解产生气体，形成流痕。

（5）对策

① 运用多级注射及位置切换。

② 第一段用相对快的速度刚刚充满流道至进胶口及找出相应的切换位置，然后第二段用慢速及很小的位置充过进胶口附近即可。第三段用快速充满模腔的90%以免高温的熔融胶料冷却，形成波浪纹。第四段用慢速充满模腔，使模腔内的空气完全排出，避免困气及烧焦等不良现象。最后转换到保压切换位置。

注塑成型工艺表

注塑机：DEMAG50T　B 型螺杆　射胶量 80g				品名：透明镜片	
原料：PMMA	颜色：透明	干燥温度：120℃	干燥方式：抽湿干燥机	干燥时间：4h	再生料使用：0
成品重：3.5g×2=7g	水口重：8g	模具模出数：1×2		浇口入胶方式：扇形浇口	

料筒温度/℃					
	1	2	3	4	5
设定	280	270	260	250	
实际					
偏差					

模具温度/℃		使用机器	设定	实际
	前	水温机	100	92
	后	水温机	100	91

保压压力/kgf①	50			保压位置/mm	12	射出压力/kgf		110	120	
保压速度/%	3					射压位置/mm		12	22	
保压时间/s	10					射出速度/%		55	8	
射胶残量/g	7.8					射速位置/mm		12	22	

中间时间/s	射胶时间/s	冷却时间/s	全程时间/s	背压/kgf	回缩速度/%			回缩速度/%	料量位置/mm	回缩位置/mm
1	5	10	25	5	10	15	10	10	38	3

合模保护时间/s	加料监督时间/s	锁模力/kN	顶出长度/mm	顶出次数	回转位置/mm				
1	10	450	45	1	15	35	41		

模 具 运 水 图

现象 电池盖制品上产生冷料痕。

分析 冷料随着熔体波前不断前进，在表面上形成印记。

（1）注塑机特征

牌号：海天HTF600W1/J5　锁模力：60t　塑化能力：50cm^3

（2）模具特征

模出数：1×2　进胶口方式：侧进胶　顶出方式：顶针顶出　模具温度：前模接冷却水，后模接冷却水

（3）产品物征

材料：ABS-PA757　颜色：黑色　产品重（单件）：3.5g　水口重：1.5g

（4）不良原因分析

① 射嘴温度过高形成流涎；

② 背压过大；

③ 抽胶量太少；

④ 冷料井太小。

（5）成型分析及对策

① 减小背压，在成型时消除冷料痕；

② 表面形成溢料，在成型时消除冷料痕。

背压改为10kgf

注塑成型工艺表

注塑机：HTF600W1/J5　A-D24 螺杆　射胶量 50 cm³			品名：电池盖		
原料：ABS-PA757	颜色：黑色	干燥温度：80℃	干燥方式：料斗干燥机	干燥时间：2h	再生料使用：0
成品重：3.5g	水口重：1.5 克		模具模出数：1×2	浇口入胶方式：侧进胶	

料筒温度 /℃					
	1	2	3	4	5
设定	260	225	210	190	
实际	260	225	210	190	
偏差					

模具温度℃	使用机器	设定	实际
前	机水		
后	机水		

	保压 4	保压 3	保压 2	保压 1	转保压位置 /mm
保压压力 /kgf			42	60	
保压流量 /%			6	15	
保压时间 /s			0.5	1.3	15
射胶残量 /g	14.1				

	射出 4	射出 3	射出 2	射出 1	
射出压力 /kgf	0	0	90	75	
射出速度 /%	0	0	15	25	
位置 /mm	0	0	15.0	26.0	
时间 /s	2.0				

监控				
中间时间 /s	射胶时间 /s	冷却时间 /s	全程时间 /s	顶退延时 /s
0	3.8	15	28.2	2.00
合模保护时间 /s	锁模力 /kN	开模终止位置 /mm	顶出长度 /mm	
1.9	120	300.0	25	

储料	压力 /kgf	速度 /%	背压 /kgf	终止位置
储料 1	100	50	15	25.0
储料 2	90	40	15	30.0
射退	50	15		32.0

模 具 运 水 图

① 指相对于最大流量的百分比。

案例3 螺丝孔附近夹线

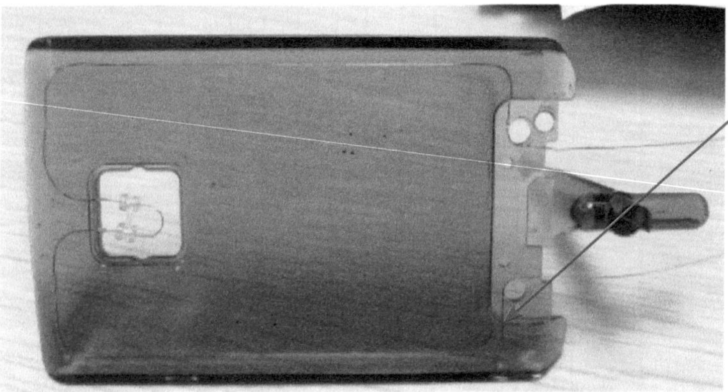

现象 D16透明壳螺丝孔附近夹线。有孔存在而导致成型时两股原料会合产生夹线，难改善。

分析 成型过程中原料遇到模具柱子形成两股原料，最终熔接时在产品上产生夹线；产品为透明件，夹线明显；模具排气不良。

(1) 注塑机特征

牌号：DEMAG50T　锁模力：50t　塑化能力：80g

(2) 模具特征

模出数：1×1　入胶方式：大水口　顶出方式：顶针顶出　模具温度：125℃（恒温机）

(3) 产品物征

材料：PC TY-1101　颜色：透明　产品重（单件）：23.86g　水口重：4.68g

(4) 不良原因分析

成型过程中原料遇到模具柱子形成两股原料，最终熔接时在产品上产生夹线。由于产品为通明件并且无喷油工艺所以夹线明显。

(5) 对策

① 运用多级注射及位置切换。

② 第一段用慢速度刚刚充满流道至进胶口及找出相应的切换位置，然后第二段用中等速及较小的位置充过进胶口附近部分成型；第三段用中等速度充满模腔的90%以免高温的熔融胶料冷却，第四段用慢速充满模腔，使模腔内的空气完全排出，避免困气及烧焦等不良现象。

③ 提高模具温度。

④ 在夹线处加开排气。

注塑成型工艺表

注塑机：DEMAG50T　B 型螺杆　射胶量 80g			品名：D16 透明壳		
原料：PCTY-1101	颜色：透明	干燥温度：120℃	干燥方式：抽湿干燥机	干燥时间：4h	再生料使用：0
成品重：23.86g	水口重：4.68g	模具模出数：1×1	浇口入胶方式：大水口进胶（侧进胶）		

料筒温度/℃	1	2	3	4	5
设定	320	308	300	265	
实际					
偏差					

模具温度/℃	使用机器	设定	实际
前	油温机	135	115
后	油温机	135	110

保压压力/kgf	60	80			射出压力/kgf	132	132	132	132	
保压速度/%	1.5	1.7			射压位置/mm	21	30	32	40	
射胶残量/g	4.0				射出速度/%	5	7	15	1	
					射速位置/mm	21	30	32	40	

中间时间/s	射胶时间/s	冷却时间/s	全程时间/s	背压/kgf	回转速度/%			回缩速度/%	料量位置/mm	回缩位置/mm
1.0	5.6	20	62	5.6	10	15	10	10	47.5	1.6

合模保护时间/s	加料监督时间/s	锁模力/kN	顶出长度/mm	顶出次数	回转位置/mm				
0.8	10	480	45	1	15	25	49.1		

模具运水图

后模

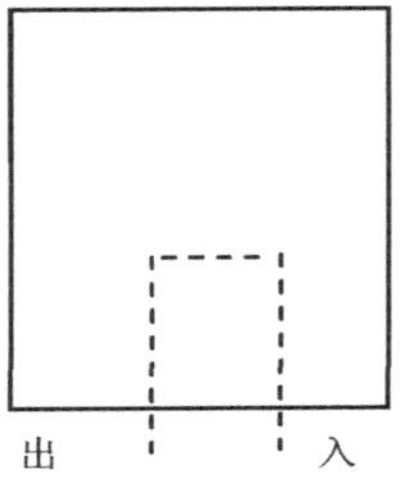

前模

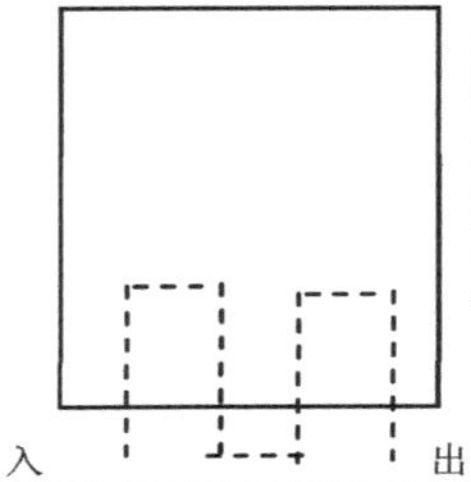

第一段速度由原来8%改为1%，模具温度由原来120℃改为135℃

案例4 气纹

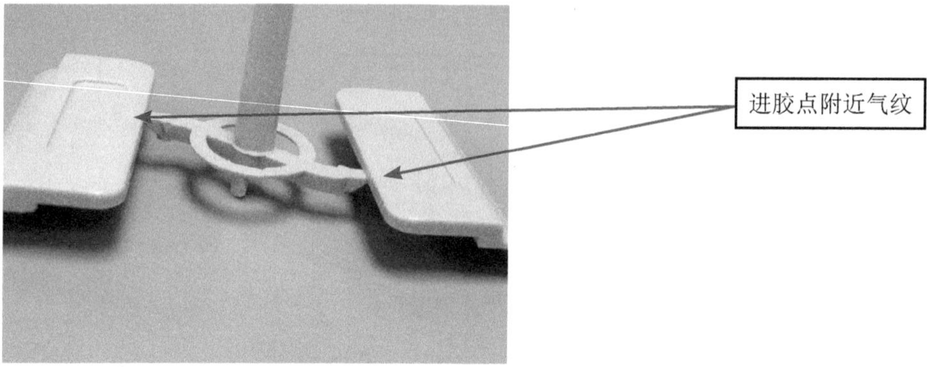

现象 D16转轴装饰件进胶点附近气纹。进胶口太小，成型过程中在进胶点附近容易出现气纹。

分析 速度快会产生熔料加剧剪切产生高温易分解，气体排出困难；光面产品射速过快容易产生高温易分解；模具排气不良。

（1）注塑机特征

牌号：HT86T（宁波） 锁模力：86t 塑化能力：119g

（2）模具特征

模出数：1×2 入胶方式：搭阶浇口 顶出方式：顶针及斜顶 模具温度：119℃（恒温机）

（3）产品物征

材料：PC EXL 1414 颜色：灰色 产品重（单件）：2.64g 水口重：3.82g

（4）不良原因分析

进胶口方式为搭阶进胶，由于进胶截面小，压力一定时速度过快，及模具表面很光洁，造成高剪切使熔料瞬间迅速升温，造成原料分解产生气体，气体未来得及排出，在水口位产生气纹。

（5）对策

① 运用多级注射及位置切换。

② 第一段用中等速度刚刚充满流道至进胶口及找出相应的切换位置。然后第二段用慢速及很小的位置充过进胶口附近部分成型。第三段用快速充满模腔的90%以免高温的熔融胶料冷却，第四段用慢速充满模腔，使模腔内的空气完全排出，避免困气及烧焦等不良现象。

③ 浇口附近加开排气，最后转换到保压切换位置。

④ 提高模具温度。

⑤ 加大进胶截面。

注塑成型工艺表

注塑机：海天 86 T　B 型螺杆　射胶量 119g			品名：D16 装饰件		
原料：PC　EX1414	颜色：灰色	干燥温度：120℃	干燥方式：抽湿干燥机	干燥时间：4h	再生料使用：0
成品重：1.32g×2=2.64g	水口重：3.82g		模具模出数：1×2	浇口入胶方式：搭阶浇口	

料筒温度/℃	1	2	3	4	5
设定	325	320	315	300	
实际					
偏差					

模具温度/℃		使用机器	设　定	实　际
	前	油温机	120	109
	后	油温机	120	103

保压压力/kgf	96			保压位置/mm	12	射出压力/kgf		112	137	120
保压速度/%	3					射压位置/mm		12	18.6	21
射胶残量/g	7.8			保压时间/s	1.5	射出速度/%	55	9	3	16
						射速位置/mm	12	12	18.6	21

中间时间/s	射胶时间/s	冷却时间/s	全程时间/s	背压/kgf	回转速度/%			回缩速度/%	料量位置/mm	回缩位置/mm
1	3.2	13	25	5	10	15	10	10	25	1.6

合模保护时间	加料监督时间	锁模力	顶出长度	顶出次数	回转位置				
1	10	810kN	53	1	15	25	25.6		

模　具　运　水　图

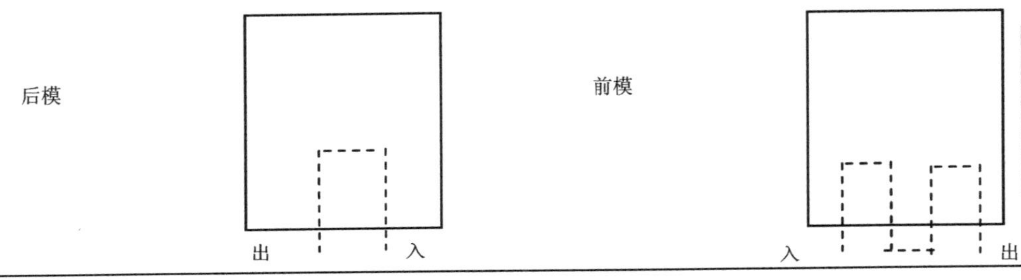

由速度原来15%改为3%，位置由原来18.2mm变为18.6mm

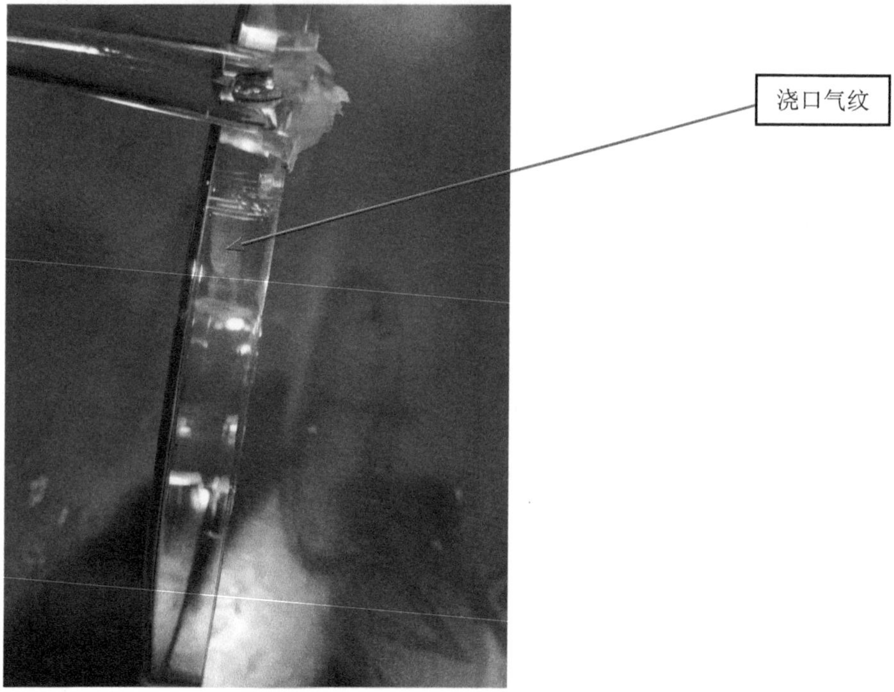

现象 钟表架制品的浇口上产生气纹。

分析 当熔体流过浇口时，由于流速大且黏性高，浇口附近的材料和材料之间的剪切力过大，从而表面冷却层的部分材料发生断裂和错位，这些错位迅速冷却，固化后在外层显现出浇口斑纹等缺陷。

（1）注塑机特征

牌号：海天HTF160X1/J1　锁模力：160t　塑化能力：320cm^3

（2）模具特征

模出数　1×1　进胶口方式：侧进胶　顶出方式：顶针顶出　模具温度：前模采用模温机，温度72℃；后模冷却水

（3）产品物征

材料：SAN-D52485　颜色：无色透明　产品重（单件）：85.1g　水口重：4.5g

（4）不良原因分析

① 工艺上，降低通过浇口时注射速度；

② 工艺上，减少气体；

③ 模具上，扩大浇口，更改浇口位置或采用冲击型浇口；

④ 材料上，改用流动性好的等级或添加润滑助剂。

（5）成型分析及对策

① 要降低通过浇口时的速度；

② 采用多级注射。

进浇口时要慢速

注塑成型工艺表

注塑机：HTF160X1/J1 ϕ45 螺杆 射胶量 320 cm^3			品名：钟表架		
原料：SAN-D52485	颜色：透明	干燥温度：80℃	干燥方式：料斗干燥机	干燥时间：2h	再生料使用：0
成品重：85.1g	水口重：4.5g		模具模出数：1×1	浇口入胶方式：侧进胶	

料筒温度 /℃	1	2	3	4	5
设定	265	235	210	190	180
实际	265	235	210	190	180
偏差					

模具温度 /℃	使用机器	设定	实际
前	水温机	85	
后	水温机	85	

	保压 4	保压 3	保压 2	保压 1	转保压位置 /mm
保压压力 /kgf				600	
保压流量 /%				6	
保压时间 /s				2.0	30.0
射胶残量 /g	28.8				

	射出 4	射出 3	射出 2	射出 1
射出压力 /kgf	130	135	135	100
射出速度 /%	45	20	25	2
位置 /mm	30.0	45.0	50.0	85.0

监控				
中间时间 /s	射胶时间 /s	冷却时间 /s	全程时间 /s	顶退延时 /s
0.5		20	39.6	3.00
合模保护时间 /s	锁模力 /kN	开模终止位置 /mm	顶出长度 /mm	
0.7	140	370.0	65.0	

时间 /s			5.0	
储料	压力 /kgf	速度 /%	背压 /kgf	终止位置 /mm
储料 1	120	70	12	50.0
储料 2	120	50	12	90.0
射退	50	12		92.0

模具运水图

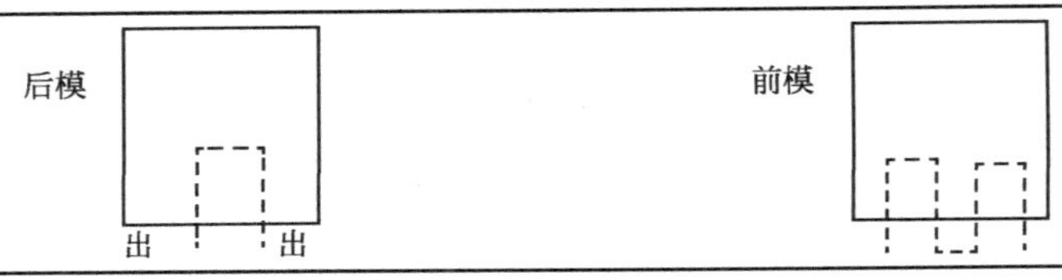

案例5 表面烘印

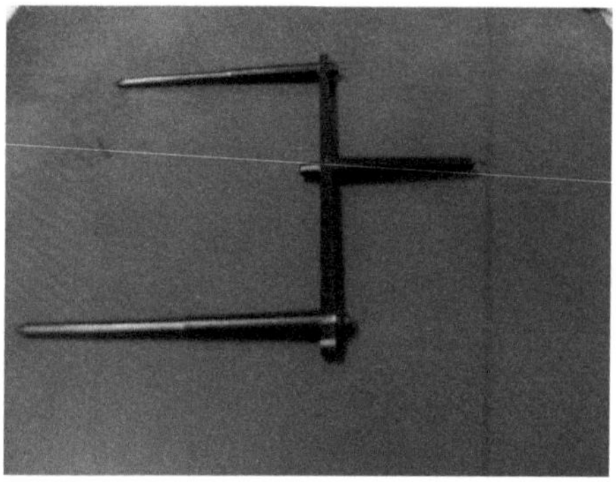

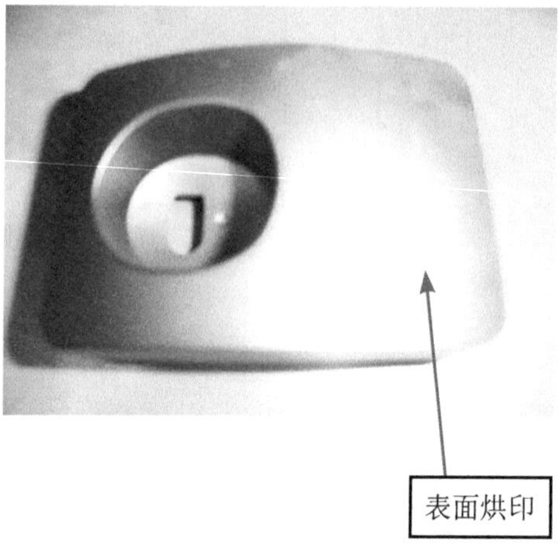

现象 产品表面出现发白及烘印。

分析 模具表面温度设定不合理；模具表面纹面冷却时间过短引起产品收缩；第四段压力设定太低。

（1）注塑机特征

牌号：海天（宁波） 锁模力：120t 塑化能力：152g

（2）模具特征

模出数：1×2 入胶方式：点浇口 顶出方式：顶针顶出 模具温度：76℃（恒温机）

（3）产品物征

材料：ABS 颜色：黑色 产品重（单件）：42.6g 水口重：7.3g

（4）不良原因分析

① 模具主流道细而长，进胶口方式为点入进胶，熔料流至进胶口附近，由于速度慢及压力大，造成产品应力增加，烘印明显。

② 模具温度设定前模太低，后模又太高。

③ 末段压力及周期时间不合理。

（5）对策

① 运用多级注射及位置切换。

② 第一段用相对快的速度刚刚充满流道至进胶口及找出相应的切换位置，然后第二段用慢速及很小的位置充过进胶口附近即可，第三段用快速中等压力充满模腔的90%以免高温的熔融胶料冷却，第四段用慢速充满模腔，使模腔内的空气完全排出，最后转换到保压切换位置。

③ 采用前模设定85℃，后模73℃的模温，冷却时间由原来的40s增加到47s。

注塑成型工艺表

注塑机：海天 120T　B 型螺杆　射胶量 152g			品名：透明镜		
原料：ABS	颜色：黑	干燥温度：85℃	干燥方式：抽湿干燥机	干燥时间：3h	再生料使用：10%
成品重：42.6g×2=85.2g	水口重：7.3g	模具模出数：1×2	浇口入胶方式：点浇口		

料筒温度/℃						模具温度/℃		使用机器	设　定	实　际
	1	2	3	4	5		前	水温机	85	80
设定	240	240	235	230	220		后	水温机	73	68
实际										
偏差										

保压压力/kgf	76				保压位置/mm	射出压力/kgf	87	90	92	98
保压速度/s%	3				12	射压位置/mm	15	21	63	73
射胶残量/g	7.8					射出速度/%	55	78	20	65
						射速位置/mm	15	21	63	73

中间时间/s	射胶时间/s	冷却时间/s	全程时间/s	背压/kgf	回转速度/%			回缩速度/%	料量位置/mm	回缩位置/mm
1	4.3	47	69	3.7	50	55	18	13	85	3

合模保护时间/s	加料监督时间/s	锁模力/kN	顶出长度/mm	顶出次数	回转位置/mm				
1	10	830	63	1	15	85	88		

模　具　运　水　图

冷却时间由原来的40s增加到47s，后模温度由原来76℃降至73℃，前模温度由76℃升至85℃

案例6 光影

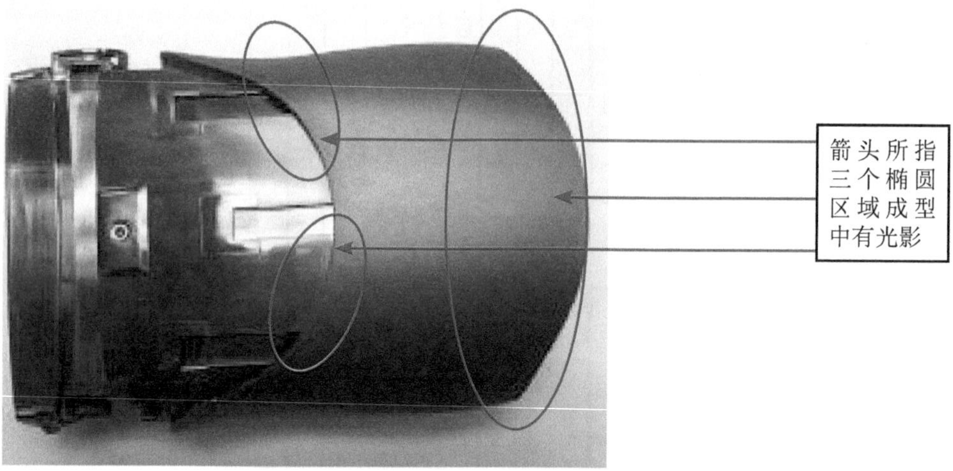

现象 外壳在生产过程中，在结构有落差的位置及离进胶口远距离位置容易产生光影。

分析 产品壁厚不一致；产品冷却收缩及内应力分解不一样；射胶压力及保压偏小。

（1）注塑机特征

牌号：海天（江苏） 锁模力：160t 塑化能力：200g

（2）模具特征

模出数：1×2 入胶方式：点浇口 顶出方式：顶针顶出 模具温度：模腔85℃（恒温机），齿条行位70℃（恒温机）

（3）产品物征

材料：ABS PA757 37784 颜色：黑色（幼纹面） 产品重（单件）：27.1g 水口重：7.6g

（4）不良原因分析

进胶方式为单点进胶，胶流进入模腔后需要足够的时间才能充填饱和，在单位时间内如压力过小，产品会冷却收缩不均，模具本身受热不均匀及温度不够也会造成产品冷却收缩不一致。

（5）对策

① 运用多级注射及位置切换。

② 第一段用相对快的速度刚刚充满流道至进胶口及找出相应的切换位置。第二段用中速及很小的位置充过进胶口附近即可。第三段用中速充满模腔的90%以免高温的熔融胶料冷却不一致，形成光影。第四段用慢速充满模腔，使模腔内的空气完全排出，避免困气及烧焦等不良现象。最后转换到保压切换位置。

注塑成型工艺表

注塑机：海天 160T　A 型螺杆　射胶量 250g			品名：剃须刀外壳		
原料：ABS PA757	颜色：黑色	干燥温度：85℃	干燥方式：抽湿干燥机	干燥时间：2.5h	再生料使用：0
成品重：27.1g×2=54.2g	水口重：7.6g	模具模出数：1×2		浇口入胶方式：点浇口	

料筒温度/℃	1	2	3	4	5
设定	235	230	230	220	
实际					
偏差					

模具温度/℃	使用机器	设定	实际
前后模腔	恒温机	85	80
侧行位	恒温机	70	68

保压压力/kgf	100	120			保压位置/mm
保压时间/s	1.3	1.5			末段
射胶残量/g	7.8				

射出压力/kgf	100	100	110	125
射压位置/mm		15	45	70
射出速度/%	12	25	35	45
射速位置/mm	5			

中间时间/s	射胶时间/s	冷却时间/s	全程时间/s	背压/kgf	回转速度/%			回缩速度/%	料量位置/mm	回缩位置/mm
1	5	26	60	5	10	15	10	10	70	3

合模保护时间/s	加料监督时间/s	锁模力/kN	顶出长度/mm	顶出次数	回转位置/mm				
1	10	140	50	1	15	35	38		

模 具 运 水 图

行位

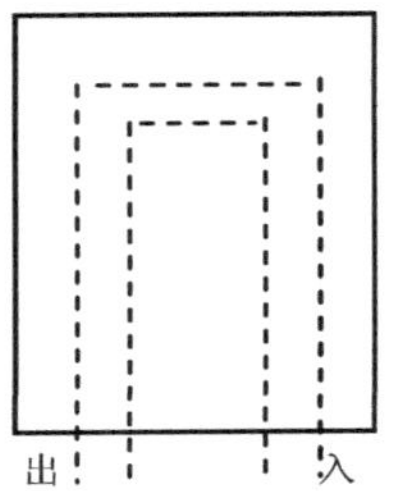

前后模

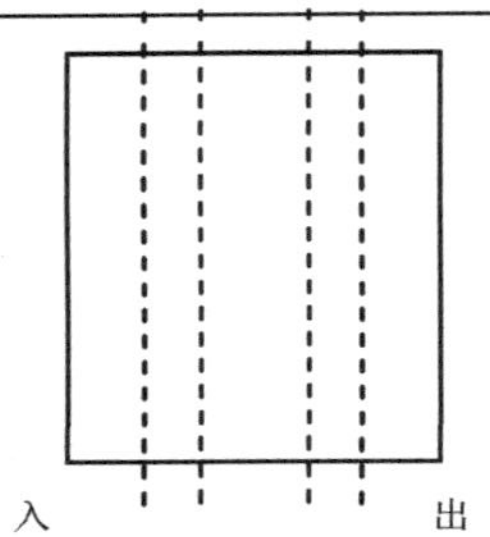

整体压力由原来的120kgf改为130kgf，射胶时间相应提高

案例7 融合线

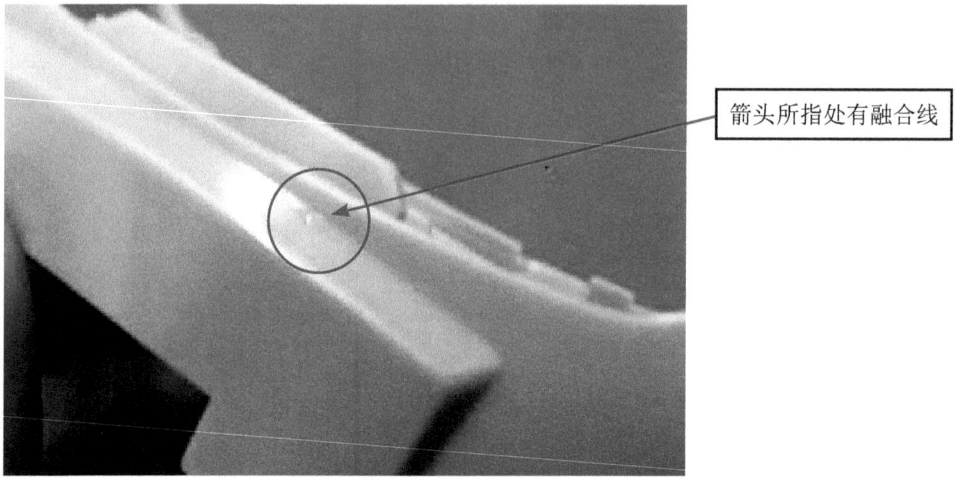

现象 剃须刀外壳刀架有融合线。因产品结构所限该处胶位太薄，熔胶合流点产生融接痕。

分析 熔胶位置设置不够精确；射胶速度设置不够精确；熔胶温度不够。

（1）注塑机特征

牌号：德玛格（江苏） 锁模力：100t 塑化能力：94g

（2）模具特征

模出数：1×2 入胶方式：小水口转大水口 顶出方式：顶针顶出 模具温度：90℃（恒温机）

（3）产品物征

材料：ABS PA757 37826 颜色：灰色 产品重（单件）：5.39g 水口重：4.32g

（4）不良原因分析

① 产品所用原料流动性能比其他原料稍差。

② 产品在成型中对各工艺参数，如位置、速度、调校的精度要求较高，需设置非常准确。

③ 温度设置不合理。

（5）对策

① 运用多级注射及位置切换。

② 第一段用相对快的速度刚刚充满流道至进胶口及找出相应的切换位置，然后第二段用慢速及很小的位置充过进胶口附近即可。第三段用中速充满模腔的70%，以便胶流冲过产品肉薄处，避免熔融胶料在肉薄处合流。第四段用慢速充满模腔，使模腔内的空气完全排出，避免困气及烧焦等不良现象。最后转换到保压切换位置。

注塑成型工艺表

注塑机：海天 160T　A 型螺杆　射胶量 250g	品名：剃须刀外壳

原料：ABS PA757	颜色：黑色	干燥温度：85℃	干燥方式：抽湿干燥机	干燥时间：2.5h	再生料使用：0
成品重：27.1g×2=54.2g	水口重：7.6g	模具模出数：1×2	浇口入胶方式：点浇口		

料筒温度/℃					
	1	2	3	4	5
设定	240	235	230	220	
实际					
偏差					

模具温度/℃		使用机器	设定	实际
	前模	恒温机	90	88
	后模	恒温机	90	83

保压压力/kgf	80	90			保压位置	射出压力/kgf	100	100	110	130
保压时间/s	1.5	2.5			末段	射压位置/mm	8	8	35	40
射胶残量/g	7.8					射出速度/%		15	33.6	47
						射速位置/mm	3.7			

中间时间/s	射胶时间/s	冷却时间/s	全程时间/s	背压/kgf	回转速度/%			回缩速度/%	料量位置/mm	回缩位置/mm
1	3.7	14	35	5	10	15	10	10	55	3

合模保护时间/s	加料监督时间/s	锁模力/kN	顶出长度/mm	顶出次数	回转位置/mm				
1	10	100	40	1	15	35	38		

模具运水图

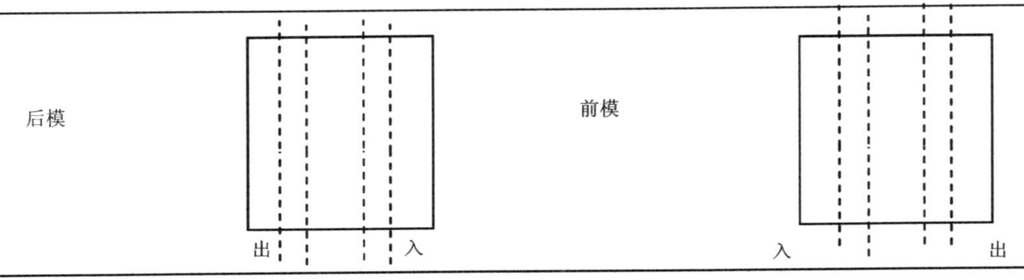

案例8 露白

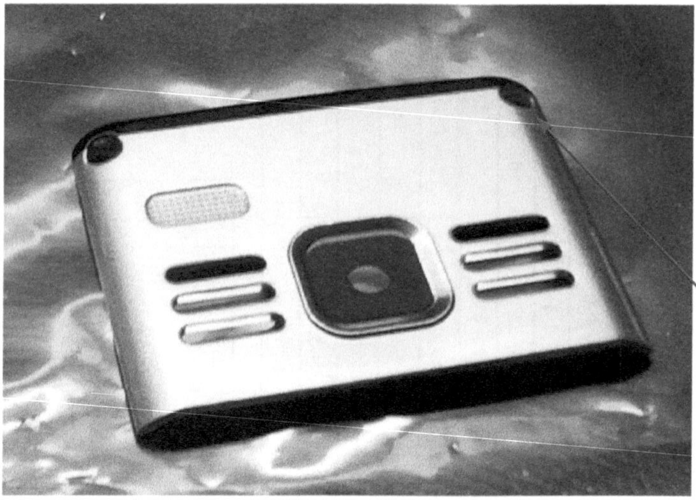

此为IML产品，产品边部经常有包边不良现象

现象 S28底壳装饰件露白。此为IML产品，片材丝印后再放入模内注塑，由于片材的展开面积与前模仁的面积不一致，从而形成包边不良产生露白现象。

分析 片材投影面积与模具投影面积不一致；热压冲切片材时偏位。

（1）注塑机特征

牌号：DEAMG（宁波） 锁模力：50t 塑化能力：42g

（2）模具特征

模出数：1×2 入胶方式：点浇口 顶出方式：顶针顶出 模具温度：70℃（恒温机）

（3）产品物征

材料：PMMA IRK 304 颜色：透明 产品重（单件）：2.4g 水口重：8.2g

（4）不良原因分析

① 片材的投影面积与模具投影面积不一致。

② 热压冲切片材时偏位。

③ 放片材时手法不标准放偏位。

（5）对策

① 增加片材的投影面积。

② 调整热压冲切模具。

③ 加做定位支架定型。

注塑成型工艺表

注塑机：DEMAG 50T　B型螺杆　射胶量 42g			品名：装饰件
原料：PMMA IRK 304	颜色：透明	干燥温度：80℃	干燥方式：抽湿干燥机
干燥时间：2h	再生料使用：0		
成品重：2.4g×2=4.8g	水口重：8.2g	模具模出数：1×2	浇口入胶方式：点浇口

料筒温度/℃	1	2	3	4	5
设定	262	250	242	236	
实际					
偏差					

模具温度/℃	使用机器	设定	实际
前	水温机	70	62
后	水温机	70	60

			保压压力/kgf	50	保压位置/mm	射出压力/kgf		100	110	120
			保压速度/%	3	12	射压位置/mm		12		
射胶残量/g	7.8		保压时间/s	10		射出速度/%	55	3		
						射速位置/mm	12	23.5		

中间时间/s	射胶时间/s	冷却时间/s	全程时间/s	背压/kgf	回转速度/%			回缩速度/%	料量位置/mm	回缩位置/mm
1	5	10	25	5	10	15	10	10	38	3

合模保护时间/s	加料监督时间/s	锁模力/kN	顶出长度/mm	顶出次数	回转位置/mm				
1	10	60	45	1	15	35	38		

模具运水图

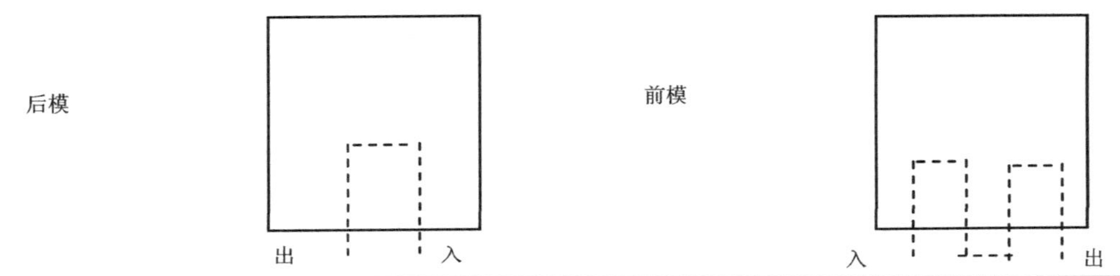

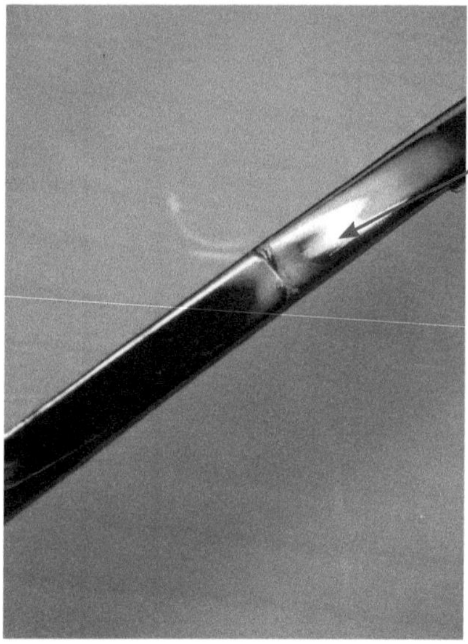
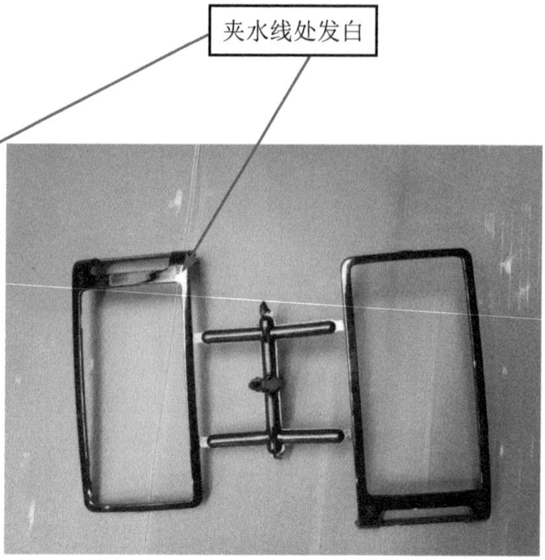

现象 表盘面壳制品上夹水线处发白。

分析 随着注塑过程的进行，材料不断冷却，当不同的树脂合流时由于温度过低或有气体使得熔体不能完全混合而形成一条明显的缝，在两股料流汇合处产生夹水线，当排气不良时形成困气。当困气不很严重时，此处会出现发白，严重时则出现烧焦现象。

(1) 注塑机特征

牌号：海天HTF90W1/J5　锁模力：90t　塑化能力：106cm^3

(2) 模具特征

模出数：1×2　进胶口方式：侧进胶　顶出方式：顶针顶出　模具温度：前模采用模温机，温度90℃　后模接冷却水

(3) 产品物征

材料：ABS-PA757　颜色：黑色　产品重（单件）：2.0g　水口重：3.5g

(4) 不良原因分析

① 此产品壁厚较薄，走胶较困难；

② 排气不良；

③ 射速较快。

(5) 成型分析及对策

① 由于壁厚较薄，成型容易发生缩水，故前模采用水温机提高模温，后模用冷水加强冷却效果以缩短周期。

② 产品有两个浇口进胶，故会有夹水线，使用模温机也是为了减小夹水线痕。

③ 成型过程中，在两股料流汇合处产生较严重的困气，造成发白缺陷，采用在困气附近以慢速进行注射，此缺陷有改善，但无法达到品质要求，最好的方法是在下模进行修模，加强排气处理，如果考虑到订单量不大及交期紧等因素，采用临时应对方法：在困气发白附近处贴纸片进行排气，此纸片厚度要求不能触发锁模低压保护以及成型时不产生披锋。

注塑成型工艺表

注塑机：HTF90W1/J5 ϕ30 螺杆 射胶量 106 cm^3		品名：表盘面壳	
原料：ABS-PA757	颜色：黑色	干燥温度：80℃	干燥方式：料斗干燥机
干燥时间：2h	再生料使用：0		
成品重：2.0g	水口重：3.5g	模具模出数：1×2	浇口入胶方式：侧进胶

料筒温度/℃	1	2	3	4	5
设定	250	230	210	198	180
实际	249	230	205	198	180
偏差					

模具温度/℃	使用机器	设定	实际
前	模温机	90	90
后	机水	25	25

	保压 4	保压 3	保压 2	保压 1	转保压时间 /mm
保压压力 /kgf				50	
保压流量 /%				5	
保压时间 /s				0.5	2
射胶残量 /g	40.3				

	射出 4	射出 3	射出 2	射出 1
射出压力 /kgf	71	110	111	75
射出速度 /%	15	30	40	12
位置 /mm	0	40.0	45.0	49.0

监控				
中间时间 /s	射胶时间 /s	冷却时间 /s	全程时间 /s	顶退延时 /s
2.0	3.5	18	22.48	1.50
合模保护时间 /s	锁模力 /kN	开模终止位置 /mm	顶出长度 /mm	
0.37	135	265.0	50	

时间 /s			3.0	
储料	压力 /kgf	速度 /%	背压 /kgf	终止位置 /mm
储料 1	120	60	12	35.0
储料 2	120	50	12	60.0
射退	50	15		63.0

模具运水图

案例9 拉模

现象 纹面产品出现拉模的现象。

分析 速度慢使产品过快冷却；位置切换过慢。

（1）注塑机特征

牌号：DEMAG（宁波） 锁模力：120t 塑化能力：130g

（2）模具特征

模出数：1×2 入胶方式：点浇口 顶出方式：推板顶出 模具温度：90℃（恒温机）

（3）产品物征

材料：PC+ABC HP5004-100 颜色：黑色 产品重（单件）：3.2g 水口重：13g

（4）不良原因分析

① 模具主流道长而细，进胶口方式为潜水进胶，熔料流至进胶口附近，由于速度过慢，造成产品局部压力过大，造成拉模现象。

② 设备本身的局限性，而造成调机无法改善。

（5）对策

更换DEMAG 100T机台后调试出的产品合格，机台注射速度可以220mm/s。

注塑成型工艺表

注塑机：海天1201T　B 型螺杆　射胶量 131g			品名：M169电池框		
原料：ABS+PC HP5004	颜色：黑色	干燥温度：100℃	干燥方式：抽湿干燥机	干燥时间：4h	再生料使用：0
成品重：3.2g×2=6.4g	水口重：13g	模具模出数：1×2	浇口入胶方式：点浇口		

料筒温度/℃						模具温度/℃		使用机器	设定	实际
	1	2	3	4	5		前	水温机	110	102
设定	320	315	315	300			后	水温机	110	101
实际										
偏差										

			保压压力/kgf	50	保压位置/mm	射出压力/kgf		100	110	120
			保压速度/%	3	12	射压位置/mm		12		
射胶残量/g	7.8		保压时间/s	10		射出速度/%	55	3		
						射速位置/mm	12	23.5		

中间时间/s	射胶时间/s	冷却时间/s	全程时间/s	背压/kgf	回转速度/%			回缩速度/%	料量位置/mm	回缩位置/mm
1	5	10	25	5	10	15	10	10	38	3

合模保护时间/s	加料监督时间/s	锁模力/kN	顶出长度/mm	顶出次数	回转位置/mm				
1	10	60	45	1	15	35	38		

模具运水图

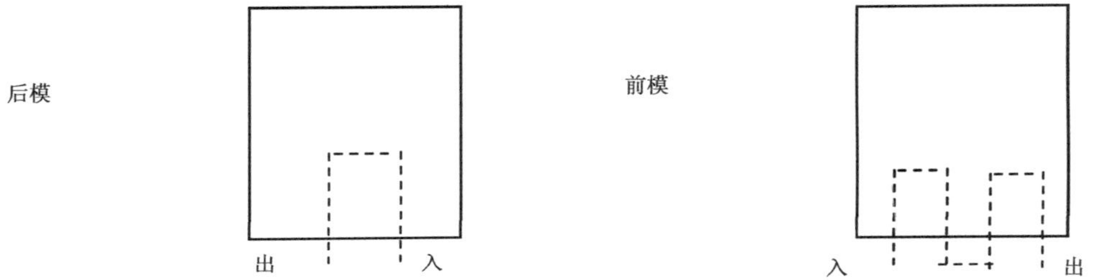

案例10 浇口冲墨

片材丝印后放入模内注塑时
进胶口处被冲成透明状

现象 S10面框浇口冲墨。在进行IML注塑时，片材进浇口处经常呈现透明状。

分析 速度快会产生熔料加剧剪切产生高温；油墨耐高温性差。

（1）注塑机特征

牌号：DEMAG（宁波） 锁模力：50t 塑化能力：42g

（2）模具特征

模出数：1×2 入胶方式：点浇口 顶出方式：推板顶出 模具温度：70℃（恒温机）

（3）产品物征

材料：ABS PA758 颜色：透明 产品重（单件）：1.5g 水口重：13g

（4）不良原因分析

① 模具主流道很大，进胶口方式为潜水进胶，熔料流至进胶口附近，由于速度过快，造成高剪切使熔料瞬间迅速升温。

② 油墨不耐高温形成冲墨现象。

（5）对策

① 运用多级注射及位置切换。

② 第一段用相对快的速度刚刚充满流道至进胶口及找出相应的切换位置，然后第二段用慢速及很小的位置充过进胶口附近即可。第三段用快速充满模腔的90%以免高温的熔融胶料冷却，第四段用慢速充满模腔，最后转换到保压切换位置。

注塑成型工艺表

注塑机：DEMAG50T　B 型螺杆　射胶量 42g			品名：透明镜

原料：ABS PA758	颜色：透明	干燥温度：70℃	干燥方式：抽湿干燥机	干燥时间：2h	再生料使用：0
成品重：1.5g×8=12g	水口重：13g	模具模出数：1×8	浇口入胶方式：点浇口		

料筒温度/℃					
	1	2	3	4	5
设定	260	255	250	210	
实际					
偏差					

模具温度/℃	使用机器	设定	实际
前	水温机	70	72
后	水温机	70	71

射胶残量/g	7.8	保压压力/kgf	50	保压位置/mm	12	射出压力/kgf		100	110	120
		保压速度/%	3			射压位置/mm		12		
		保压时间/s	10			射出速度/%	55	3		
						射速位置/mm	12	23.5		

中间时间/s	射胶时间/s	冷却时间/s	全程时间/s	背压/kgf	回转速度/%			回缩速度/%	料量位置/mm	回缩位置/mm
1	5	10	25	5	10	15	10	10	38	3

合模保护时间/s	加料监督时间/s	锁模力/kN	顶出长度/mm	顶出次数	回转位置/mm				
1	10	60	45	1	15	35	38		

模具运水图

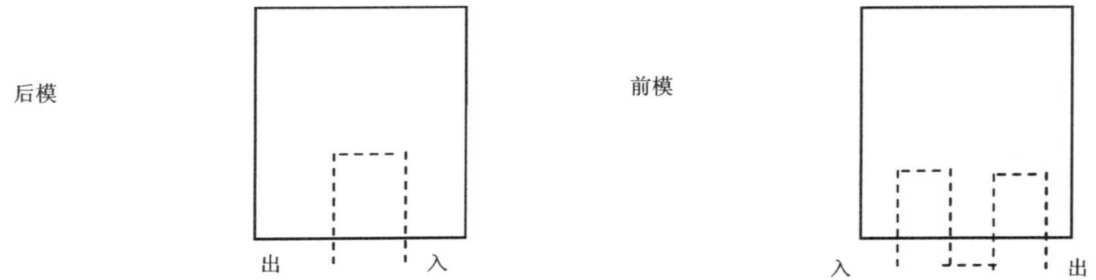

案例11 表面凹点

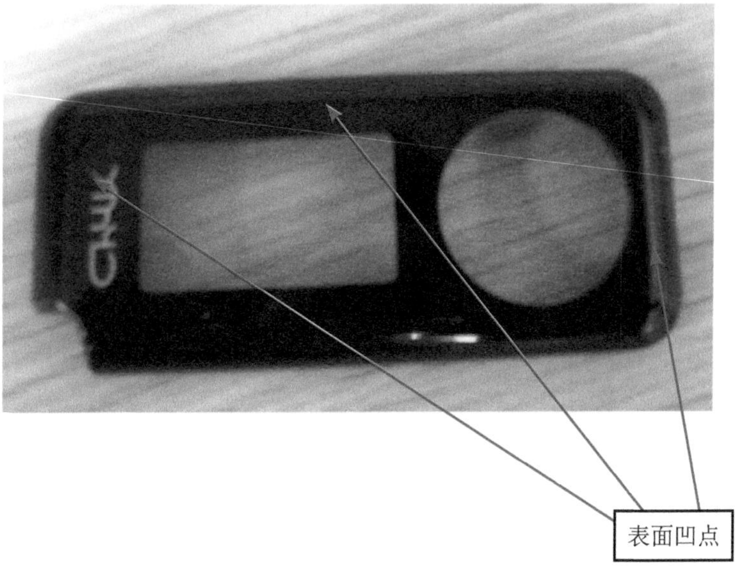

现象 IML片材在进行模内注塑时产品表面出现许多凹点。

分析 PC片材表面有尘点；环境中空气洁净度不高，灰尘多导致片材在放入模内注塑时产生凹点。

(1) 注塑机特征

牌号：DEMAG　锁模力：50t　塑化能力：42g

(2) 模具特征

模出数：1×2　入胶方式：点浇口　顶出方式：顶针顶出　模具温度：70℃（恒温机）

(3) 产品物征

材料：ABS PA758　颜色：透明　产品重（单件）：2.4g　水口重：8.44g

(4) 不良原因分析

① PC片材表面有尘点，在放入模内注塑时尘点被注塑在产品的表面上。

② 空气环境洁净度差，灰尘多，在开模时灰尘即粘附在前模仁表面上，在下一模循环塑时产生凹点。

(5) 对策

① 人工擦拭片材表面，让其尘点降至最低。

② 净化空气，定期清洁机台及周边环境。

注塑成型工艺表

注塑机：DEMAG50 T　B 型螺杆　射胶量 42g			品名：S10 面框		
原料：ABS PA785	颜色：透明	干燥温度：80℃	干燥方式：抽湿干燥机	干燥时间：2h	再生料使用：0
成品重：2.4g×2=4.8g	水口重：8.44g	模具模出数：1×2	浇口入胶方式：点浇口		

料筒温度/℃	1	2	3	4	5
设定	260	255	250	220	
实际					
偏差					

模具温度/℃	使用机器	设定	实际
前	水温机	70	62
后	水温机	70	59

射胶残量/g	7.8	保压压力/kgf	50	保压位置/mm	12
		保压速度/%	3		
		保压时间/s	10		

射出压力/kgf		100	110	120
射压位置/mm		12		
射出速度/%	55	3		
射速位置/mm	12	23.5		

中间时间/s	射胶时间/s	冷却时间/s	全程时间/s	背压/kgf	回转速度/%			回缩速度/%	料量位置/mm	回缩位置/mm
1	5	10	25	5	10	15	10	10	38	3

合模保护时间/s	加料监督时间/s	锁模力/kN	顶出长度/mm	顶出次数	回转位置/mm				
1	10	60	45	1	15	35	38		

模 具 运 水 图

后模　　前模

案例12 发雾

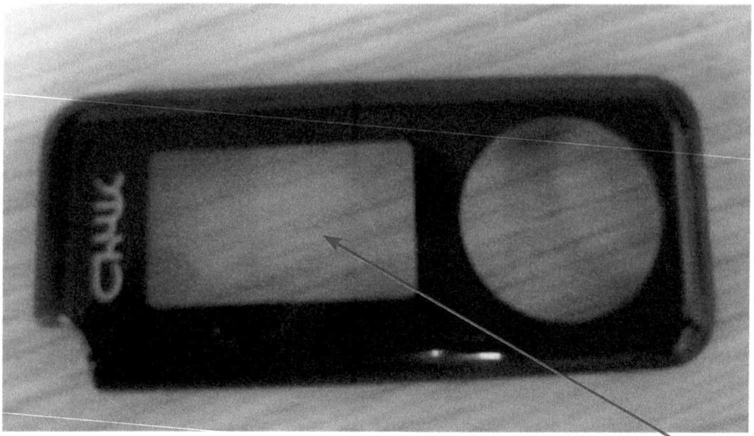

镜框位发雾，呈现半透明状，影响外观效果

现象 此为IML注塑产品，由于装上片材时模具表面有温差，形成一种半透明的状态。

分析 速度快会产生熔料加剧剪切产生高温易分解；模具表面温度过低；料管温度过低。

（1）注塑机特征

牌号：DEMAG（宁波） 锁模力：50t 塑化能力：42g

（2）模具特征

模出数：1×2 入胶方式：点浇口 顶出方式：顶针顶出 模具温度：60℃（恒温机）

（3）产品物征

材料：ABS PA758 颜色：透明 产品重（单件）：2.43g 水口重：8.44g

（4）不良原因分析

模具温度低，进胶口方式为潜水进胶，熔料流至进胶口附近，由于速度过快及模具表面很光洁，造成高剪切使熔料瞬间迅速升温，致表面发白，而形成半透明状。

（5）对策

① 运用多级注射及位置切换。

② 适当地增加模具温度，让产品在模具中缓慢地冷却。

③ 适当增加熔胶筒温度，以增加产品的透明度。

注塑成型工艺表

注塑机：Demag 50T　B 型螺杆　射胶量 42g			品名：S10 面框		
原料：ABS PA758	颜色：透明	干燥温度：80℃	干燥方式：抽湿干燥机	干燥时间：2h	再生料使用：0
成品重：2.43g×2=4.86g	水口重：8.44g	模具模出数：1×2		浇口入胶方式：点浇口	

料筒温度/℃	1	2	3	4	5
设定	242	236	227	200	
实际					
偏差					

模具温度/℃	使用机器	设定	实际
前	油温机	80	73
后	油温机	80	67

射胶残量/g	7.8	保压压力/kgf	50	保压位置/mm	12	射出压力/kgf		100	110	120
		保压速度/%	3			射压位置/mm		12		
		保压时间/s	10			射出速度/%	55	3		
						射速位置/mm	12	23.5		

中间时间/s	射胶时间/s	冷却时间/s	全程时间/s	背压/kgf	回转速度/%			回缩速度/%	料量位置/mm	回缩位置/mm
1	5	10	25	5	10	15	10	10	38	3

合模保护时间/s	加料监督时间/s	锁模力/kN	顶出长度/mm	顶出次数	回转位置/mm				
1	10	60	45	1	15	35	38		

模具运水图

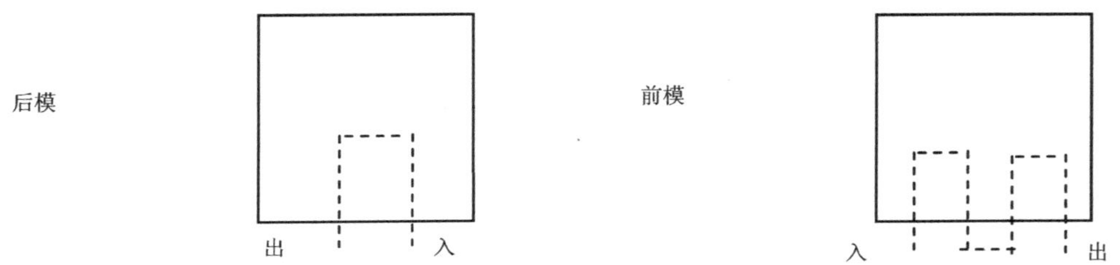

案例13 U形位夹水线

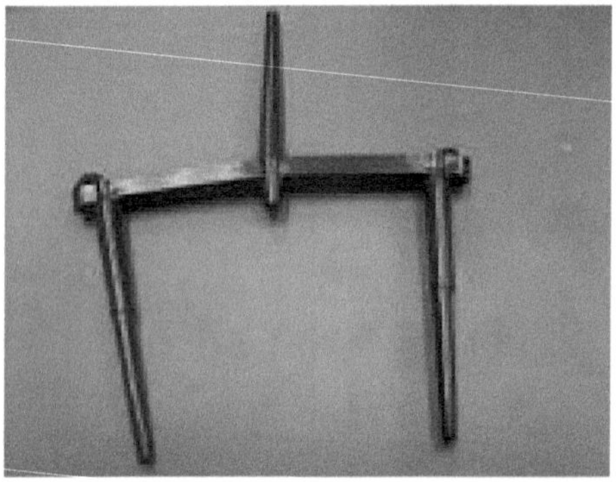

现象 充电器底座U形位夹水线。

分析 射胶速度过快过慢都会产生夹水线；模具表面光洁，若射速过快容易产生高温易分解；产品为高光面，中心进胶，射胶速度不是很好控制。

（1）注塑机特征

牌号：海天（浙江） 锁模力：120t 塑化能力：150g

（2）模具特征

模出数：1×2 入胶方式：点进胶 顶出方式：顶针顶出 模具温度：前模70℃，后模55℃（水温机）

（3）产品物征

材料：ABS VW30 颜色：黑色 产品重（单件）：27.9g 水口重：8.5g

（4）不良原因分析

① 产品用料为VW防火类，熔胶温度偏高，流动性比同类其他原料稍差。

② 产品结构所限，致使熔融的塑胶在充模中会产生合流。

③ 温度没达到最佳状态，射胶速度及行程设置不够准确。

（5）对策

① 运用多级注射及位置切换。

② 第一段用相对快的速度刚刚充满流道至进胶口及找出相应的切换位置，然后第二段用慢速及很小的位置充过进胶口附近即可。第三段用快速充满模腔的U形处，以免高温的熔融胶料冷却，形成融合线。第四段用慢速充满模腔，使模腔内的空气完全排出，避免困气及烧焦等不良现象。最后转换到保压切换位置。

注塑成型工艺表

注塑机：海天 120T　A 型螺杆　射胶量 150g			品名：充电器底座		
原料：ABS VW30	颜色：黑色	干燥温度：85℃	干燥方式：抽湿干燥机	干燥时间：2h	再生料使用：0
成品重：27.9g×2=55.8g	水口重：8.5g	模具模出数：1×2	浇口入胶方式：点进胶		

料筒温度/℃	1	2	3	4	5
设定	240	230	220	160	
实际					
偏差					

模具温度/℃	使用机器	设　定	实　际
前	水温机	75	70
后	水温机	60	55

射胶残量/g	7.8	保压压力/kgf	80	100	保压位置/mm
		保压时间/s	0.5	1.0	8

射出压力/kgf	100	100	110	105
射压位置/mm	15	45	15	45
射出速度/%	8	20	40	50
射速位置/mm	2.3			

中间时间/s	射胶时间/s	冷却时间/s	全程时间/s	背压/kgf	回转速度/%			回缩速度/%	料量位置/mm	回缩位置/mm
1	2.3	24	48	5	10	15	10	10	24	3

合模保护时间/s	加料监督时间/s	锁模力/kN	顶出长度/mm	顶出次数	回转位置/mm				
1	10	120	45	1	15	35	38		

模　具　运　水　图

后模

前模

案例14 困气烧白

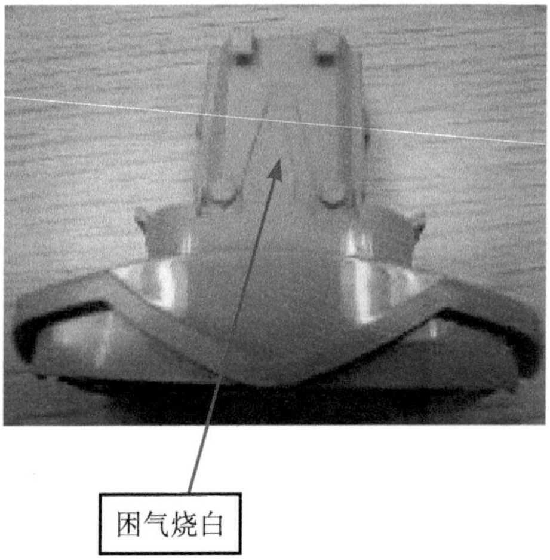

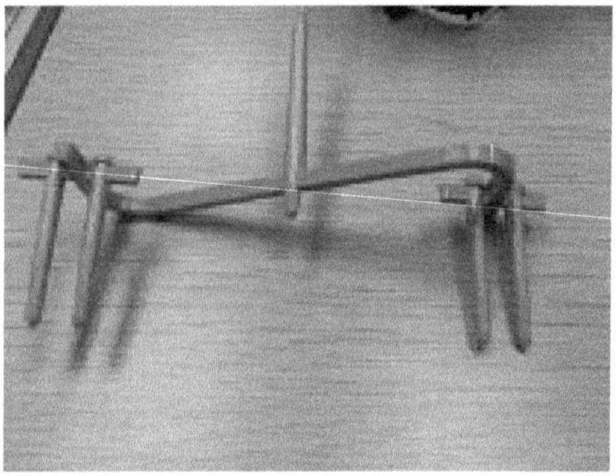

现象 ES7115电机基座困气烧白。

分析 射胶速度太慢有融合线，过快烧白；熔胶温度需偏高10℃；位置切换过早。

（1）注塑机特征

牌号：海天（浙江） 锁模力：120t 塑化能力：150g

（2）模具特征

模出数：1×2 入胶方式：点浇口 顶出方式：顶针顶出 模具温度：75℃（恒温机）

（3）产品物征

材料：ABS-PA757 37826 颜色：灰色 产品重（单件）：11.8g 水口重：7g

（4）不良原因分析

① 产品本身结构上此处胶位偏薄。

② 模具主流道很大，进胶口方式为潜水进胶，熔料流至进胶口附近，由于速度过快，形成高剪切使熔料瞬间迅速升温，原料分解产生气体，卷入模腔。

③ 混料不好融入气体。

④ 成型工艺速度及行程调整不合理。

（5）对策

① 运用多级注射及位置切换。

② 第一段用相对快的速度刚刚充满流道至进胶口及找出相应的切换位置。然后第二段用慢速及很小的位置充过进胶口及模腔的易烧白困气位（U形位）。第三段用较相对快速度充满模腔90%。第四段用慢速充满模腔，使模腔内的空气完全排出，避免困气及烧焦等不良现象。最后转换到保压切换位置。

注塑成型工艺表

注塑机：海天 120T　A 型螺杆　射胶量 150g			品名：电机基座		
原料：ABS PA 757	颜色：灰色	干燥温度：85℃	干燥方式：抽湿干燥机	干燥时间：2h	再生料使用：0
成品重：11.8g×2=23.6g	水口重：7g	模具模出数：1×2		浇口入胶方式：点浇口	

料筒温度/℃	1	2	3	4	5
设定	240	230	220	170	60
实际					
偏差					

模具温度/℃		使用机器	设定温度	实际温度
	前	水温机	75	70
	后	水温机	75	68

			保压压力/kgf	120	120	射出压力/kgf	125	135	135	135
			保压时间/s	1.0	1.1	射压位置/mm	20	30	15	40
射胶残量/g	7.8		保压位置/mm		6	射出速度/%	6	18	45	50
						射速位置/mm	3.5			

中间时间/s	射胶时间/s	冷却时间/s	全程时间/s	背压/kgf	回转速度/%			回缩速度/%	料量位置/mm	回缩位置/mm
1	3.5	20	41.5	5	10	15	10	10	58	3

合模保护时间/s	加料监督时间/s	锁模力/kN	顶出长度/mm	顶出次数	回转位置/mm				
1	10	120	45	1	15	35	38		

模　具　运　水　图

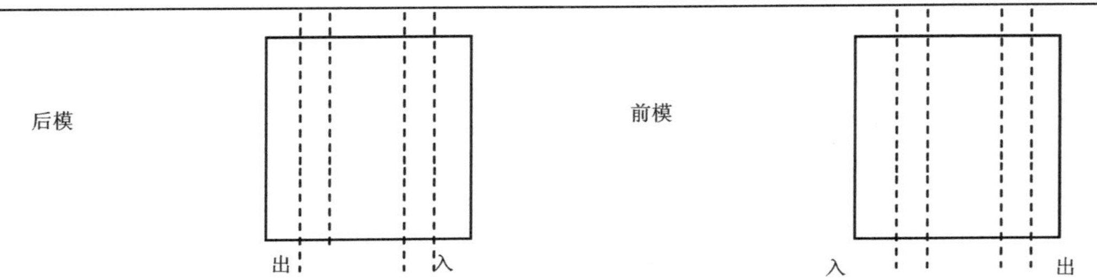

案例15 进胶口位拖伤

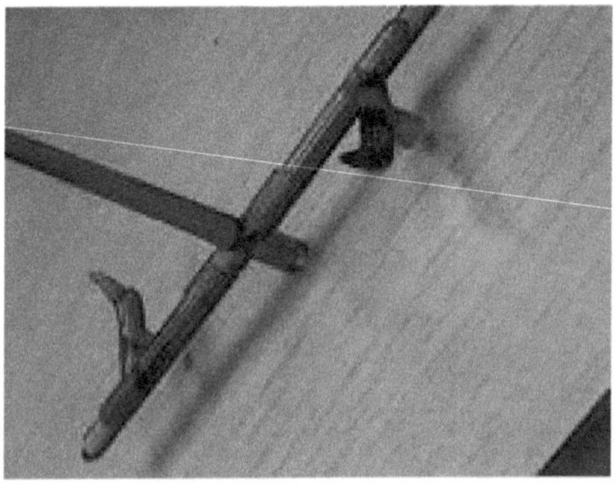

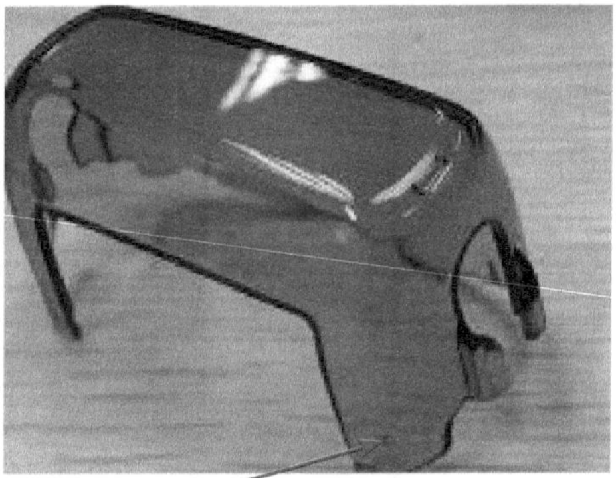

现象 产品出模后进胶口位置发现有拖伤痕迹。

分析 ① 技术员认为模具脱模不顺，要求修模组省模。

② 注塑压力太小产品有缩水现象。

(1) 注塑机特征

牌号：海天 锁模力：120t 塑化能力：150g

(2) 模具特征

模出数：1×2 入胶方式：潜水 顶出方式：顶块顶出 模具温度：前模110℃，后模95℃（恒温机）

(3) 产品物征

材料：PC K30 38087 颜色：透明灰色 产品重（单件）：10.16g 水口重：5.8g

(4) 不良原因分析

① 产品出模前冷却不够。

② 潜水进胶口过大。

③ A及B板开模速度调设不到位。

(5) 对策

① 改小进胶口，运用多级注射及位置切换。

② 第一段用相对快的速度刚刚充满流道至进胶口及找出相应的切换位置，然后第二段用慢速及很小的位置充过进胶口附近即可。第三段用快速充满模腔的90%以免高温的熔融胶料冷却，形成波浪纹。第四段用慢速充满模腔，使模腔内的空气完全排出，避免困气及烧焦等不良现象。最后转换到保压切换位置。

注塑成型工艺表

注塑机：海天 120T　A 型螺杆　射胶量 150g			品名：保护盖		
原料：PC K30	颜色：透明灰	干燥温度：110℃	干燥方式：抽湿干燥机	干燥时间：4h	再生料使用：0
成品重：10.16g×2=20.32g	水口重：5.8g	模具模出数：1×2	浇口入胶方式：潜水进胶		

料筒温度/℃					
	1	2	3	4	5
设定	310	300	290	240	80
实际					
偏差					

模具温度/℃	使用机器	设定	实际
前	恒温机	110	105
后	恒温机	95	92

			保压压力/kgf	90	95	射出压力/kgf	100	105	115	115
			保压时间/s	1.0	1.1	射压位置/mm	20	30	15	40
射胶残量/g	7.8		保压位置/mm	10	10	射出速度/%		13	28	34
						射速位置/mm	2.0			

中间时间/s	射胶时间/s	冷却时间/s	全程时间/s	背压/kgf	回转速度/%			回缩速度/%	料量位置/mm	回缩位置/mm
1	3.5	24	45	5	10	15	10	10	40	3

合模保护时间/s	加料监督时间/s	锁模力/kN	顶出长度/mm	顶出次数	回转位置/mm				
1	10	120	45	1	15	35	38		

模 具 运 水 图

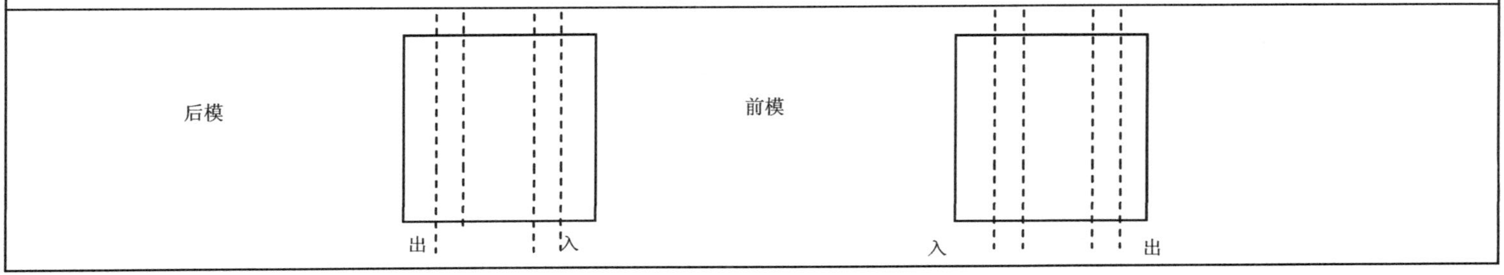

案例16 烧焦

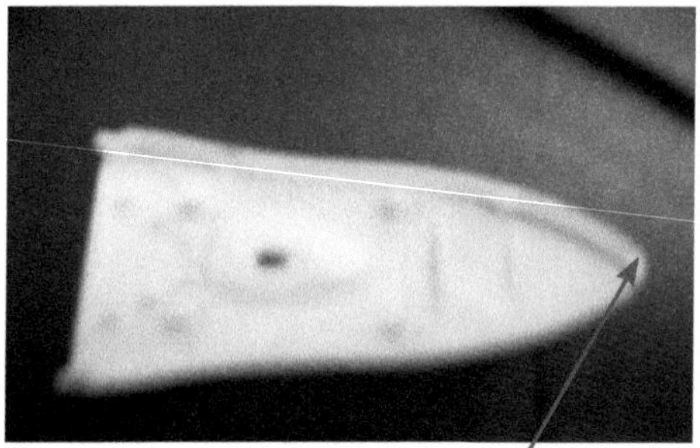

此处烧焦发黑

现象 注塑产品末端位附近出现烧焦发黑的现象。

分析 速度快会产生熔料加剧剪切产生高温易分解；模具表面光洁，若射速过快容易产生高温易分解；位置切换过晚。

（1）注塑机特征

牌号：海天　锁模力：86t　塑化能力：119g

（2）模具特征

模出数：1×2　入胶方式：点胶口　顶出方式：顶针顶出　模具温度：110℃（恒温机）

（3）产品物征

材料：ABS　颜色：灰色　产品重（单件）：3.09g　水口重：3.15g

（4）不良原因分析

模具主流道很大，进胶口方式为潜水进胶，熔料流至进胶口附近，由于速度过快及模具表面很光洁，形成高剪切使熔料瞬间迅速升温。原料分解产生气体不能及时排出，形成烧焦。

（5）对策

① 运用多级注射及位置切换。

② 第一段用中等的注射速度刚刚充满流道至进胶口及找出相应的切换位置，然后第二段用慢速及很小的位置充过进胶口附近即可。第三段用中速充满模腔的97%以免高温的熔融胶料冷却，第四段用慢速充满模腔，使模腔内的空气完全排出，避免困气及烧焦等不良现象。最后转换到保压切换位置。

注塑成型工艺表

注塑机：HTAN 86T　B型螺杆　射胶量 119g			品名：开关操纵杆		
原料：ABS PA757	颜色：灰色	干燥温度：85℃	干燥方式：抽湿干燥机	干燥时间：3h	再生料使用：10%
成品重：3.09g×2=6.18g	水口重 3.15g	模具模出数：1×2	浇口入胶方式：点浇口		

料筒温度/℃	1	2	3	4	5
设定	245	240	230	220	
实际					
偏差					

模具温度/℃	使用机器	设定	实际
前	水温机	110	98
后	水温机	110	96

			保压压力/kgf	89	保压位置/mm	射出压力/kgf		80	110	120
			保压速度/%	1.5	13	射压位置/mm		12	13.7	18
射胶残量/g	10.3					射出速度/%	55	3	7	9
						射速位置/mm	12	12	13.7	18

中间时间/s	射胶时间/s	冷却时间/s	全程时间/s	背压/kgf	回转速度/%			回缩速度/%	料量位置/mm	回缩位置/mm
1	1.6	9	19.6	3	40	55	43	10	22	1.5

合模保护时间/s	加料监督时间/s	锁模力/kN	顶出长度/mm	顶出次数	回转位置/mm				
1	10	600	45	1	15	22	23.5		

模 具 运 水 图

后模

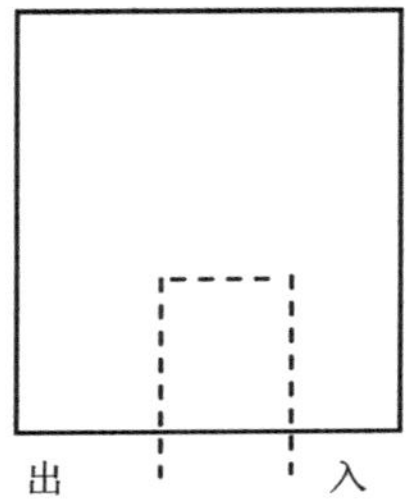

前模

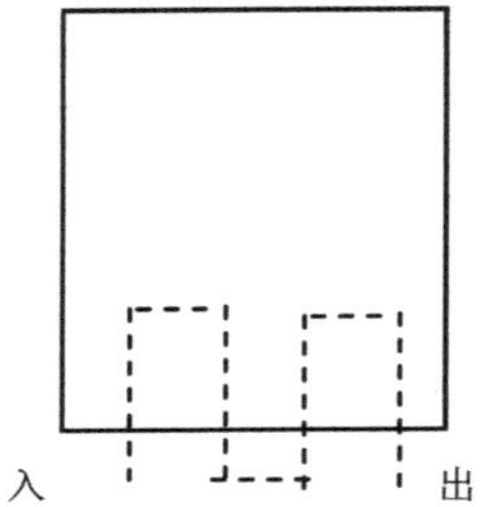

降低射出速度，由原来的10%改为7%，位置由原先的13.2mm改为13.7mm

案例17 内行位易断

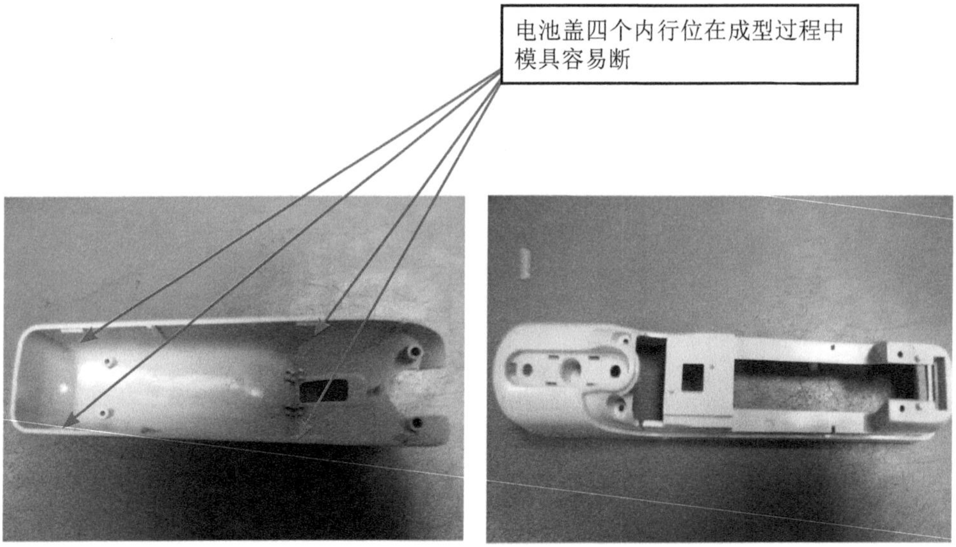

现象 电池盖在成型中四个内行位容易断。

分析 模具结构决定此四个行位较单薄，模具内行位的材质强度较弱，在成型过程中由于开模及注塑的压力作用而导致内行位强度不足而被拉断。

（1）注塑机特征

牌号：HT120T 锁模力：120t 塑化能力：119g

（2）模具特征

模出数：1×2 入胶方式：点进胶及潜顶针进胶 顶出方式：顶针顶出 模具温度：105℃（恒温机）

（3）产品物征

材料：ABS+PC HI-1001 颜色：灰色 产品重（单件）：16.21g 水口重：5.62g

（4）不良原因分析

① 电池盖四个内行位结构较长而小，导致强度不够，在开模过程中承受不起开模的压力而被拉断。

② 进胶点较小而成型中需要的压力较大，内行位承受不起压力而导致断裂。

③ 行位配合有虚位，模具动作过程中由于行位晃动而断裂。

（5）对策

① 把电池盖的内行位更改斜顶。

② 模具材质更改为DH31，行位底部加厚3mm，行位与压块碰穿处留0.2mm间隙。

③ 把水口顶针加大到0.3mm，进胶点加大到0.8～1.0mm。

注塑成型工艺表

注塑机：HT120T　B 型螺杆　射胶量 61g			品名：1433 主机后壳及电池盖		
原料：ABS+PC HI-1001 IM	颜色：灰色	干燥温度：105℃	干燥方式：抽湿干燥机	干燥时间：3h	再生料使用：0
成品重：16.21g	水口重：5.62g	模具模出数：1+1	浇口入胶方式：点进胶及潜顶针进胶		

料筒温度/℃	1	2	3	4	5
设定	280	275	270	250	
实际					
偏差					

模具温度/℃	使用机器	设定	实际
前	油温机	105	100
后	油温机	105	100

保压压力/kgf	115			
保压时间/s	1.3			
射胶残量/g	3.0			

射出压力/kgf	115	100	125
射压位置/mm		15	23
射出速度/%	20	28	35
射速位置/mm		15	23

中间时间/s	射胶时间/s	冷却时间/s	全程时间/s	背压/kgf	回转速度/%			回缩速度/%	料量位置/mm	回缩位置/mm
1.0	0.8	10	23	5.6	20	45	55	10	30	1.0

合模保护时间/s	加料监督时间/s	锁模力/kN	顶出长度/mm	顶出次数	回转位置/mm		
0.7	10	115	45	1	18	20	26

模 具 运 水 图

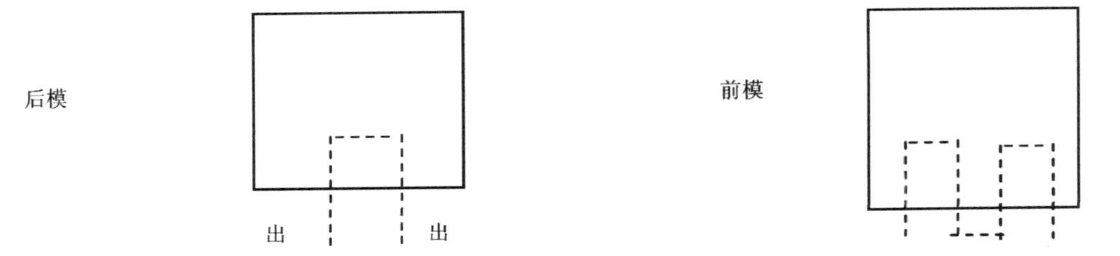

案例18 开模过程中螺丝柱容易拉坏

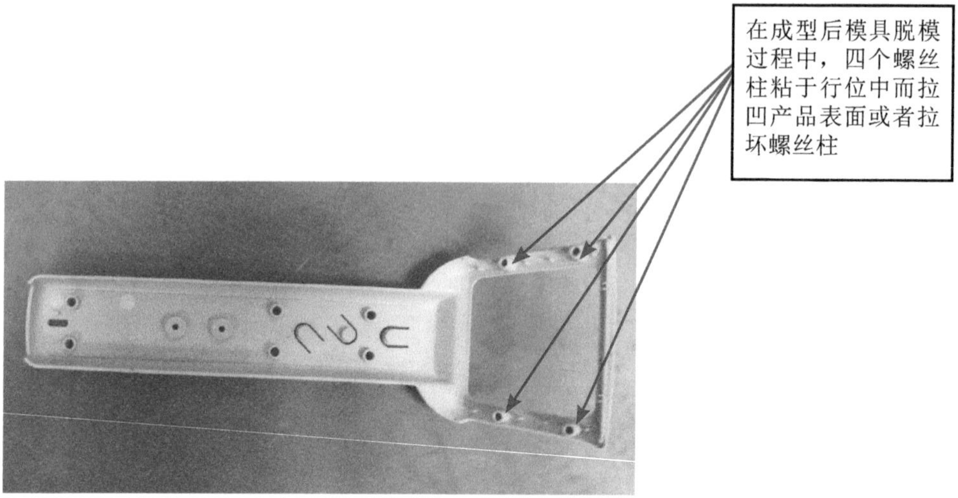
在成型后模具脱模过程中，四个螺丝柱粘于行位中而拉凹产品表面或者拉坏螺丝柱

现象 1433前壳开模过程中四个螺丝柱子容易被拉坏。

分析 模具结构设计不合理，在出模时螺丝柱没有设计顶出顶针，是靠前模行位滑动脱模具。

（1）注塑机特征

牌号：HT120T　锁模力：120t　塑化能力：119g

（2）模具特征

模出数：1×2　入胶方式：小水口转大水口（点进胶）　顶出方式：顶针顶出　模具温度：105℃（恒温机）

（3）产品物征

材料：ABS+PC HI-1001　产品重（单件）：6.52g　水口重：4.76g

（4）不良原因分析

产品顶出顺序是前模行位下滑后然后靠顶针顶出，在前模行位下滑中由于产品螺丝柱较深没有完全脱离行位，当顶针把产品顶出时由于力的作用就会把产品拉凹或者拉坏。

（5）对策

① 加大四个螺丝柱的拔模斜度，使产品可以完全脱出前模行位后顶出。

② 在前模行位螺丝柱的位置增加四个弹簧，在内行位下滑到下面时利用弹簧的弹力先把产品螺丝柱从行位中完全弹出，然后再把产品顶出。

注塑成型工艺表

注塑机：HT120T　B 型螺杆　射胶量 61g			品名：1433 前壳		
原料：ABS+PC HI-1001 IM	颜色：灰色	干燥温度：120℃	干燥方式：抽湿干燥机	干燥时间：3h	再生料使用：0
成品重：6.52g	水口重：4.76g	模具模出数：1×2	浇口入胶方式：小水口转大水口		

料筒温度/℃	1	2	3	4	5
设定	280	275	270	250	275
实际					
偏差					

模具温度/℃	使用机器	设　定	实　际
前	油温机	105	100
后	油温机	105	100

			保压压力/kgf	80		
射胶残量/g	4.0					

射出压力/kgf	75	90	100
射压位置/mm	15	22	28
射出速度/%	10	52	75
射速位置/mm	15	22	28

中间时间/s	射胶时间/s	冷却时间/s	全程时间/s	背压/kgf	回转速度/%			回缩速度/%	料量位置/mm	回缩位置/mm
1.0	1.0	10	24	5.0	10	75	85	10	32	1.0

合模保护时间/s	加料监督时间/s	锁模力/kN	顶出长度/mm	顶出次数	回转位置/mm				
0.7	10	105	45	1	15	30	32		

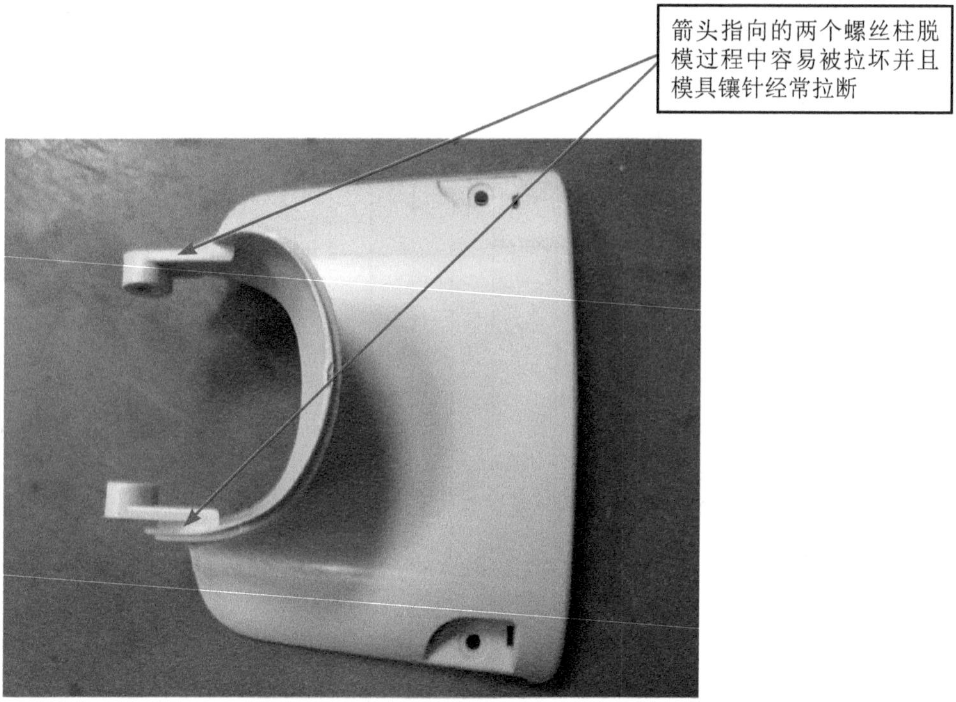
箭头指向的两个螺丝柱脱模过程中容易被拉坏并且模具镶针经常拉断

现象 1433屏幕后盖两侧螺丝柱容易拉坏。

分析 模具设计不合理，模具开合模动作顺序不正确。

（1）注塑机特征

牌号：HT120T　锁模力：120t　塑化能力：119g

（2）模具特征

模出数：1×2　入胶方式：小水口转大水口　顶出方式：顶针顶出　模具温度：105℃（恒温机）

（3）产品物征

材料：ABS+PC HI-1001　IM　产品重（单件）：6.72g　水口重：4.28g

（4）不良原因分析

合模时动作顺序：A板先合前模行位，因铲基作用而张开，后合AB板，在合AB板过程中由于前模行位已张开，前模行位上的挂针很容易被撞断。

开模顺序：AB板先开前模行位未合上而AB板打开而把产品螺丝柱子拉断。

（5）对策

A板底加做弹簧胶两个，AB板加两个扣基开关、拉杆四弹簧加强，保证开模动作先开A板，再开AB板，合模动作要保证先合AB板，再合A板与拉料板。

注塑成型工艺表

注塑机：HT120T　B 型螺杆　射胶量 61g			品名：1433 屏幕后盖
原料：ABS+PC HI-1001 IM	颜色：灰色	干燥温度：120℃	干燥方式：抽湿干燥机
干燥时间：3h	再生料使用：0		
成品重：6.72g×2=13.44g	水口重：4.28g	模具模出数：1×2	浇口入胶方式：小水口转大水口

料筒温度/℃	1	2	3	4	5
设定	280	275	270	250	
实际					
偏差					

模具温度/℃	使用机器	设定	实际
前	油温机	105	100
后	油温机	105	100

保压压力/kgf	95	115	
保压时间/s	1.0	1.5	
射胶残量/g	4.2		

射出压力/kgf	90	90	100
射压位置/mm	12	20	27
射出速度/%	20	27	25
射速位置/mm	12	20	27

中间时间/s	射胶时间/s	冷却时间/s	全程时间/s	背压/kgf	回转速度			回缩速度/%	料量位置/mm	回缩位置/mm
1.0	1.2	12	28	5.6	10	55	60	10	30	1.0

合模保护时间/s	加料监督时间/s	锁模力/kN	顶出长度/mm	顶出次数	回转位置/mm		
0.7	10	115	61	1	18	25	30

模具运水图

后模

前模

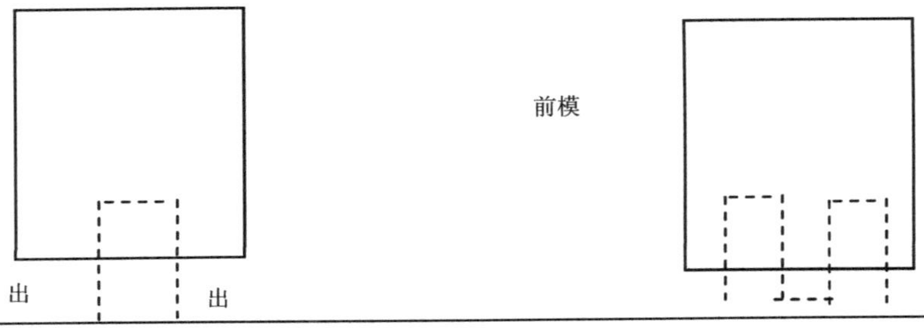

案例19 水口拉丝黑点

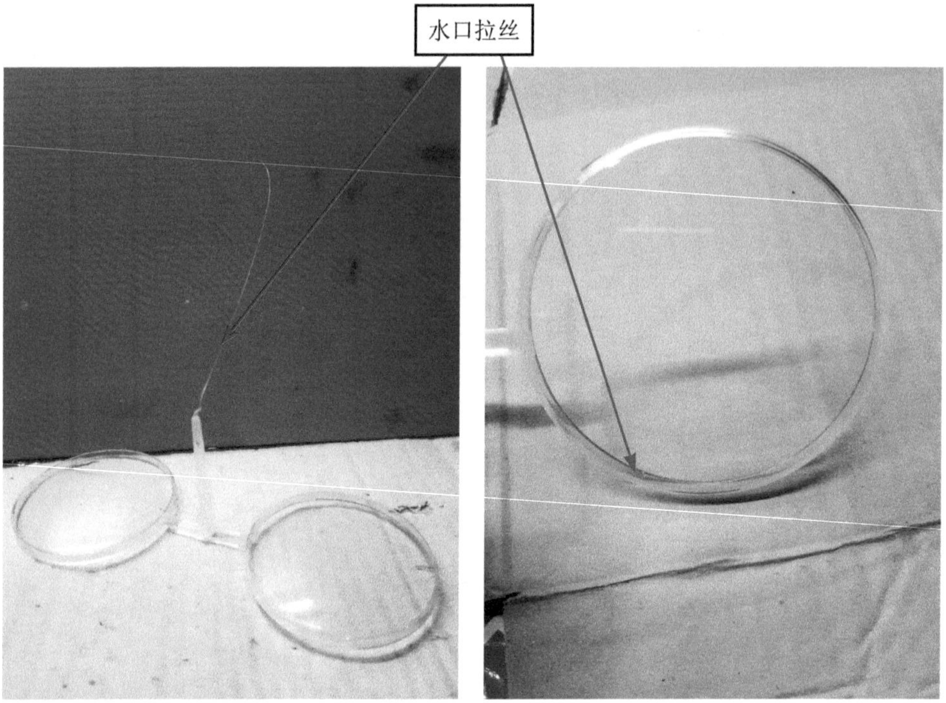

现象 凸镜制品的表面上产生水口拉丝。

分析 因为上一模浇口拉出料丝粘附在模具表面，下一模成型时在产品表面形成丝状物。

（1）注塑机特征

牌号：海天MA900/260 锁模力：90t 塑化能力：121cm^3

（2）模具特征

模出数：1×2 进胶口方式：侧进胶 顶出方式：顶针顶出 模具温度：前模接冷却水，后模接冷却水

（3）产品物征

材料：ABS-PA757 颜色：透明 产品重（单件）：11.7g 水口重：2.4g

（4）不良原因分析

① 射嘴温度过高；

② 背压太大；

③ 抽胶量过小。

（5）成型分析及对策

① 根据原料的物性，SAN的成型温度一般200～250℃，具有良好成型特性。

② 调整背压参数。

背压改为8kgf

注塑成型工艺表

注塑机：MA900/260 A-D32 螺杆 射胶量 121cm³			品名：凸镜		
原料：SAN-D52485	颜色：透明	干燥温度：80℃	干燥方式：料斗干燥机	干燥时间：2h	再生料使用：0
成品重：11.7g	水口重：2.4g	模具模出数：1×2	浇口入胶方式：侧进胶		

料筒温度 /℃	1	2	3	4	5
设定	252	240	215	195	180
实际	252	240	215	195	180
偏差					

模具温度 /℃	使用机器	设定	实际
前	机水		
后	机水		

	保压 4	保压 3	保压 2	保压 1	转保压位置 /mm
保压压力 /kgf				45	
保压流量 /%				8	
保压时间 /s				1.0	28.6
射胶残量 /g	28.3				

	射出 4	射出 3	射出 2	射出 1
射出压力 /kgf	70	80	80	65
射出速度 /%	12	35	50	42
位置 /mm	0.0	34.0	42.0	60.0

监控				
中间时间 /s	射胶时间 /s	冷却时间 /s	全程时间 /s	顶退延时 /s
0	2.7	12	31.95	0.00
合模保护时间 /s	锁模力 /kN	开模终止位置 /mm	顶出长度 /mm	
0.9	130	260.0	56	

时间 /s			2.5	
储料	压力 /kgf	速度 /%	背压 /kgf	终止位置 /mm
储料 1	98	70	15	50.0
储料 2	95	60	12	60.0
射退	35	15	/	63.0
		/	/	

模 具 运 水 图

案例20 熔接痕/缩印

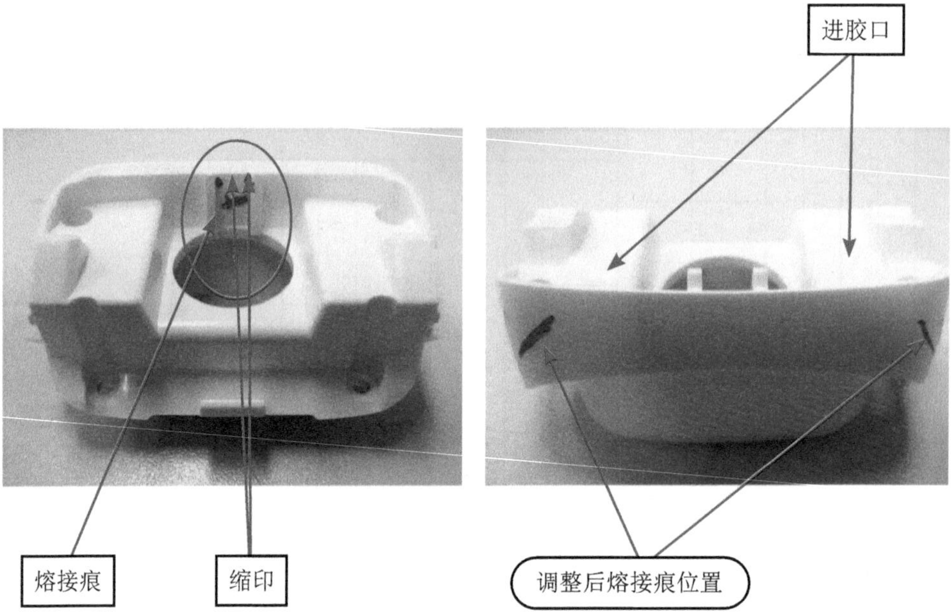

现象 电器刀取付台在生产过程中在中间骨位处出现明显熔接痕/缩印现象。

分析 由于模具设计采用两点进胶，在料流末端熔汇处排气不顺困气致熔接痕明显和缩印。

（1）注塑机特征

牌号：HT80T　锁模力：80t　塑化能力：130g

（2）模具特征

模出数：1×2　入胶方式：点浇口　顶出方式：顶针顶出　模具温度：85℃（恒温机）

（3）产品物征

材料：ABS PA757　颜色：白色　产品重（单件）：7.5g　水口重：8.5g

（4）不良原因分析

模具设计采用两点进胶，采用快的料流速度走胶填充，由于产品结构影响，在料流末端中间骨位熔汇处排气不顺困气致熔接痕明显和缩印。

（5）对策

① 运用多级注射慢速及低模具温度填充注射。

② 结合产品结构走胶状况，调节采用三段注射，调节模具温度不能太高，用低注射速度，让料流慢速走胶填充，改变熔接痕位置，从而改善产品熔接痕明显和缩印缺陷。

注塑成型工艺表

注塑机：HT80T　射胶量 130g			品名：刀取付台		
原料：ABS PA757	颜色：白色	干燥温度：85℃	干燥方式：抽湿干燥机	干燥时间：4h	再生料使用：0
成品重：7.5g×2=15g	水口重：8.5g	模具模出数：1×2	浇口入胶方式：点浇口		

料筒温度/℃					
	1	2	3	4	5
设定	230	220	205	190	
实际					
偏差					

模具温度/℃	使用机器	设定	实际
前	油温机	85	85
后	油温机	85	85

射胶残量/g	7.5	保压压力/kgf	45	50	保压位置/mm		射出压力/kgf	85	110	95
		保压时间/s	0.5	1.3	11		射压位置/mm	14	19	28
							射出速度/%	16	28	15

中间时间/s	射胶时间/s	冷却时间/s	全程时间/s	背压/kgf	回转速度			回缩速度/%	料量位置/mm	回缩位置/mm
5	3.1	12	32	5	10	15	10	10	32	3

合模保护时间/s	加料监督时间/s	锁模力/kN	顶出长度/mm	顶出次数	回转位置/mm				
1	10	65	32	1	15	32	35	/	/

模具运水图

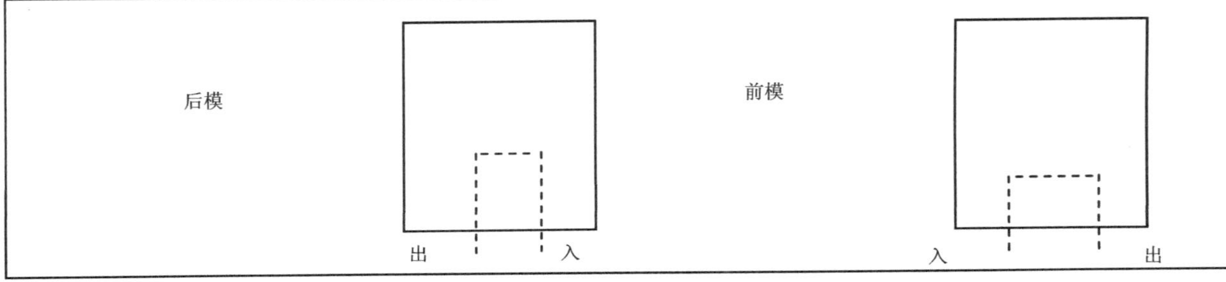

降低射出速度，由原来的25%调整为15%，由原先的45%调整为28%，模具温度由原来的100℃调整为85℃

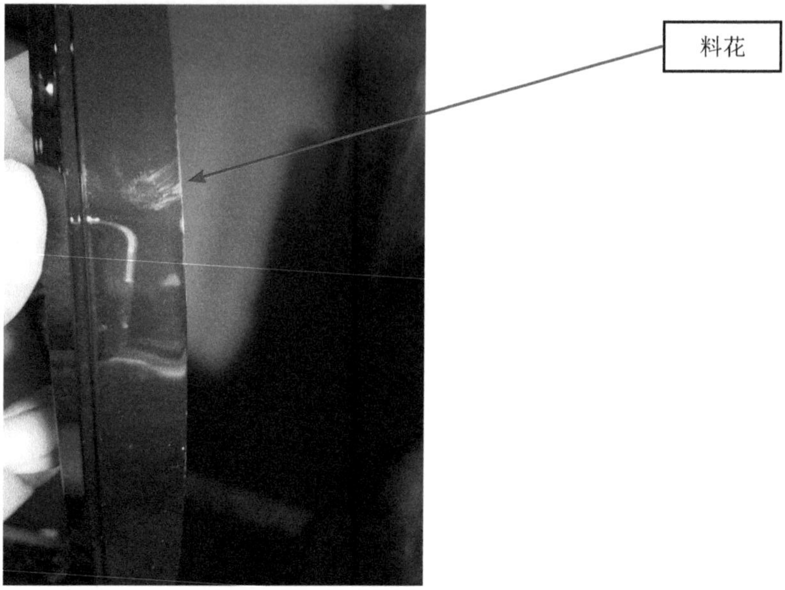

现象 面壳制品上产生料花。

分析 由于混有水汽、空气或杂质，当熔体流动时，有的气体和杂质逐步渗到产品表面，使材料分层，即使很大的压力也无法使它们很好地结合，表现为银纹或料花。

（1）注塑机特征

牌号：海天HTF160X1/J1　锁模力：160t　塑化能力：320cm³

（2）模具特征

模出数：1×1　进胶口方式：轮辐进胶　顶出方式：顶针顶出　模具温度：前模接模温机进水，温度120℃；后模接冷却水

（3）产品物征

材料：ABS-PA757　颜色：黑色　产品重（单件）：48.5g　水口重：13.9g

（4）成型分析及对策

① 原料干燥温度低、干燥时间短；

② 储料背压过低或过高；

③ 后松退位置大；

④ 料筒及热流道温度高造成原料分解；

⑤ 射胶速度快；

⑥ 模具排气不良；

⑦ 材料水分及低分子（粉末料易降解）过多。

（5）成型分析及对策

此缺陷刚好在进胶口处，并且是固定的，即为冲花，也就是射胶速度太快而产生的银丝（也叫料花），主要是成型时速度过快引起熔料温度过高产生料花，此位置在进胶口处，应减慢进胶速度。

把进胶速度由45%改为40%

注塑成型工艺表

注塑机：HTF160X1/J1　ϕ45螺杆　射胶量320 cm^3				品名：面壳	
原料：ABS-PA757	颜色：黑色	干燥温度：80℃	干燥方式：料斗干燥机	干燥时间：2h	再生料使用：0
成品重：48.5g	水口重：13.9g	模具模出数：1×1	浇口入胶方式：轮辐进胶		

料筒温度/℃	1	2	3	4	5
设定	260	240	220	200	195
实际	260	240	220	200	195
偏差					

模具温度/℃	使用机器	设定	实际
前	机水		
后	机水		

	保压4	保压3	保压2	保压1	转保压位置/mm
保压压力/kgf			50	80	
保压流量/%			8	15	
保压时间/s			1.0	0.5	36.1
射胶残量/g	35.0				

	射出4	射出3	射出2	射出1
射出压力/kgf	110	110	125	120
射出速度/%	12	20	45	85
位置/mm	0	30.0	48.0	65.0

监控				
中间时间/s	射胶时间/s	冷却时间/s	全程时间/s	顶退延时/s
0	3.0	25	42.9	2.00
合模保护时间/s	锁模力/kN	开模终止位置/mm	顶出长度/mm	
1.9	120	400.0	56	

时间/s			5.0	
储料	压力/kgf	速度/%	背压/kgf	终止位置/mm
储料1	100	70	12	65.0
储料2	80	50	12	80.0
射退	50	15		85.0

模具运水图

案例21 断裂

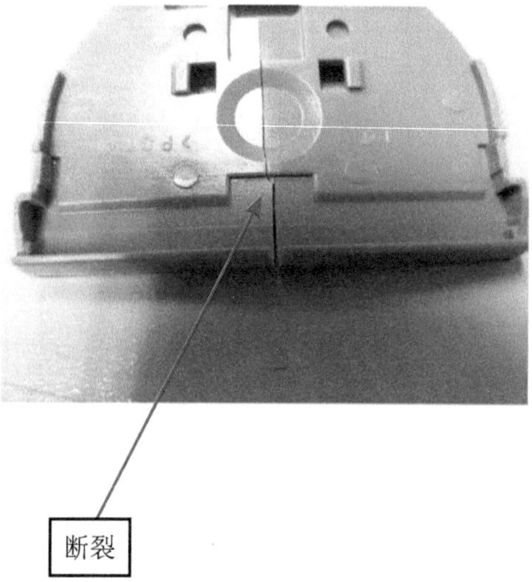

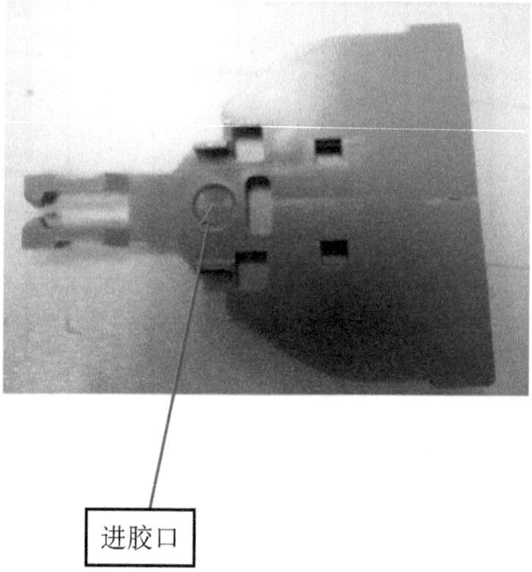

现象 电器产品刮刀盖在生产过程中在中间出现断裂现象。

分析 由于断裂处为熔接痕位置；产品受应力影响。

(1) 注塑机特征

牌号：HT80T　锁模力：80t　塑化能力：130g

(2) 模具特征

模出数：1×2　入胶方式：点浇口　顶出方式：顶针顶出　模具温度：110℃（恒温机）

(3) 产品物征

材料：POM M270　颜色：灰色　产品重（单件）：1.9g　水口重：3.6g

(4) 不良原因分析

模具设计采用一点进胶，由于产品结构影响，在料流末端中间熔汇处排气不顺，熔接痕明显；调节注塑压力太大以及注射速度太快产品内应力影响造成产品断裂现象。

(5) 对策

① 模具加开排气。

② 运用多级注射低压低速及高模具温度填充注射。

③ 调节减小射胶残余量。

注塑成型工艺表

注塑机：HT80T　射胶量 130g			品名：刮刀盖		
原料：POM M270	颜色：白色	干燥温度：85℃	干燥方式：抽湿干燥机	干燥时间：2h	再生料使用：0
成品重：1.9g×2=3.8g	水口重：3.6g	模具模出数：1×2	浇口入胶方式：点浇口		

料筒温度/℃	1	2	3	4	5
设定	210	200	195	165	
实际					
偏差					

模具温度/℃	使用机器	设定	实际
前	油温机	110	110
后	油温机	110	110

			保压压力/kgf	35	保压位置/mm	射出压力/kgf	50	75	65	
			保压时间/s	0.5	7	射压位置/mm	9	14	18	
射胶残量/g	4.2					射出速度/%	10	18	12	

中间时间/s	射胶时间/s	冷却时间/s	全程时间/s	背压/kgf	回转速度/%			回缩速度/%	料量位置/mm	回缩位置/mm
5	1.6	6	20	5	10	15	10	10	22	2

合模保护时间/s	加料监督时间/s	锁模力/kN	顶出长度/mm	顶出次数	回转位置/mm				
1	10	65	32	1	11	22	25		

模具运水图

射胶残余量由原来8.6g调整为4.2g

降低射出速度，由原来的20%调整为12%，由原先的25%调整为18%；模具温度由原来的80℃调整为100℃

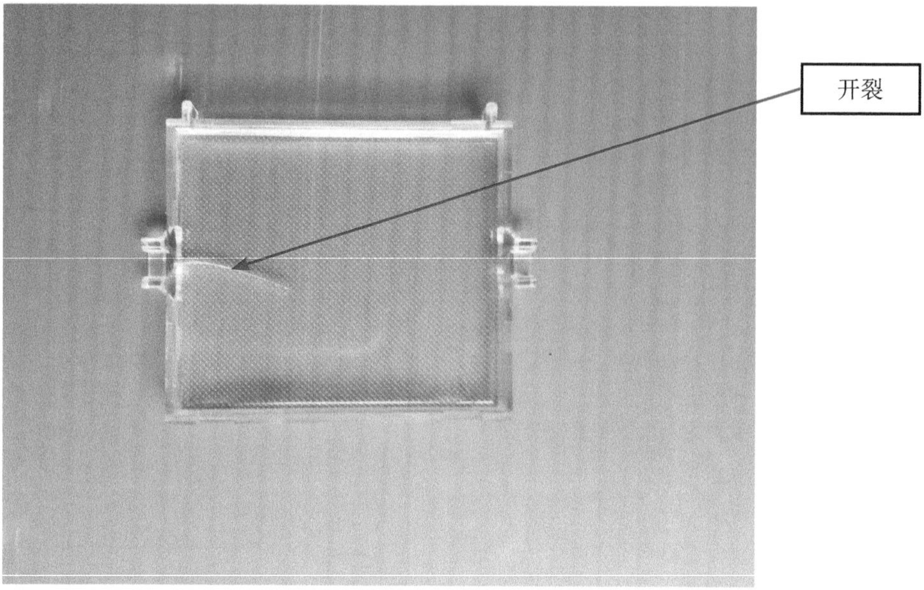

现象 透光板制品开裂。

分析 通常产品因过度注射，内应力过大，或脱模不顺，在出模时或出模后开裂；出现位置在顶杆周围、塑件形体结构中的尖角及缺口处。

（1）注塑机特征

牌号：海天 MA900/260　锁模力：90t　塑化能力：121cm^3

（2）模具特征

模出数：1×2　进胶口方式：侧进胶　顶出方式：顶针顶出　模具温度：前模、后模均接冷却水

（3）产品物征

材料：SAN-D52485　颜色：透明　产品重（单件）：3.5g　水口重：1.5g

（4）不良原因分析

① 脱模斜度过小，或顶出机构设置不当。

② 料筒温度低，或模具温度低，塑料过早冷却，熔接缝融合不良，容易开裂，特别是高熔点塑料如聚碳酸酯等更是如此。

③ 注射压力高。

④ 保压时间长。

⑤ 浇口太小，分流道太小或配置不当。

⑥ 背压过大。

⑦ 制品设计方面：制品设计不合理，导致局部应力集中（如尖角、缺口或厚度相差大、制品太薄、放镶件注塑）。

（5）成型分析及对策

开裂处在卡扣处，此处易形成应力，应采用较慢速射胶。

射出2速度由60%改为45%

注塑成型工艺表

注塑机：MA900/260　A-D32 螺杆　射胶量 121 cm^3		品名：透光板	
原料：SAN—D52485	颜色：白色	干燥温度：80℃	干燥方式：料斗干燥机
干燥时间：2h	再生料使用：0		
成品重：3.5g	水口重：1.5g	模具模出数：1×2	浇口入胶方式：侧进胶

料筒温度 /℃	1	2	3	4	5
设定	260	235	220	200	190
实际	260	235	220	200	190
偏差					

模具温度 /℃	使用机器	设定	实际
前	机水		
后	机水		

	保压 4	保压 3	保压 2	保压 1	转保压位置 /mm
保压压力 /kgf				55	
保压流量 /%				6	
保压时间 /s				0.50	44.0
射胶残量 /g	43.9				

	射出 4	射出 3	射出 2	射出 1
射出压力 /kgf	55	75	85	85
射出速度 /%	10	35	45	32
位置 /mm	0	42.0	45.0	52.0
时间 /s	1.8			

监控				
中间时间 /s	射胶时间 /s	冷却时间 /s	全程时间 /s	顶退延时 /s
3.0	3.0	12.0	30.0	1.00
合模保护时间 /s	锁模力 /kN	开模终止位置 /mm	顶出长度 /mm	
0.7	140	255.0	48.0	

储料	压力 /kgf	速度 /%	背压 /kgf	终止位置 /mm
储料 1	98	70	15	50.0
储料 2	98	50	15	60.0
射退	50	12		63.0

模具运水图

案例22 气纹

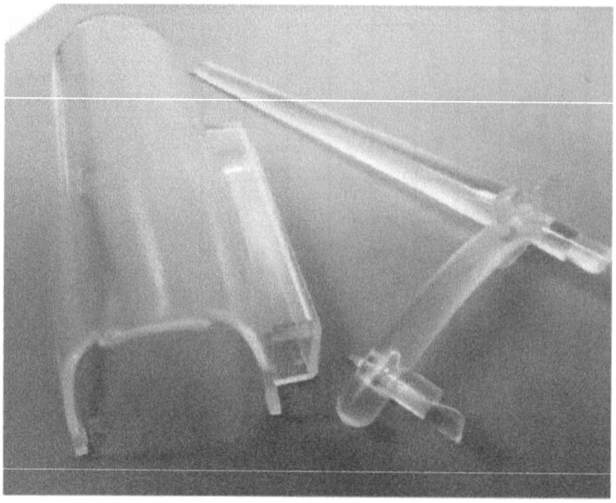

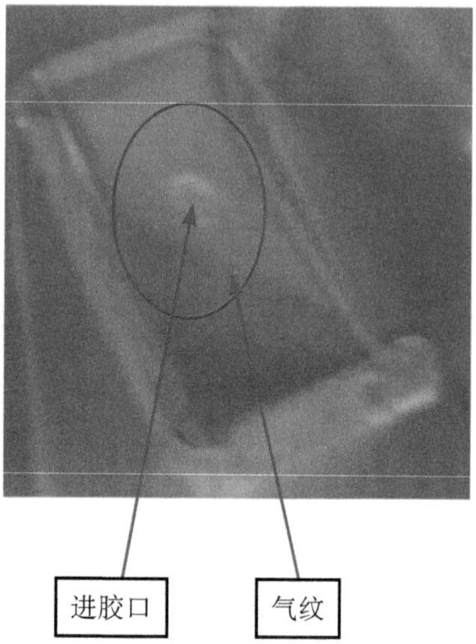

现象 透明保护盖在生产过程中时常会在水口位附近出现薄层状气纹现象。

分析 原料熔料剪切高温易分解产生气体。模具表面高光亮不便于气体排出。由于压力降使气体随入水口被吸入。

(1)注塑机特征

牌号：HT-DEMAG　锁模力：100t　塑化能力：150g

(2)模具特征

模出数：1×2　入胶方式：点浇口　顶出方式：顶块顶出　模具温度：100℃（恒温机）

(3)产品物征

材料：PC　颜色：透明　产品重（单件）：1.5g　水口重：13g

(4)不良原因分析

模具主流道很大，入胶方式为潜水进胶，熔料流至进胶口附近，由于速度过快及模具表面高光亮，高剪切使熔料瞬间迅速升温造成原料分解产生气体以及压力降，使气体随入水口吸入形成气纹。

(5)对策

① 运用多级注射及位置切换。

② 第一段用相对快的速度刚刚充满流道至进胶口及找出相应的切换位置，然后第二段用慢速及很小的位置充过进胶口附近即可。第三段用快速充满模腔的90%以免高温的熔融胶料冷却，最后转换到保压切换位置，并适当延长保压时间。

注塑成型工艺表

注塑机：TMC 60T　B 型螺杆　射胶量 133g			品名：透明镜		
原料：PC　LEXAN101	颜色：透明	干燥温度：120℃	干燥方式：抽湿干燥机	干燥时间：4h	再生料使用：0
成品重：1.5g×8=12g	水口重：13g	模具模出数：1×8	浇口入胶方式：点浇口		

料筒温度/℃	1	2	3	4	5
设定	320	315	310	285	
实际					
偏差					

模具温度/℃	使用机器	设　定	实　际
前	油温机	100	100
后	油温机	100	100

					保压位置/mm	
保压压力/kgf	45	50				
保压时间/s	1.5	1.8			12	
射胶残量/g	8.2					

射出压力/kgf	110	110	110
射压位置/mm	16	23.6	25
射出速度/%	100	2	15

中间时间/s	射胶时间/s	冷却时间/s	全程时间/s	背压/kgf	回转速度/%			回缩速度/%	料量位置/mm	回缩位置/mm
5	1.3	15	30	5	10	15	10	10	25	3

合模保护时间/s	加料监督时间/s	锁模力/kN	顶出长度/mm	顶出次数	回转位置/mm		
1	10	550	45	1	15	25	28

模　具　运　水　图

延长保压时间，由原来的1.2s和0.5s调整为1.8s和1.5s

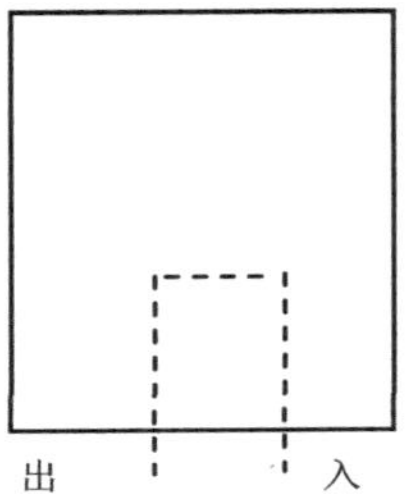

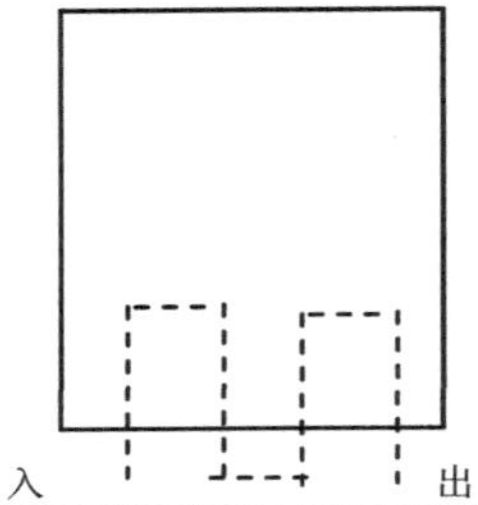

降低射出速度，由原来的10%调整为2%；位置由原先的20mm调整为23.6%

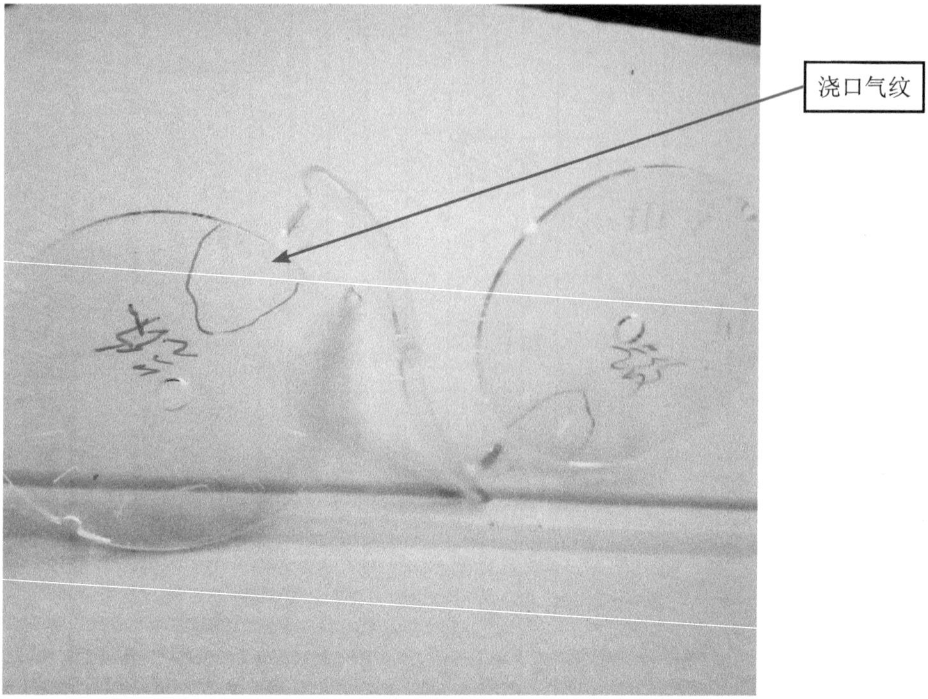

现象 薄透镜制品表面上产生浇口气纹。

分析 当熔体流过浇口时，由于流速大且黏性高，浇口附近的材料之间的剪切力过大，表面冷却层的部分材料发生断裂和错位，这些错位迅速冷却固化后在外层显现出浇口斑纹等缺陷。

（1）注塑机特征

牌号：海天MA900/260　锁模力：90t　塑化能力：121cm^3

（2）模具特征

模出数：1×2　进胶口方式：侧进胶　顶出方式：顶针顶出　模具温度：前模、后模均接冷却水

（3）产品物征

材料：PMMA　颜色：无色透明　产品重（单件）：11.9g　水口重：4.2g

（4）不良原因分析

① 工艺上，降低通过浇口时注射速度；

② 工艺上，减少气体；

③ 模具上，扩大浇口，更改浇口位置或采用冲击型浇口；

④ 材料上，改用流动性好的等级或添加润滑助剂。

（5）成型分析及对策

① 降低通过浇口时的速度；

② 采用多级注射。

进胶口位置要找对，速度要慢

注塑成型工艺表

注塑机：MA900/260　A-D32 螺杆　射胶量 121cm^3		品名：薄透镜	
原料：PMMA	颜色：透明	干燥温度：80℃	干燥方式：料斗干燥机
干燥时间：2h	再生料使用：0		
成品重：11.9g	水口重：4.2g	模具模出数：1×2	浇口入胶方式：侧进胶

料筒温度 /℃	1	2	3	4	5
设定	298	280	250	220	200
实际	298	280	250	220	200
偏差		△	△	△	△

模具温度 /℃	使用机器	设定	实际
前	机水		
后	机水		

	保压 4	保压 3	保压 2	保压 1	转保压位置 /mm
保压压力 /kgf			65	50	27.2
保压流量 /%			9	9	
保压时间 /s			2.0	0.8	
射胶残量 /g	26.0				

	射出 4	射出 3	射出 2	射出 1
射出压力 /kgf	70	89	80	85
射出速度 /%	15	20	35	10
位置 /mm	0	38.0	42.0	56.0

监控				
中间时间 /s	射胶时间 /s	冷却时间 /s	全程时间 /s	顶退延时 /s
4	9.8	38	64.92	1.00
合模保护时间	锁模力 /kN	开模终止位置 /mm	顶出长度	
0.7	140	275.0	48.0	

时间 /s			7.0	
储料	压力 /kgf	速度 /%	背压 /kgf	终止位置 /mm
储料 1	95	70	10	45.0
储料 2	80	50	10	60.0
射退	50	13		63.0

模 具 运 水 图

案例23 填充不满（缺胶）

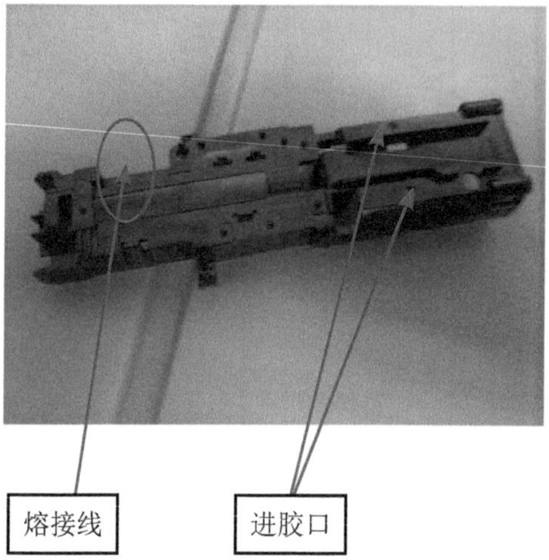

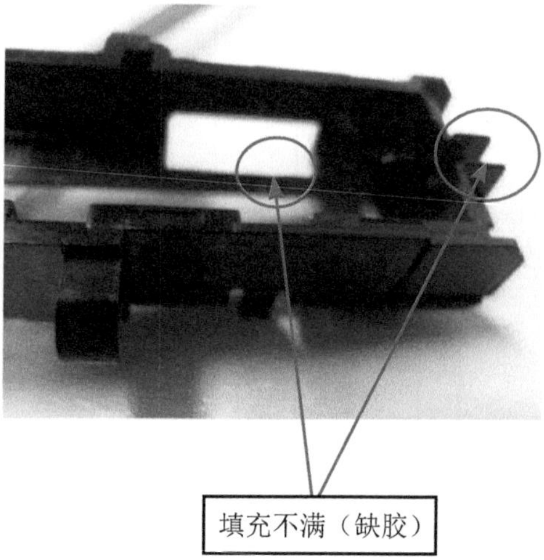

现象 电器产品基台在生产过程中时常在骨位直角位或熔接线处出现填充不满（缺胶）现象。

分析 骨位困气引起填充不满（缺胶）；走胶熔接线处填充不满（缺胶）。

（1）注塑机特征

牌号：HT120T　锁模力：120t　塑化能力：150g

（2）模具特征

模出数：1×1　入胶方式：点浇口　顶出方式：顶针顶出　模具温度：100℃（恒温机）

（3）产品物征

材料：ABS UT10B　颜色：黑色　产品重（单件）：6.3g　水口重：5.2g

（4）不良原因分析

模具入胶方式为两点潜水进胶，料流速度过快，易造成骨位直角困气引起填充不满（缺胶）；料流速度过慢易造成料流末端熔接线处填充不满（缺胶）。

（5）对策

① 运用多级注射及位置切换。

② 第一段用中等速度充满流道过进胶口及找出相应的切换位置，然后第二段用快速充填到骨位附近即可并找出相应的切换位置，第三段用慢速短的位置充满骨位便于气体排出，最后用快速充填并转换到保压切换位置，并适当延长保压时间。

注塑成型工艺表

注塑机：HT-120T　射胶量 150g			品名：保护基台		
原料：ABS UT10B	颜色：透明	干燥温度：120℃	干燥方式：抽湿干燥机	干燥时间：4h	再生料使用：0
成品重：6.3g	水口重：5.2g	模具模出数：1×1	浇口入胶方式：点浇口		

料筒温度/℃	1	2	3	4	5
设定	235	220	215	195	
实际					
偏差					

模具温度/℃		使用机器	设　定	实　际
	前	油温机	100	100
	后	油温机	100	100

保压压力/kgf	45	50			保压位置/mm	射出压力/kgf	100	90	110	95
保压时间/s	1.5	1.8			12.3	射压位置/mm	14	17	21.5	28
射胶残量/g	8.6					射出速度/%	55	5	75	35

中间时间/s	射胶时间/s	冷却时间/s	全程时间/s	背压/kgf	回转速度/%			回缩速度/%	料量位置/mm	回缩位置/mm
5	1.3	10	32	5	10	15	10	10	32	3

合模保护时间/s	加料监督时间/s	锁模力/kN	顶出长度/mm	顶出次数	回转位置/mm				
1	10	900	45	1	15	32	35		

模　具　运　水　图

后模

前模

运用多级注射及位置切换

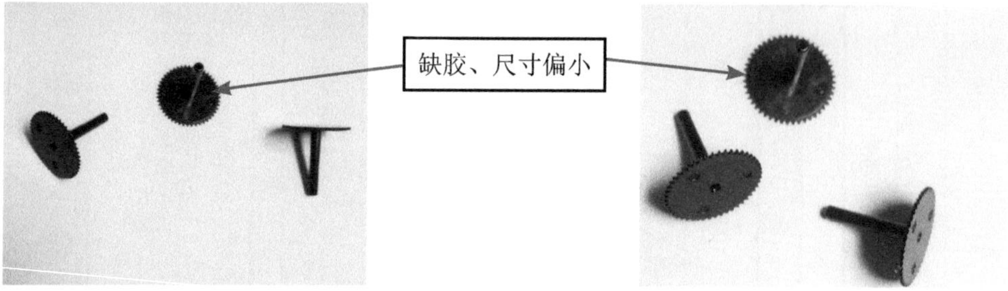

现象 制品（例如齿轮）缺胶或者尺寸偏小。

分析 注塑件在成型过程中，由于各种原因不能保持原来预定的尺寸精度称为尺寸不符，小于预定的尺寸就是尺寸偏小。成品的细小部位、角落处无法完全成型，是模具加工不到位或是排气不畅所致。成型上的原因是注射剂量或压力不够、模具设计缺陷（壁厚不足）等。

（1）注塑机特征

牌号：雅宝 220 S 250-60　锁模力：25t　塑化能力：25cm^3

（2）模具特征

模出数：1×12　进胶口方式：点进胶　顶出方式：顶针顶出　模具温度：前模、后模均采用模温机，温度 120℃

（3）产品物征

材料：PC+30%GF　颜色：黑色　产品重（单件）：0.1g　水口重：3.3g

（4）不良原因分析

① 注射压力高、速度快；
② 保压压力高、时间长；
③ 料量大；
④ 留模冷却时间太长；
⑤ 模具放缩量错误；
⑥ 材料加工温度低（收缩小）；
⑦ 材料收缩率小。

（5）成型分析及对策

1）模具改善措施
① 修正缺料处模具；
② 采取或改良排气措施；
③ 增加料厚，改善浇口（加大或者增加浇口）。
2）成型改善措施
① 加大注射剂量；
② 增加注射压力；
③ 成型物料为 PC+30% GF，一般采用高压高速成型，可以说尺寸偏小是缩水的一种特例，可以用加大保压压力来改善。

保压 2 由 300kgf 改为 450kgf
保压 3 由 350kgf 改为 500kgf

第一段保压作用
为定型防披锋

注塑成型工艺表

注塑机：220 S 250-60	射胶量 25cm³		品名：齿轮
原料：PC+30%GF	颜色：黑色	干燥温度：120℃	干燥方式：料斗干燥机 / 干燥时间：4h / 再生料使用：0
成品重：0.1g	水口重：3.3g	模具模出数：1×12	浇口入胶方式：点进胶

料筒温度 /℃	1	2	3	4	5
设定	325	320	310	290	
实际	325	320	310	290	
偏差					

模具温度 /℃	使用机器	设定	实际
前	水温机	120	
后	水温机	120	

	保压 4	保压 3	保压 2	保压 1	转保压位置 /cm
保压压力 /kgf		500	450	250	
保压流量 /%					
保压时间 /s		0.5	0.5	0.3	9.3
射胶残量 /g	9.271				

	射出 4	射出 3	射出 2	射出 1
射出压力 /kgf	145	150	1250	288
射出速度 /%	6	11	55.0	67.0
位置 /mm	0	21.0	36.0	11.0

监控

中间时间 /s	射胶时间 /s	冷却时间 /s	全程时间 /s	顶退延时 /s
0	0.4	5.0	14.86	2.00

合模保护时间 /s	锁模力 /kN	开模终止位置 /mm	顶出长度 /mm
0.3	120	300.0	40

时间 /s	1.0s		
	速度	背压 /kgf	终止位置 /cm
储料 1	25.0m/min	5	14.0
储料 2			
射退	15.0cm/s		19.0

模 具 运 水 图

案例24 披锋

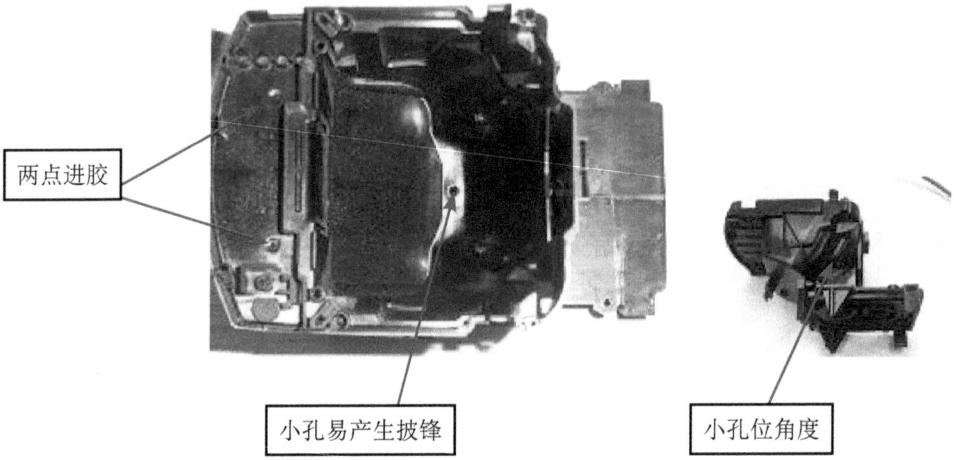

现象 洗净器成型中该产品中间小通水孔位容易出现披锋。

分析 技术员认为是模具问题，要求修模组修模；产品用料含有PP料，温度不宜偏高。

(1) 注塑机特征

牌号：震德　锁模力：260t　塑化能力：250g

(2) 模具特征

模出数：1×2　入胶方式：点进胶　顶出方式：顶针顶出　模具温度：50℃（恒温机）

(3) 产品物征

材料：PP + 20% GF　颜色：黑色　产品重（单件）：43g　水口重：10.8g

(4) 不良原因分析

① 产品此孔位在模具上的镶件必须为斜向碰擦，没垂直方向强度大。

② 熔胶温度及模具温度有偏高。

③ 射胶速度偏快。

(5) 对策

① 运用多级注射及位置切换。

② 第一段用相对快的速度刚刚充满流道至进胶口及找出相应的切换位置，然后第二段用相对快的速度及充过进胶口至产品的2/5。第三段用慢速充过产品上的小孔位。第四段用慢速充满模腔，使模腔内的空气完全排出，避免困气及烧焦等不良现象。最后转换到保压切换位置。

注塑成型工艺表

注塑机：震德 260T　A 型螺杆　射胶量 250g			品名：剃须刀洗净器		
原料：PP+20%GF	颜色：黑色	干燥温度：95℃	干燥方式：抽湿干燥机	干燥时间：2h	再生料使用：0
成品重：43g×2=86g	水口重：10.8g	模具模出数：1×2	浇口入胶方式：点进胶		

料筒温度/℃	1	2	3	4	5
设定	220	210	200	160	
实际					
偏差					

模具温度/℃		使用机器	设定	实际
	前	水温机	50	47
	后	水温机	50	45

				保压位置	末段
保压压力/kgf	80	100			
保压时间/s	0.5	1.0			
射胶残量/g	7.8				

射出压力/kgf	100	110	100	110
射压位置/mm	16	16	18	35
射出速度/%		20	50	70
射速位置/mm	4.8			

中间时间/s	射胶时间/s	冷却时间/s	全程时间/s	背压/kgf	回转速度			回缩速度/%	料量位置/mm	回缩位置/mm
1	4.8	24	48	5	10	15	10	10	80	3

合模保护时间/s	加料监督时间/s	锁模力/kN	顶出长度/mm	顶出次数	回转位置/mm				
1	10	250	45	1	15	35	38		

模具运水图

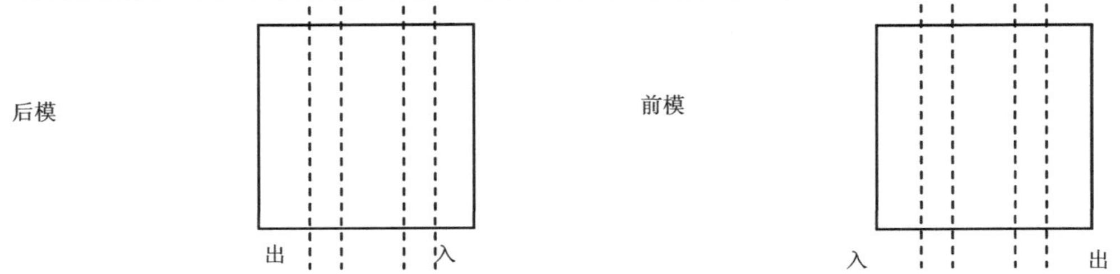

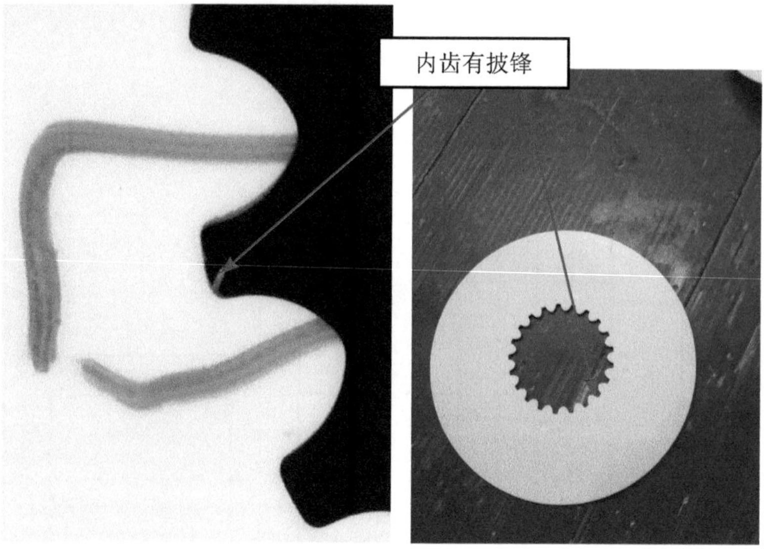

现象 圆齿盘制品上形成多余部分。

分析 披锋产生的原因是熔体充模时，进入模具分型面或型腔嵌块缝隙中，在制品上形成多余部分。本制品披锋缺陷为小毛边，多为射胶压力过大或过保压造成进料过多引起。

（1）注塑机特征

牌号：海天HTF160X1/J1　锁模力：160t　塑化能力：320cm^3

（2）模具特征

模出数：1×2　进胶口方式：点进胶　顶出方式：顶针顶出　模具温度：后模接冷却水，前模不接冷水

（3）产品物征

材料：ABS-PA757　颜色：黑色　产品重（单件）：12g　水口重：14.6g

（4）不良原因分析

① 模具缺陷；

② 锁模力不足；

③ 机台模板平行度不良；

④ 注射压力过大；

⑤ 射速过快；

⑥ 转保压位置不当；

⑦ 保压压力过大；

⑧ 料温过高；

⑨ 模温过高。

（5）对策

采用多级注射及多级保压进行。

注塑成型工艺表

注塑机：HTF160X1/J1　ϕ45 螺杆　射胶量 320cm³			品名：圆齿盘		
原料：ABS-PA757	颜色：白色	干燥温度：80℃	干燥方式：料斗干燥机	干燥时间：2h	再生料使用：0
成品重：121g	水口重：14.6g	模具模出数：1×2	浇口入胶方式：点进胶		

料筒温度 /℃	1	2	3	4	5
设定	260	230	220	200	190
实际	259	233	220	203	191
偏差					

模具温度 /℃	使用机器	设定	实际
前	机水		
后	机水	25	25

	保压 4	保压 3	保压 2	保压 1	转保压位置 /mm
保压压力 /kgf				50	
保压流量 /%				2	
保压时间 /s				0.8	32.4
射胶残量 /g	32.3				

	射出 4	射出 3	射出 2	射出 1
射出压力 /kgf		85	100	100
射出速度 /%		15	20	22
位置 /mm		25.0	45.0	55.0

监控				
中间时间 /s	射胶时间 /s	冷却时间 /s	全程时间 /s	顶退延时 /s
0.5	3.0	17.0	34.3	5
合模保护时间 /s	锁模力 /kN	开模终止位置 /mm	顶出长度 /mm	
0.9	130\	36.0	20	

时间 /s			3.0	
储料	压力 /kgf	速度 /%	背压 /kgf	终止位置 /mm
储料 1	120	65	6	50.0
储料 2	120	50	5	60.0
射退	70	15		64.0

模具运水图

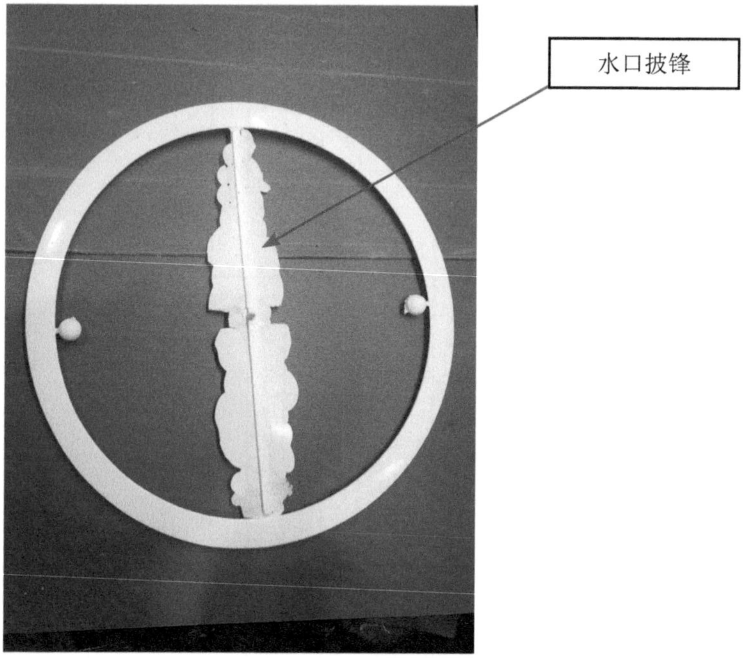

现象 在面圈制品上产生水口披锋。

分析 流动的熔胶在一定压力下，进入模具缝隙，形成多余的胶膜，当塑料熔料被迫从分型面、镶件接合处或顶针位挤压出模具型腔产生薄片时便形成了披锋。

（1）注塑机特征

牌号：东芝IS350GS　锁模力：350t　塑化能力：855cm^3

（2）模具特征

模出数：1×1　进胶口方式：轮辐式进胶　顶出方式：顶针顶出　模具温度：前模接冷却水，后模接冷却水

（3）产品物征

材料：ABS-PA757　颜色：白色　产品重（单件）：94g　水口重：23.4g

（4）不良原因分析

① 模具分型面加工粗糙；

② 型腔及抽芯部分的滑动件磨损过多。

③ 注射压力过大；

④ 熔体温度高，模温高；

⑤ 注射保压过度；

⑥ 注射压力分布不均，充模速度不均；

⑦ 注射量过多，使模腔内压力过大。

（5）成型分析及对策

此缺陷为过保压造成，也就是浇口已经冷却固化了，但仍然进行保压导致水口披锋。

保压2段时间由
2.0s改为0.5s

注塑成型工艺表

注塑机：IS350GS	ϕ60 螺杆　射胶量 855 cm^3			品名：面圈	
原料：ABS-PA757	颜色：白色	干燥温度：80℃	干燥方式：料斗干燥机	干燥时间：2h	再生料使用：0
成品重：94g	水口重：23.4g		模具模出数：1×1	浇口入胶方式：轮辐式进胶	

料筒温度 /℃					
	1	2	3	4	5
设定	250	230	200	190	
实际	250	230	200	190	
偏差		△	△	△	△

模具温度 /℃	使用机器	设定	实际
前	机水		
后	机水		

	保压 4	保压 3	保压 2	保压 1	转保压位置 /mm
保压压力 /kgf			65	85	
保压流量 /%			35	50	
保压时间 /s			2.0	1.5	50.0
射胶残量 /g	46.3				

	射出 4	射出 3	射出 2	射出 1
射出压力 /kgf	0	100	110	110
射出速度 /%	0	30	65	85
位置 /mm	0	50.0	75.0	95.0
时间 /s			320	

监控				
中间时间 /s	射胶时间 /s	冷却时间 /s	全程时间 /s	顶退延时 /s
0	5.5	30	50.5	2.00
合模保护时间 /s	锁模力 /kN	开模终止位置 /mm	顶出长度 /mm	
1.9	115	400.0	70.0	

储料	压力 /kgf	速度 /%	背压 /kgf	终止位置 /mm
储料 1	100	60	10	80.0
储料 2	90	50	10	100.0
射退	50	15		105.0

模 具 运 水 图

案例25 顶针印明显

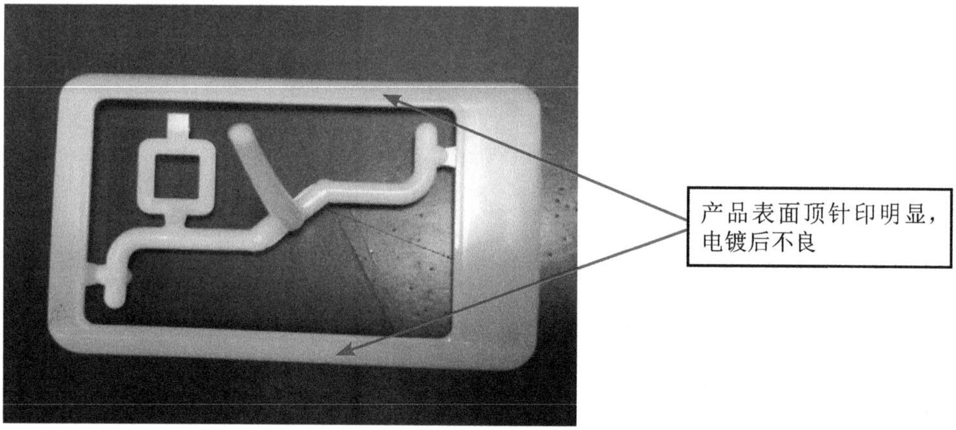

现象 产品表面顶针印明显。产品打得较饱和的时候表面顶针印较浅，但是尺寸超出公差范围偏大。

分析 模具尺寸做得不合理而导致尺寸及顶针印同时改善困难。

（1）注塑机特征

牌号：DEMAG100T　锁模力：100t　塑化能力：61g

（2）模具特征

模出数：1×1　入胶方式：小水口（点进胶）　顶出方式：顶针顶出　模具温度：105℃（恒温机）

（3）产品物征

材料：ABS+PC　产品重（单件）：2.14g　水口重：1.98g

（4）不良原因分析

① 模具尺寸做得不合理，在调机中保证产品尺寸的条件下比较难控制产品顶针印。而当产品打得较为饱和时顶针印较浅，但是尺寸又偏大。

② 顶针过长致胶位薄而导致产品顶针印较明显。

（5）对策

① 运用多级注射及位置切换。

② 第一段用中等的速度刚刚充满流道至进胶口及找出相应的切换位置。第二段用慢速及较小的位置充过进胶口附近即可。第三段用中等速度充满模腔的95%。第四段用慢速充满模腔，使模腔内的空气完全排出。最后转换到保压切换位置。

③ 加长各段保压时间控制产品尺寸。

④ 顶针上部纹面抛光。

注塑成型工艺表

注塑机：DEMAG 100T　B 型螺杆　射胶量61g			品名：DC888底壳		
原料：ABS+PC HP 5004-100	颜色：透明	干燥温度：120℃	干燥方式：抽湿干燥机	干燥时间：4h	再生料使用：0
成品重：2.14g	水口重：1.98g	模具模出数：1×1	浇口入胶方式：小水口进胶（点进胶）		

料筒温度/℃	1	2	3	4	5
设定	280	270	265	245	
实际					
偏差					

模具温度/℃	使用机器	设　定	实　际
前	油温机	105	105
后	油温机	105	100

保压压力/kgf	55	85			
保压时间/s	2.0	3.2			
射胶残量/g	4.2				

射出压力/kgf	139	139	139	139
射压位置/mm	10	13	20	23
射出速度/%	16	20	23	37
射速位置/mm	10	13	20	23

中间时间/s	射胶时间/s	冷却时间/s	全程时间/s	背压/kgf	回转速度/%			回缩速度/%	料量位置/mm	回缩位置/mm
1.2	1.5	16	25	5.2	20	65	65	10	27	1.6

合模保护时间/s	加料监督时间/s	锁模力/kN	顶出长度/mm	顶出次数	回转位置/mm				
0.8	10	880	43	1	20	25	28.6		

模具运水图

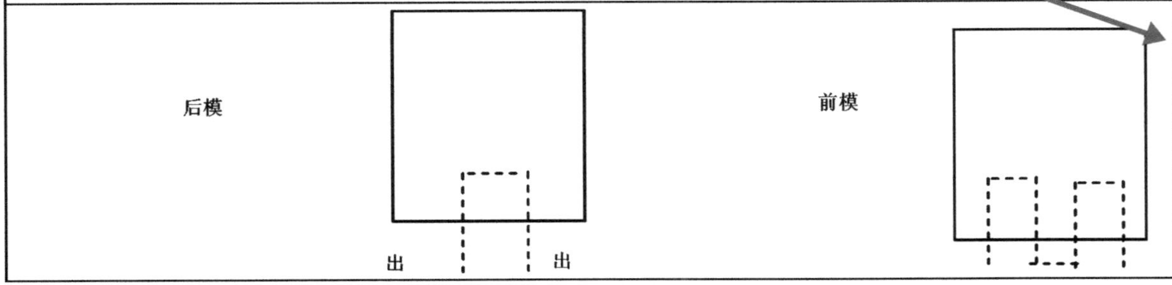

第一段保压时间由原来1.2s改为3.2s，第二段速度由原来0.8%改为2.0%，压力由原来的125kgf改为139kgf

案例26 困气烧焦

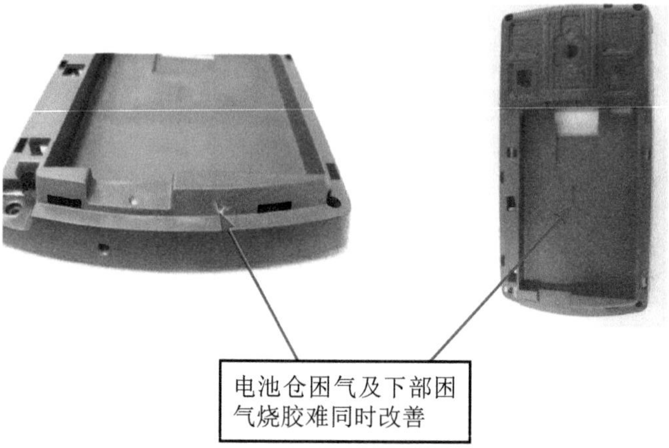

现象 产品电池仓为全部封胶没有割镶件，在成型中气体很容易排出模具外而导致产品困气烧焦。

分析 速度设置不合理，速度太快会产生熔料加剧剪切产生高温，熔料易分解，产生的气体无法排出模外；第二段速度过大；模具排气不良。

（1）注塑机特征

牌号：DEMAG100T　锁模力：100t　塑化能力：61g

（2）模具特征

模出数：1×1　入胶方式：小水口（四点点进胶）　顶出方式：顶针及斜顶顶出　模具温度：105℃（恒温机）

（3）产品物征

材料：ABS+PC HP 5004-100　产品重（单件）：13.7g　水口重：9.06g

（4）不良原因分析

① 由于速度过快造成高剪切使熔料瞬间迅速升温，造成原料分解，产生气体，而产生的气体又不能及时排出模具外。

② 模具排气系统不良导致困气烧焦。

（5）对策

① 运用多级注射及位置切换。

② 第一段用较快的速度刚刚充满流道至进胶口及找出相应的切换位置。第二段用慢速及较小的位置充过进胶口附近即可。第三段用较快速度充满模腔的90%以免高温的熔融胶料冷却。第四段用慢速充满模腔，使模腔内的空气完全排出，最后转换到保压切换位置。

③ 在电池仓处后模割排气片或者加顶针排气。

注塑成型工艺表

注塑机：DEMAG100T　B 型螺杆　射胶量 61g			品名：DC888 底壳		
原料：ABS+PC HP 5004-100	颜色：透明	干燥温度：120℃	干燥方式：抽湿干燥机	干燥时间：4h	再生料使用：0
成品重：13.7g	水口重：9.06g		模具模出数：1×1	浇口入胶方式：小水口进胶（点进胶 ）	

料筒温度/℃	1	2	3	4	5
设定	280	270	265	245	
实际					
偏差					

模具温度/℃	使用机器	设　定	实　际
前	油温机	105	105
后	油温机	105	100

保压压力/kgf	55	85			
保压速度/%	1.0	1.2			
射胶残量/g	5.8				

射出压力/kgf	125	125	125	125
射压位置/mm	14	21	29	43
射出速度/%	16	45	20	55
射速位置/mm	14	21	29	23

中间时间/s	射胶时间/s	冷却时间/s	全程时间/s	背压/kgf	回转速度/%			回缩速度/%	料量位置/mm	回缩位置/mm
1.2	1.5	10	25	5.2	20	65	65	10	48	1.6

合模保护时间/s	加料监督时间/s	锁模力/kN	顶出长度/mm	顶出次数	回转位置/mm				
0.8	10	880	43	1	20	25	28		

模　具　运　水　图

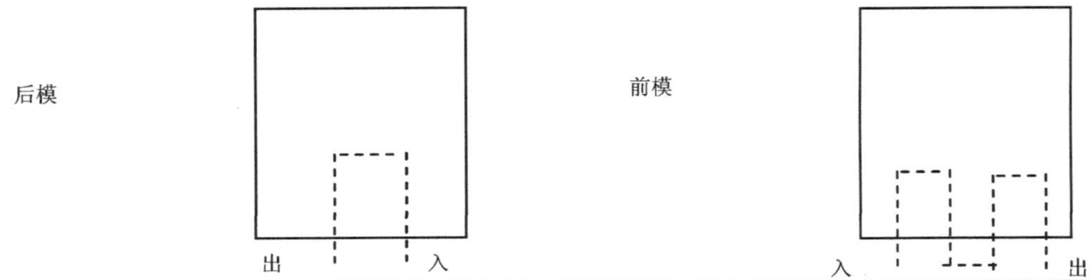

第二段速度由原来45%改为20%，第四段速度由原来35%改为16%

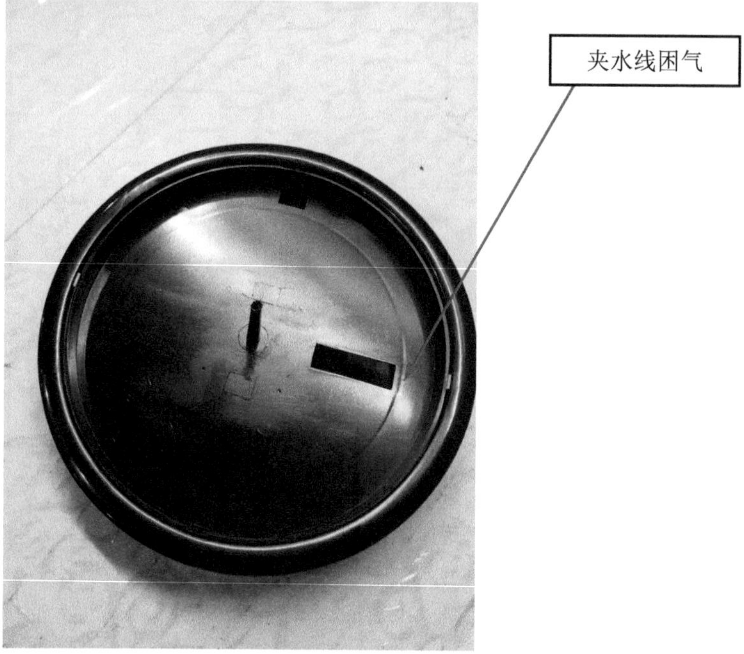

现象 圆面壳制品上夹水线困气。

分析 熔接痕是两个或更多的熔体相遇时所形成的，当两个熔体相遇时，其圆形前端被挤平和黏结在一起，此过程要求已有很高黏性的流体前端能良好伸展，如果温度和压力不够，流体前端的角部得不到良好成型而产生凹陷，并且熔体不能良好熔融时，也会在此处形成一个力学薄弱点。

（1）注塑机特征

牌号：海天HTF160X1/J1　锁模力：160t　塑化能力：320cm^3

（2）模具特征

模出数：1×1　进胶口方式：直进胶　顶出方式：顶针顶出　模具温度：前模接冷却水，后模接冷却水

（3）产品物征

材料：ABS-PA757　颜色：黑色　产品重（单件）：115.1g　水口重：1.1g

（4）不良原因分析

① 夹水线产生原因：不良的排气；两股相遇的熔料进料温低，炮筒温度低，模具温度低，射速慢等。

② 困气产生原因：不良的排气；射速过快。

（5）成型分析及对策

产品有通孔会有夹水线，且困气刚好在夹水线处，所以提高模温有利于改善夹水线，模温高可以放慢射速以利于排气。

改为接水温机，
前模80℃，后模60℃

注塑成型工艺表

注塑机：HTF160X1/J1　ϕ45 螺杆　射胶量 320 cm^3	品名：圆面壳

原料：ABS-PA757	颜色：白色	干燥温度：80℃	干燥方式：料斗干燥机	干燥时间：2h	再生料使用：0
成品重：115.1g	水口重：1.1g	模具模出数：1×1			浇口入胶方式：直进胶

料筒温度 /℃	1	2	3	4	5
设定	270	240	230	220	210
实际	270	240	230	220	210
偏差					

模具温度 /℃	使用机器	设定	实际
前	机水		
后	机水		

	保压 4	保压 3	保压 2	保压 1	转保压位置 /mm
保压压力 /kgf				60	
保压流量 /%				10	
保压时间 /s				1.0	30
射胶残量 /g	26.3				

	射出 4	射出 3	射出 2	射出 1
射出压力 /kgf	150	160	120	150
射出速度 /%	50	60	7	25
位置 /mm	30	40.0	65.0	75.0

监控				
中间时间 /s	射胶时间 /s	冷却时间 /s	全程时间 /s	顶退延时 /s
1.0	8.0	20	39.6	2.00
合模保护时间 /s	锁模力 /kN	开模终止位置 /mm	顶出长度 /mm	
1.9	140	380.0	56	

时间 /s			10.0	
储料	压力 /kgf	速度 /%	背压 /kgf	终止位置 /mm
储料 1	120	70	12	90.0
储料 2	100	60	12	110.0
射退	50	20		114.0

模具运水图

案例27 表面夹线及内柱少胶

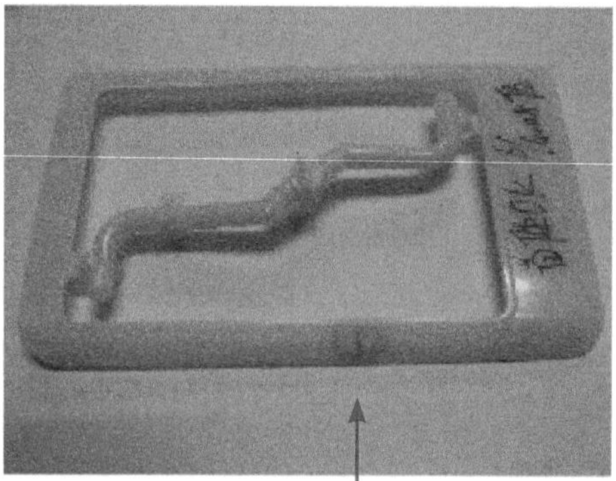

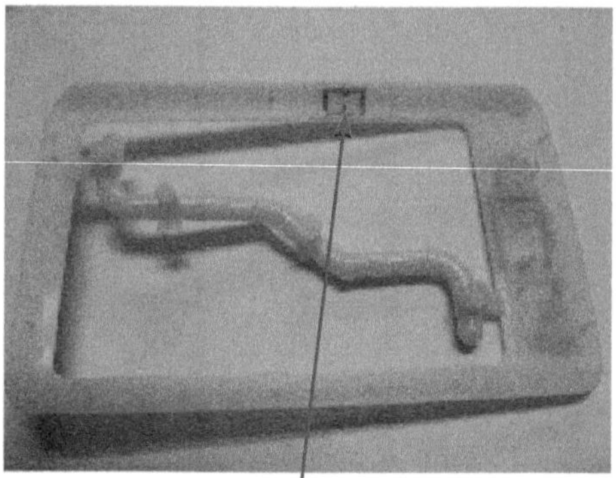

表面夹线

在夹线位制作镶件

（1）注塑机特征

牌号：海天　锁模力：140t　塑化能力：133g

（2）模具特征

模出数：1×1　入胶方式：直入式　顶出方式：推板顶出　模具温度：80℃（恒温机）

（3）产品物征

材料：ABS　颜色：原色　产品重（单件）：4g　水口重：8g

（4）不良原因分析

① 从产品结构来讲，产品是四方框形产品，且入胶方式为对角入胶，在两股胶流汇总处自然会有夹线以及困气产生。

② 两股胶流汇总处在模具上没有排气系统，不能将胶料内的气体排出去，从而产生困气后出现夹线以及少胶。

（5）对策

在模具上对应产生困气的位置处制作排气系统（镶件）来排出胶料内的气体。

注塑成型工艺表

注塑机：海天 120T　B 型螺杆　射胶量 133g					
原料：ABS	颜色：黑色	干燥温度：80℃	干燥方式：抽湿干燥机	干燥时间：2h	再生料使用：0
成品重：2g×4=8g	水口重：8g	模具模出数：1×1	浇口入胶方式：直入式		

料筒温度/℃	1	2	3	4	5
设定	230	225	215	215	200
实际					
偏差					

模具温度/℃	使用机器	设定	实际
前	油温机	80	65
后	油温机	80	65

保压压力/kgf	70						射出压力/kgf	110	98	80
保压时间/s	1						射压位置/mm	36	16	10
射胶残量/g	6.8						射出速度/%	10	22	65
							射速位置/mm			

中间时间/s	射胶时间/s	冷却时间/s	全程时间/s	背压/kgf	回转速度/%			回缩速度/%	料量位置/mm	回缩位置/mm
	2	8	25	5	10	15	10	10	38	3

合模保护时间/s	加料监督时间/s	锁模力/kN	顶出长度/mm	顶出次数	回转位置/mm				
1	5	80	45	1	15	35	38		

模具运水图

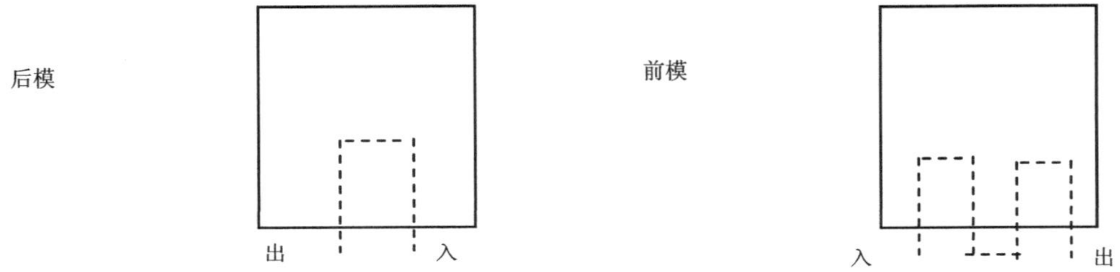

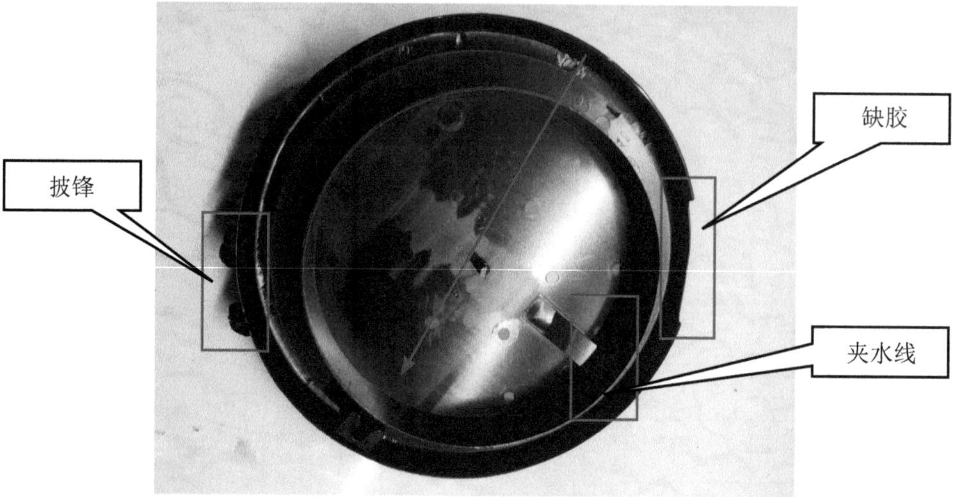

现象 底壳制品上产生缺胶、披锋、夹水线气纹。

分析 多种成型缺陷一般在成型调试时出现，特别是缺胶和披锋同时出现，原因是走胶速度过慢形成缺胶，但过度保压形成披锋。夹水线（也叫熔接线）是熔融塑料填充型腔时，在两股料流汇合时熔料温度过低或排气不畅形成的线型痕迹。

（1）注塑机特征

牌号：海天HTF160X1/J1　锁模力：160t　塑化能力：320cm^3

（2）模具特征

模出数：1×1　进胶口方式：直进胶　顶出方式：顶针顶出　模具温度：前模、后模均接冷却水

（3）产品物征

材料：ABS-PA757　颜色：黑色　产品重（单件）：117.6g　水口重：1.2g

（4）不良原因分析

① 缺胶原因：工艺方面一般有熔胶温度过低、模温过低、射胶压力速度过慢、射胶时间不足、熔胶量不足等。

② 披锋原因：射胶速度过快、射胶量过多、保压压力过大及保压时间压长等。

③ 夹水线（熔接线）原因：出现的位置通常在熔料流动路径末端相汇处、通孔处、嵌件处和壁厚相差悬殊处等。

（5）成型分析及对策

① 对于同时出现缺胶及披锋，一般优先处理披锋，即设定一个合适的转保压位置，此位置一般为产品加上水口的总重量的95%左右为转保压点；再进行设置合理的走胶速度，这样既可防止缺胶和披锋；然后再进行合理的保压参数设置，进行补缩防止缩水。

②调整披锋参数后，再处理夹水线；此夹水线在通孔处，容易冷胶，所以用提高料温来处理这个缺陷。

提高料温

选择合适的转保压位置

注塑成型工艺表

注塑机：HTF160X1/J1	ϕ45 螺杆　射胶量 320 cm^3		品名：底壳	
原料：ABS-PA757	颜色：黑色	干燥温度：80℃	干燥方式：料斗干燥机	干燥时间：2h　再生料使用：0
成品重：117.6g	水口重：1.2g		模具模出数：1×1	浇口入胶方式：直进胶

料筒温度 /℃	1	2	3	4	5
设定	280	250	230	210	200
实际	280	250	230	210	200
偏差					

模具温度 /℃	使用机器	设定	实际
前	机水		
后	机水		

	保压 4	保压 3	保压 2	保压 1	转保压位置 /mm
保压压力 /kgf			30	50	26.0
保压流量 /%			6	6	
保压时间 /s			0.5	1.0	
射胶残量 /g	23.6				

	射出 4	射出 3	射出 2	射出 1
射出压力 /kgf	155	170	100	145
射出速度 /%	45	65	12	65
位置 /mm	26.0	30.0	41.5	70.0
时间 /s	6.0			

监控				
中间时间 /s	射胶时间 /s	冷却时间 /s	全程时间 /s	顶退延时 /s
5.3	3.0	25.0	41.6	1.0
合模保护时间 /s	锁模力 /kN	开模终止位置 /mm	顶出长度 /mm	
1.0	140	380.0	70.0	

	压力 /kgf	速度 /%	背压 /kgf	终止位置 /mm
储料 1	120	70	12	85.0
储料 2	120	50	12	105.0
射退	50	15		110.0

模 具 运 水 图

案例28 镜片长度尺寸偏大

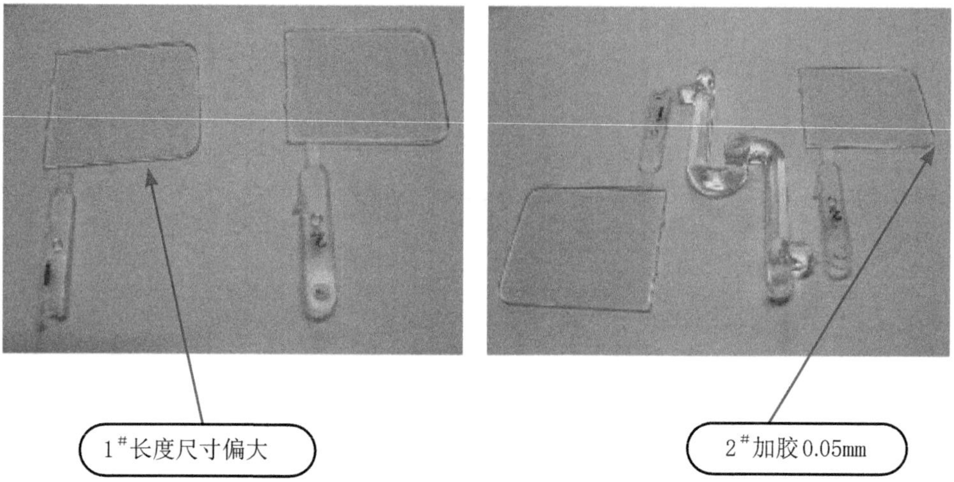

现象 S02镜片1#长度尺寸偏大。

(1)注塑机特征

牌号：DEMAG 锁模力：50t 塑化能力：133g

(2)模具特征

模出数：1×2 入胶方式：直入浇口 顶出方式：推板顶出 模具温度：75℃（恒温机）

(3)产品物征

材料：PMMA 颜色：白色 产品重（单件）：1.5g 水口重：4g

(4)不良原因分析

① 两模腔的尺寸大小不相符导致产品尺寸不相符。

② 模具为1×2件产品，1#尺寸偏大是在同一成型工艺条件下所注射出的，两产品尺寸不相同。

③ 在调至2#尺寸合格的情况下1#分型面夹口产生披锋导致尺寸偏大0.05mm，而在调至1#尺寸合格情况下则2#尺寸偏小。

(5)对策

在1#不动的情况下对尺寸偏小的2#产品模腔长度做加胶0.05mm处理。

注塑成型工艺表

注塑机：海天 120T　B 型螺杆　射胶量 133g			品名：机壳底壳		
原料：PMMA	颜色：白色	干燥温度：80℃	干燥方式：抽湿干燥机	干燥时间：2h	再生料使用：0
成品重：1.5g×2=3g	水口重：4g	模具模出数：1×2	入浇方式：潜水直入式		

料筒温度/℃	1	2	3	4	5
设定	275	260	255	250	240
实际					
偏差					

模具温度/℃	使用机器	设定	实际
前	油温机	85	65
后	油温机	85	65

保压压力/kgf	81	98				
保压时间/s	1	1.2				
射胶残量/g	6.2					

射出压力/kgf	70	90	100
射压位置/mm	10	23	28
射出速度/%	32	45	62
射速位置/mm			

中间时间/s	射胶时间/s	冷却时间/s	全程时间/s	背压/kgf	回转速度/%			回缩速度/%	料量位置/mm	回缩位置/mm
1	1.5	8	35	5	10	15	10	10	55	3

合模保护时间/s	加料监督时间/s	锁模力/kN	顶出长度/mm	顶出次数	回转位置/mm				
1	10	80	45	1	15	3	38		

模具运水图

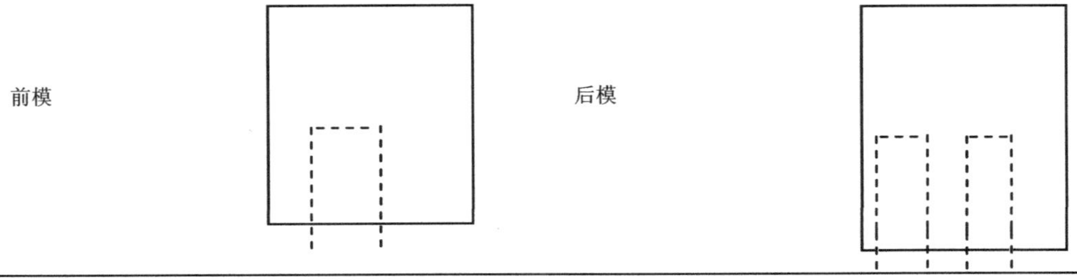

案例29 中间孔位边侧夹水线

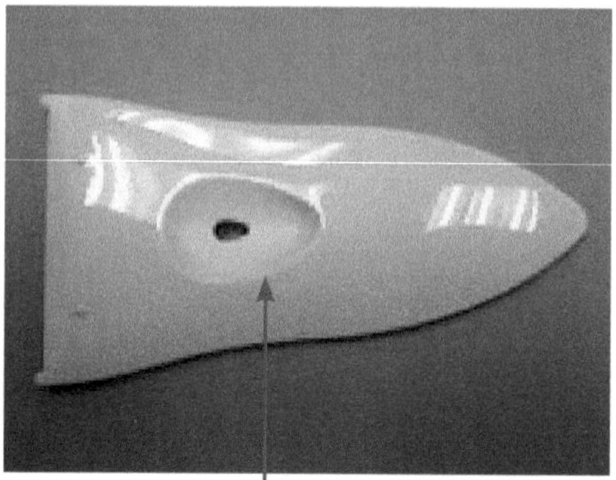

现象 成型中间孔位边侧容易出现夹水纹。

分析 技术员认为是模具排气不好，要求修模；注塑速度加大仍有夹水纹，不能明显改善。

（1）注塑机特征

牌号：海天 锁模力：86t 塑化能力：100g

（2）模具特征

模出数：1×2 入胶方式：潜水进胶 顶出方式：顶针顶出 模具温度：90℃（恒温机）

（3）产品物征

材料：ABS 757 37827 颜色：银黑色 产品重（单件）：3.1g 水口重：1.8g

（4）不良原因分析

① 因产品结构较薄，前模型腔深度较浅，模具又是单组运水，模具温度容易偏低。

② 注塑速度偏慢。

③ 位置行程不合理。

（5）对策

① 运用多级注射及位置切换。

② 第一段用相对快的速度刚刚充满流道至进胶口及找出相应的切换位置，然后第二段用慢速及很小的位置充过进胶口附近即可。第三段用快速充过中间孔位融合处，以免形成融合线。第四段用慢速充满模腔，使模腔内的空气完全排出，避免困气及烧焦等不良现象。最后转换到保压切换位置。

注塑成型工艺表

注塑机：海天 86T　A 型螺杆　射胶量 100g			品名：剃须刀开关操纵杆		
原料：ABS PA757 加银粉	颜色：银黑色	干燥温度：85℃	干燥方式：抽湿干燥机	干燥时间：2h	再生料使用：0
成品重：3.1g×2=6. 2g	水口重：1.8g	模具模出数：1×2		浇口入胶方式：潜水进胶	

料筒温度/℃						模具温度/℃		使用机器	设　定	实　际
	1	2	3	4	5		前	水温机	90	85
设定	230	220	210	160			后	水温机	90	85
实际										
偏差										

保压压力/kgf	80	100			保压位置/mm		射出压力/kgf	100	115	110
保压时间/s	0.2	0.5			8		射出速度/%	6	10	25
射胶残量/g	7.8						射速位置/mm	8	14	23
						2.5	射胶时间/s			

中间时间/s	射胶时间/s	冷却时间/s	全程时间/s	背压/kgf	回转速度/%			回缩速度/%	料量位置/mm	回缩位置/mm
1	1.2	7	18	5	10	15	10	10	24	3

合模保护时间/s	加料监督时间/s	锁模力/kN	顶出长度/mm	顶出次数	回转位置/mm				
1	10	120	45	1	15	35	38		

模具运水图

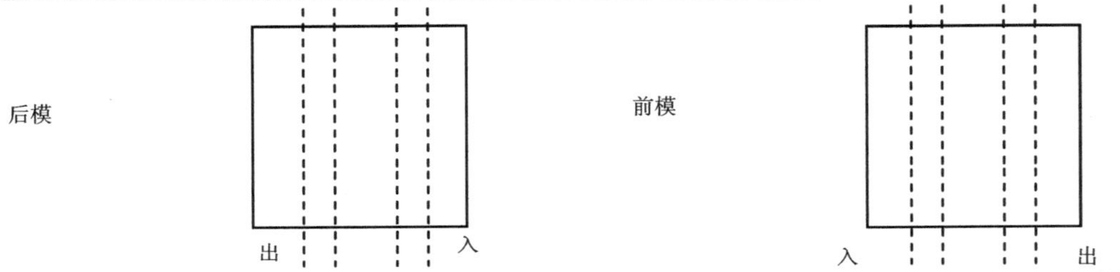

案例30 困气调整困难

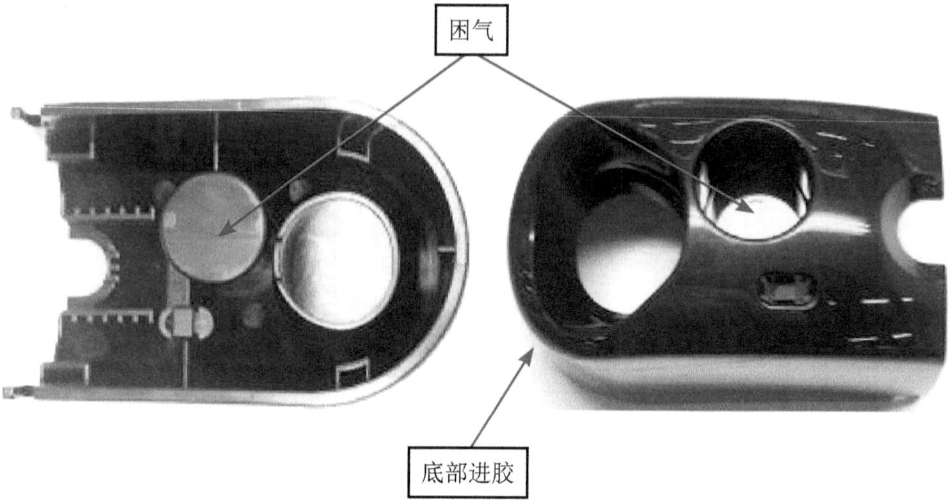

现象 产品在生产时，有一处深腔位正反面都困气产生融结痕。

分析 技术员认为是冷料造成；无论工艺怎样调整都不能完全消掉。

（1）注塑机特征

牌号：海天　锁模力：160t　塑化能力：200g

（2）模具特征

模出数：1×2　入胶方式：直水口　顶出方式：顶针顶出　模具温度：前模75℃，后模55℃（水温机）

（3）产品物征

材料：ABS PA757 37784　颜色：黑色　产品重（单件）：40.3g　水口重：8.65g

（4）不良原因分析

① 本身产品结构有落差，且此处胶位偏薄。

② 模具此处困气不能排出。

③ 温度及工艺没设置到位。

④ 产品用料为防火料。

（5）对策

① 运用多级注射及位置切换，前模增加排针。

② 第一段用相对快的速度刚刚充满流道至进胶口及找出相应的切换位置，然后第二段用慢速及很小的位置充过进胶口附近即可。第三段用慢速充过产品此容易困气的部位。第四段用慢速充满模腔，使模腔内的空气完全排出，避免困气及烧焦等不良现象。最后转换到保压切换位置。

注塑成型工艺表

注塑机：海天 160T　A 型螺杆　射胶量 200g			品名：充电器面盖		
原料：ABS PA757 37784	颜色：半透明	干燥温度：8℃	干燥方式：抽湿干燥机	干燥时间：1.5h	再生料使用：0
成品重：40.3gX2=80.6g	水口重：8.65g	模具模出数：1×2	浇口入胶方式：直接进胶		

料筒温度/℃					
	1	2	3	4	5
设定	230	220	210	160	
实际					
偏差					

模具温度/℃	使用机器	设　定	实　际
前	水温机	75	70
后	水温机	55	50

保压压力/kgf	80	80			保压位置	射出压力/kgf	100	100	115	120
保压时间/s	1.0	1.8			末端	射出速度/%	10	6	10	25
射胶残量/g	7.8					射速位置/mm		19	50	70
						射胶时间/s	5			

中间时间/s	射胶时间/s	冷却时间/s	全程时间/s	背压/kgf	回转速度/%			回缩速度/%	料量位置/mm	回缩位置/mm
1	5	28	58	5	10	15	10	10	75	3

合模保护时间/s	加料监督时间/s	锁模力/kN	顶出长度/mm	顶出次数	回转位置/mm				
1	10	150	45	1	15	35	38		

模 具 运 水 图

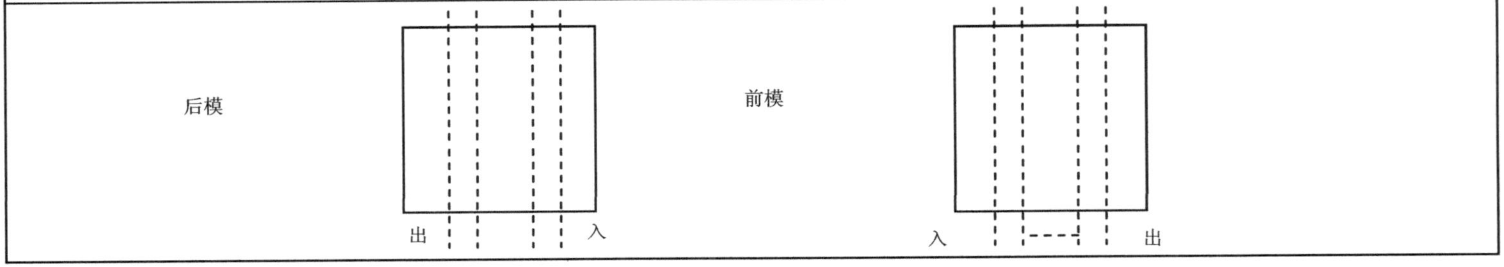

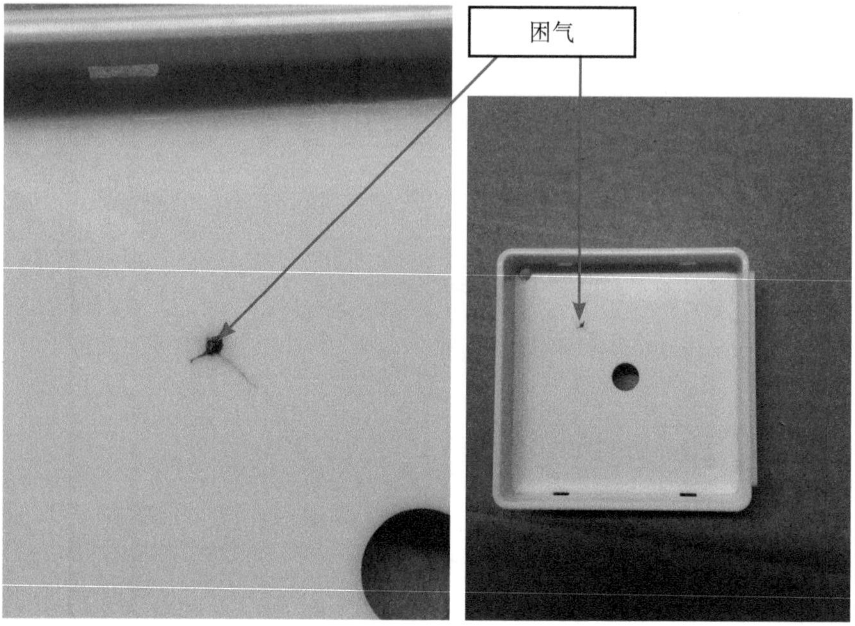

现象 面壳制品上困气。

分析 当流动末端排气不畅时，随着流动的继续，气体被压缩产生局部高温，从而烧焦材料，产生焦斑。

（1）注塑机特征

牌号：海天HTF160X1/J1　锁模力：160t　塑化能力：320cm³

（2）模具特征

模出数：1×4　进胶口方式：点进胶　顶出方式：顶针顶出　模具温度：前模接冷却水，后模接冷却水

（3）产品物征

材料：ABS-PA757　颜色：白色　产品重（单件）：3.3g　水口重：9.5g

（4）不良原因分析

① 熔胶原料温度太高；

② 注射速度太高；

③ 工模排气槽不足或排气镶件不合理；

④ 进胶口太小。

（5）成型分析及对策

① 降低注射压力速度；

② 降低模温和料温；

③ 改善模具排气；

④ 降低锁模力。

注塑成型工艺表

由25改为11

注塑机：HTF160X1/J1　ϕ45 螺杆　射胶量 /320 cm^3			品名：面壳		
原料：ABS-PA757	颜色：白色	干燥温度：80℃	干燥方式：料斗干燥机	干燥时间：2h	再生料使用：0
成品重：3.3g	水口重：9.5g	模具模出数：1×4	浇口入胶方式：点进胶		

料筒温度 /℃					
	1	2	3	4	5
设定	265	235	230	220	190
实际	265	235	230	220	190
偏差					

模具温度 /℃		使用机器	设定	实际
	前	机水		
	后	机水		

	保压 4	保压 3	保压 2	保压 1	转保压时间 /s
保压压力 /kgf			80	110	
保压流量 /%			6	6	
保压时间 /s			1.2	1.3	3.0
射胶残量 /g	22.7				

	射出 4	射出 3	射出 2	射出 1
射出压力 /kgf	145	150	156	165
射出速度 /%	6	11	36	18
位置 /mm	0	21.0	36.0	53.0
时间			3.0	

监控				
中间时间 /s	射胶时间 /s	冷却时间 /s	全程时间 /s	顶退延时 /s
0	3.0	16	37.5	2.00
合模保护时间 /s	锁模力 /kN	开模终止位置 /mm	顶出长度 /mm	
0.9	120	400.0	56	

	压力 /kgf	速度 /%	背压 /kgf	终止位置 /mm
储料 1	125	70	12	40.0
储料 2	120	45	12	50.0
射退	40	15		55.0

模具运水图

案例31 变形

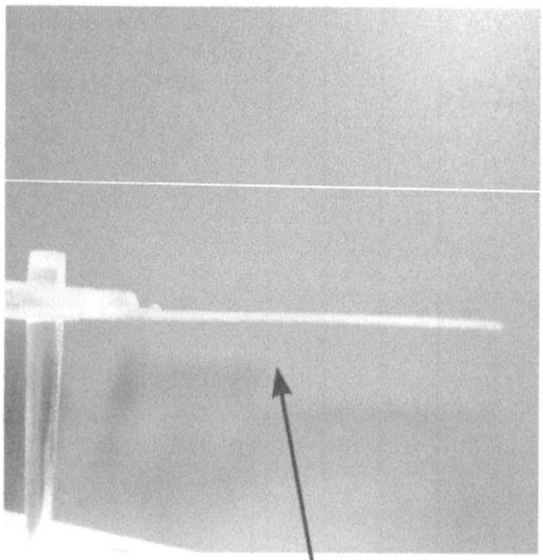

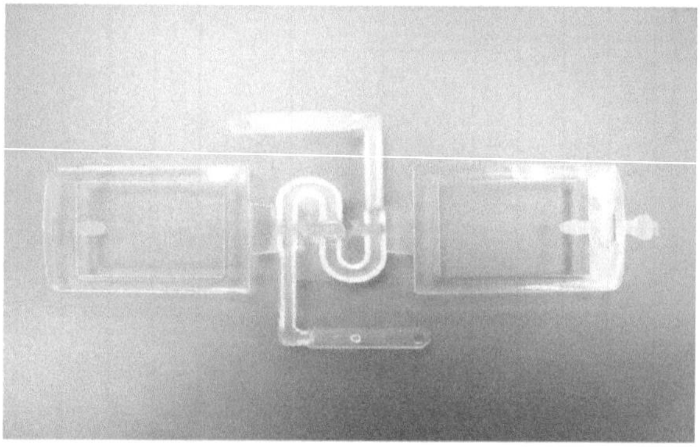

变形

现象 透明镜片在生产过程中弯曲变形，且强化之后变形严重。

分析 产品胶位厚薄不一致；产品胶位太薄；保压时间太短。

(1) 注塑机特征

牌号：DEMAG 锁模力：50t 塑化能力：80g

(2) 模具特征

模出数：1×2 入胶方式：扇形浇口 顶出方式：顶针顶出 模具温度：90℃（恒温机）

(3) 产品物征

材料：PMMA 颜色：透明 产品重（单件）：1.12g 水口重：5.28g

(4) 不良原因分析

由于产品胶位太薄且中空，产品往后模收变形，模具恒温很难控制。

(5) 对策

① 使用两台模温机，前后模温设温差，前模110℃，后模70℃。

② 第一段用相对快的速度刚刚充满流道至进胶口及找出相应的切换位置，然后第二段用慢速及很小的位置充过进胶口附近即可。

③ 然后用快速充满95%，先下降到一次保压，再上升到二次保压，增加保压时间0.5s，防止产品变形。

注塑成型工艺表

注塑机：DEMAG 50T 射胶量 80			品名：751G 主镜片		
原料：PMMA 8N	颜色：透明	干燥温度：100℃	干燥方式：抽湿干燥机	干燥时间：4h	再生料使用：0
成品重：1.12g×2=2.24g	水口重：5.28g	模具模出数：1×2	浇口入胶方式：扇形浇口		

料筒温度/℃	1	2	3	4	5
设定	280	270	260	250	
实际					
偏差					

模具温度/℃	使用机器	设定	实际
前	水温机	110	100
后	水温机	70	60

保压压力/kgf	80			保压位置/mm	12	射出压力/kgf		110	115	125
保压时间/s	1.0					射压位置/mm		12	18	29
射胶残量/g	5					射出速度/%	55	25		
						射速位置/mm	12	28		

中间时间/s	射胶时间/s	冷却时间/s	全程时间/s	背压/kgf	回转速度/%			回缩速度/%	料量位置/mm	回缩位置/mm
1.5	3.2	20	35	3.0	10	15	10	80	33	2

合模保护时间/s	加料监督时间/s	锁模力/kN	顶出长度/mm	顶出次数	回转位置/mm				
1	10	480	45	1	18	32	35		

保压时间由原先的0.5s 改为 1.0s

案例32 面壳底部行位拉模

分析 模具温度相对较低；注射压力和注射速度不够。

（1）注塑机特征

牌号：HT120T　锁模力：120t　塑化能力：152g

（2）模具特征

模出数：1×2　入胶方式：大水口进胶　顶出方式：顶针及斜顶顶出　模具温度：90℃（恒温机）

（3）产品物征

材料：ABS+PC HI-1001BN　颜色：黑色　产品重（单件）：6.22g　水口重：14.38g

（4）不良原因分析

① 模具温度相对较低。

② 由于产品底部有一个碰穿孔，料流通过此位置时由于速度过慢，产品局部压力过大，造成碰穿孔位置两侧拉模。

（5）对策

① 运用多级注射及位置切换。

② 适当升高模具温度。

③ 提高注射压力和注射速度，尤其是第三段的注射压力和速度。

注塑成型工艺表

注塑机：HT 120T　B 型螺杆　射胶量152g		品名：A30面壳	
原料：ABS+PC HI-1001BN	颜色：黑色	干燥温度：100℃	干燥方式：抽湿干燥机
干燥时间：4h	再生料使用：0		
成品重：6.22g	水口重：14.38g	模具模出数：1×2	浇口入胶方式：大水口进胶

料筒温度/℃	1	2	3	4	5
设定	290	285	275	260	250
实际					
偏差					

模具温度/℃	使用机器	设定	实际
前	油温机	90	90
后	油温机	90	90

保压压力/kgf	75	125			
保压时间/s	1.5	0.5			
射胶残量/g	7.8				

射出压力/kgf	125	130	125	
射压位置/mm		16	30	
射出速度/%	40	45	45	
射速位置/mm	25	36	46	

中间时间/s	射胶时间/s	冷却时间/s	全程时间/s	背压/kgf	回转速度/%			回缩速度/%	料量位置/mm	回缩位置/mm
1.0	1.0	10	23	5.6	10	45	50	10	55	1.5

合模保护时间/s	加料监督时间/s	锁模力/kN	顶出长度/mm	顶出次数	回转位置/mm				
0.8	10	480	45	1	15	25	32		

模 具 运 水 图

后模

前模

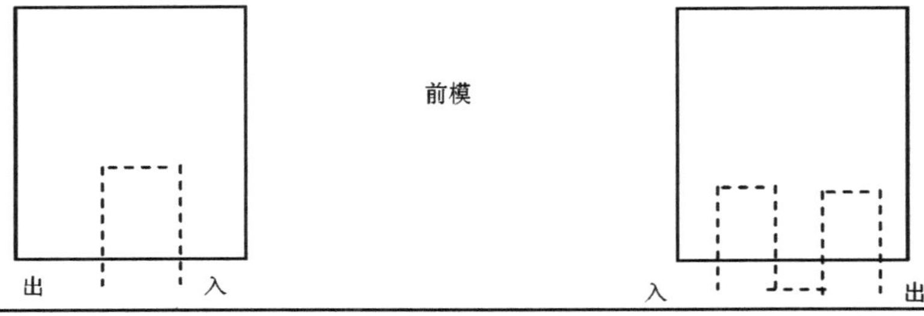

第三段压力由原来110kgf改为125kgf，注射速度由原来25%改为40%，模具温度由原来的85℃升高到90℃

案例33 夹线

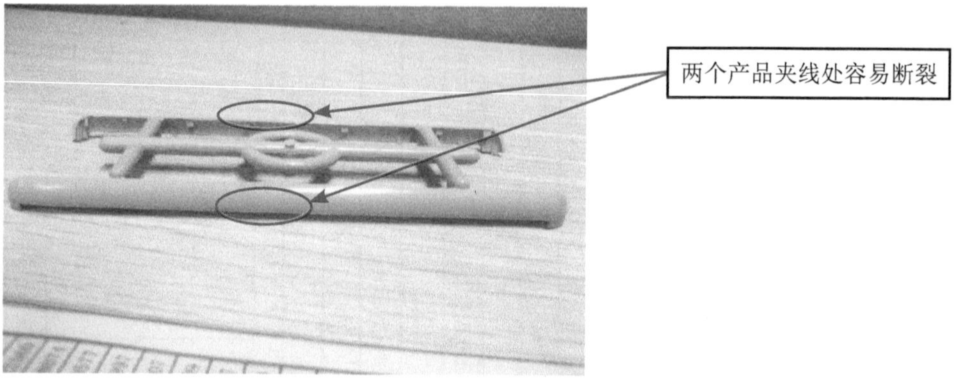

现象 产品熔接处夹线处容易断裂，调机难改善。

分析 由于产品为两点进胶，在成型中形成两股原料汇聚而使夹线必然存在；ABS+PC原料韧性不足而导致成型后产品从夹线的地方断裂。

（1）注塑机特征

牌号：HT86T　锁模力：86t　塑化能力：119g

（2）模具特征

模出数：1+1　入胶方式：大水口　顶出方式：顶针及斜顶顶出　模具温度：120℃（恒温机）

（3）产品物征

材料：PC HF-1023IM　　产品重（单件）：1.06g　水口重：4.50g

（4）不良原因分析

① 产品为两点进胶而形成夹线。

② 模具排气不良。

（5）对策

① 运用多级注射及位置切换。

② 第一段用中等速度刚刚充满流道至进胶口及找出相应的切换位置。第二段用较高速度满模腔的90%以免高温的熔融胶料冷却。第三段用较慢速度充满模腔，使模腔内的空气完全排出，使得熔料慢慢流入冷料处。

③ 在夹线处加开冷料，使得成型中两股原料结合时仍然向外流动而不要使夹线留于产品外观面上。

④ 升高模具表面的温度，提高熔胶筒温度。

⑤ 把ABS+PC原料更改为韧性较好的PC原料。

注塑成型工艺表

注塑机：HT86T　B型螺杆　射胶量119g	品名：E02-9左右装饰件

原料：PC HF-1023IM	颜色：灰色	干燥温度：120℃	干燥方式：抽湿干燥机	干燥时间：4h	再生料使用：0

成品重：1.06g×2＝2.12g	水口重：4.50g	模具模出数：1+1	浇口入胶方式：大水口

料筒温度/℃	1	2	3	4	5
设定	320	310	300	285	
实际					
偏差					

模具温度/℃		使用机器	设定	实际
	前	油温机	120	105
	后	油温机	120	105

保压压力/kgf	135	145			
保压时间/s	1.5	1.0			
射胶残量/g	2.0				

射出压力/kgf	115	125	140	
射压位置/mm	12	16	23	
射出速度/%	8	58	35	
射速位置/mm	12	16	23	

中间时间/s	射胶时间/s	冷却时间/s	全程时间/s	背压/kgf	回转速度/%			回缩速度/%	料量位置/mm	回缩位置/mm
3.0	0.8	12.0	25	5.6	10	40	46	10	24.5	0.5

合模保护时间/s	加料监督时间/s	锁模力/kN	顶出长度/mm	顶出次数	回转位置/mm				
0.7	10	820	84	1	10	22	25		

末段速度由原来的20%改为8%，

模具温度由原来的110℃更改为120℃

案例34 扣位拉翻变形

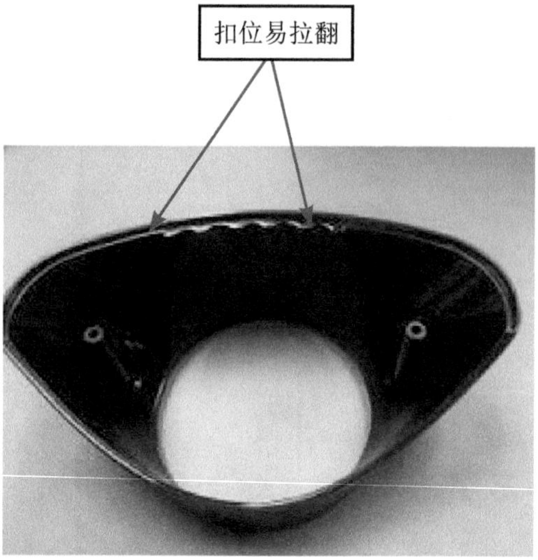

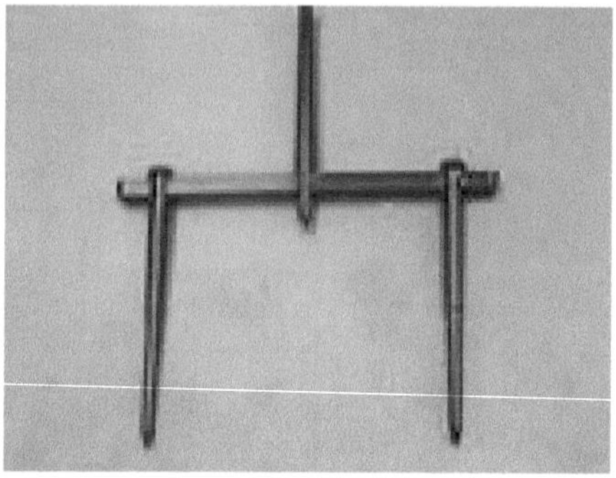

现象 扩散风嘴在生产过程中出现边角扣位拉翻的不良现象。

分析 PC料所需要的成型料温超过300℃，模温超过100℃，产品在出模前需要足够的冷却时间。

（1）注塑机特征

牌号：海天120T 锁模力：120t 塑化能力：150g

（2）模具特征

模出数：1×2 入胶方式：大水口转点浇口 顶出方式：顶针顶出 模具温度：前模100℃（恒温机）后模80℃

（3）产品物征

材料：PC IR2200 38864 KC1007 颜色：黑色 产品重（单件）：19.42g 水口重：7.14g

（4）不良原因分析

产品扣位结构所限，产品在出模中扣位不能承受来自于后模的粘力，只有在出模前让产品得到完全冷却，形成强度。

（5）对策

① 运用多级注射及位置切换。

② 第一段用相对快的速度刚刚充满流道至进胶口及找出相应的切换位置，第二段用慢速及很小的位置充过进胶口附近即可。第三段用快速充满模腔的90%以免高温的熔融胶料冷却，形成波浪纹及流痕。第四段用慢速充满模腔，使模腔内的空气完全排出，避免困气及烧焦等不良现象。最后转换到保压切换位置。

注塑成型工艺表

注塑机：海天 120T　A 型螺杆　射胶量 150g			品名：吹风机扩散风嘴		
原料：PC　IR2200	颜色：黑色	干燥温度：120℃	干燥方式：抽湿干燥机	干燥时间：4h	再生料使用：0
成品重：19.42g×2=38.84g	水口重：7.14g	模具模出数：1×2	浇口入胶方式：大水口转点浇口		

料筒温度/℃	1	2	3	4	5
设定	310	305	300	280	
实际					
偏差					

模具温度/℃	使用机器	设　定	实　际
前	恒温机	100	95
后	恒温机	80	76

保压压力/kgf	60	85	90	保压位置	末段
保压时间/s	0.5	1.3	1.5		
射胶残量/g	7.8				

射出压力/kgf	100	100	110	115
射出速度/%	12	35	48	25
射出位置/mm	8	20	45	53

中间时间/s	射胶时间/s	冷却时间/s	全程时间/s	背压/kgf	回转速度/%			回缩速度/%	料量位置/mm	回缩位置/mm
1	5	43	65	5	10	15	10	10	70	3

合模保护时间/s	加料监督时间/s	锁模力/kN	顶出长度/mm	顶出次数	回转位置/mm				
1	10	120	45	1	15	35	38		

模　具　运　水　图

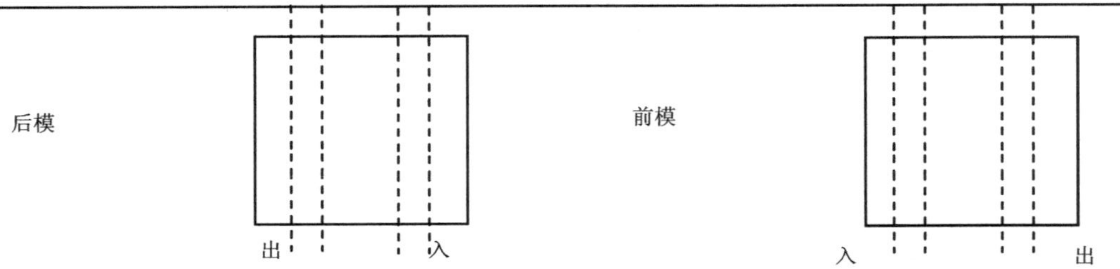

案例35 气纹

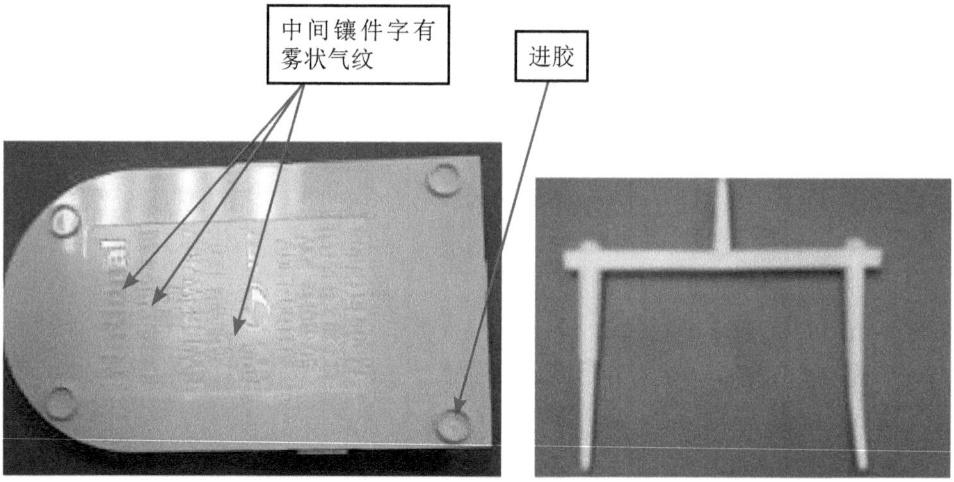

现象 产品在成型中字镶件处产生烟雾状气纹，或者在进胶口产生气纹圈。

分析 技术员认为是模具困气，要求增加排气；在调机过程中如调到进胶口没一点气纹，则中间字镶件就会产生雾状气纹现象，两处很难完全兼顾。

（1）注塑机特征

牌号：海天　锁模力：120t　塑化能力：150g

（2）模具特征

模出数：1×2　入胶方式：细水口点浇口　顶出方式：顶针顶出　模具温度：70℃（恒温机）

（3）产品物征

材料：ABS PA757 080201　颜色：灰黑色　产品重（单件）：6.29g　水口重：4.43g

（4）不良原因分析

① 产品为电器类，用料所要求的熔胶温度比同类其他料偏高10℃以上，点胶口进胶，在进胶口容易因剪切及高温分解产生气体而充入模腔。

② 熔胶混料速度不宜过快。

③ 成型工艺的调校准确性要求高。

（5）对策

① 运用多级注射及位置切换。

② 第一段用相对快的速度刚刚充满流道至进胶口及找出相应的切换位置，然后第二段用慢速及相对大的位置充过进胶口及镶件字大部分区域，以防进胶口气纹明显，避免镶件字气纹影。第三段用慢速充满模腔，使模腔内的空气完全排出，避免困气及烧焦等不良现象。最后转换到保压切换位置。

注塑成型工艺表

注塑机：海天 120T　A 型螺杆　射胶量 150g			品名：吹风机扩散风嘴		
原料：ABS PA757	颜色：灰黑色	干燥温度：85℃	干燥方式：抽湿干燥机	干燥时间：2.5h	再生料使用：0
成品重：6.29g×2=12.58g	水口重：4.43g	模具模出数：1×2		浇口入胶方式：点浇口	

料筒温度/℃	1	2	3	4	5
设定	240	235	230	195	
实际					
偏差					

模具温度/℃	使用机器	设定	实际
前	恒温机	70	65
后	恒温机	70	60

保压压力/kgf	60	85	90	保压位置	末段	射出压力/kgf	100	100	105	
保压时间/s	0.5	1.3	1.5			射出速度/%	5	4	25	
射胶残量/g	7.8					射出位置/mm		16	26	

中间时间/s	射胶时间/s	冷却时间/s	全程时间/s	背压/kgf	回转速度/%			回缩速度/%	料量位置/mm	回缩位置/mm
1	1.8	12	28	5	10	15	10	10	27	3

合模保护时间/s	加料监督时间/s	锁模力/kN	顶出长度/mm	顶出次数	回转位置/mm				
1	10	120	45	1	15	35	38		

模具运水图

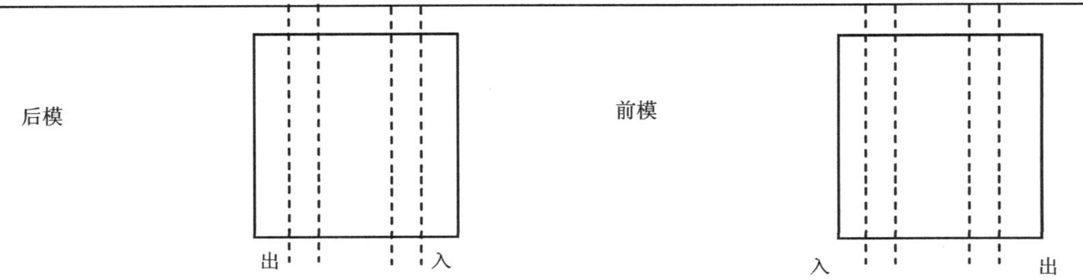

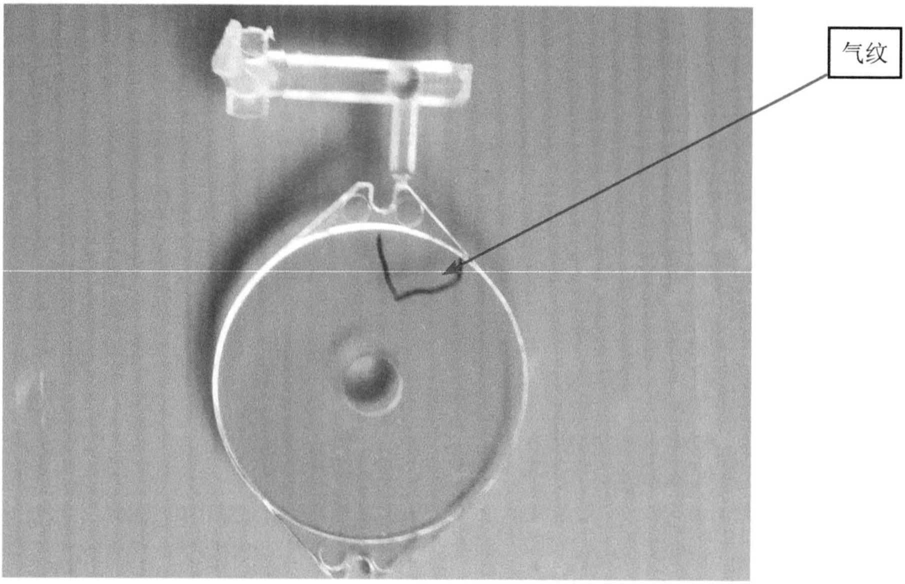

现象 导光板制品上产生气纹。

分析 当熔体流过浇口时，由于流速大且黏性高，浇口附近的材料和材料之间的剪切力过大，从而表面冷却层的部分材料发生断裂和错位，这些错位迅速冷却固化后在外层显现出浇口气纹状等缺陷。

（1）注塑机特征

牌号：海天MA900/260　锁模力：90t　塑化能力：121cm^3

（2）模具特征

模出数：1×8　进胶口方式：侧进胶　顶出方式：顶针顶出　模具温度：前模接冷却水，后模接冷却水

（3）产品物征

材料：PG33　颜色：透明　产品重（单件）：4.2g　水口重：2.2g

（4）不良原因分析

① 通过浇口的注射速度偏快；

② 过低的模温会使浇口附近的熔体迅速固化，加剧浇口处的斑纹缺陷；

③ 浇口尺寸偏小；

④ 材料流动性偏低。

（5）成型分析及对策

工艺上一般采用多级注射，找准浇口位置并降低通过浇口时的注射速度，由于水口小，第一段即慢速通过浇口。

慢速通过浇口以改善浇口气纹

注塑成型工艺表

注塑机：MA900/260 A-D32 螺杆 射胶量 121 cm^3			品名：椭圆镜		
原料：GPPS-PG33	颜色：透明	干燥温度：80℃	干燥方式：料斗干燥机	干燥时间：2h	再生料使用：0
成品重：4.2g	水口重：2.2g	模具模出数：1×8	浇口入胶方式：侧进胶		

料筒温度 /℃	1	2	3	4	5
设定	250	230	210	200	190
实际	250	230	210	200	190
偏差					

模具温度 /℃	使用机器	设定	实际
前	机水		
后	机水		

	保压 4	保压 3	保压 2	保压 1	转保压位置 /mm
保压压力 /kgf			60	48	
保压流量			8	8	
保压时间 /s			2.0	1.5	46.9
射胶残量 /g	46.6				

	射出 4	射出 3	射出 2	射出 1
射出压力 /kgf	70	70	70	75
射出速度 /%	12	17	20	15
位置 /mm	0	50.0	53.0	57.0

监控				
中间时间 /s	射胶时间 /s	冷却时间 /s	全程时间 /s	顶退延时 /s
1.0	4.5	35	56.39	0.00

合模保护时间 /s	锁模力 /kN	开模终止位置 /mm	顶出长度
0.9	140	240.0	47.0

时间 /s			4.5	
储料	压力 /kgf	速度 /%	背压 /kgf	终止位置 /mm
储料 1	90	70	14	45.0
储料 2	900	50	14	60.0
射退	50	13		63.0

模 具 运 水 图

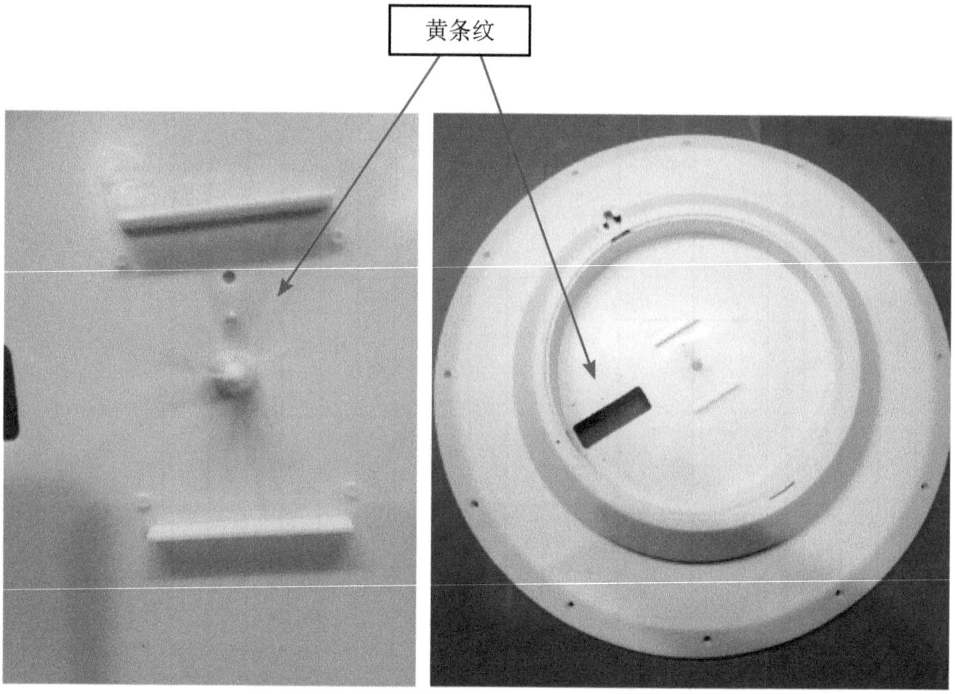

现象 底座制品上产生黄条纹。

分析 部分材料由于高温、停留时间长或滞留产生分解；或材料内部混入气体，当高压注射时气体被压缩产生局部高温，从而烧焦材料，产生黄条纹，主要由分解了的材料形成。

(1) 注塑机特征

牌号：东芝IS350GS　锁模力：350t　塑化能力：855cm^3

(2) 模具特征

模出数：1×1　进胶口方式：直进胶　顶出方式：顶针顶出　模具温度：前模接冷却水，后模接冷却水

(3) 产品物征

材料：ABS-PA757　颜色：白色　产品重（单件）：405g　水口重：0.5g

(4) 不良原因分析

① 射嘴温度；

② 注射压力过大；

③ 注射速度过大。

(5) 成型分析及对策

此缺陷在进胶后有一小部分发黄，而其他部分没有发黄，此缺陷为射嘴温度过高造成熔料变色，对策为降低射嘴温度。

射嘴温度改为250℃

注塑成型工艺表

注塑机：IS350GS	ϕ60 螺杆	射胶量 855cm^3		品名：底座	
原料：ABS-PA757	颜色：白色	干燥温度：80℃	干燥方式：料斗干燥机	干燥时间：2h	再生料使用：0
成品重：405g	水口重：0.5g		模具模出数：1×1	浇口入胶方式：直进胶	

料筒温度 /℃	1	2	3	4	5
设定	270	240	230	220	
实际	270	240	230	220	
偏差		△	△	△	△

模具温度 /℃	使用机器	设定	实际
前	机水		
后	机水		

	保压 4	保压 3	保压 2	保压 1	转保压位置 /mm
保压压力 /kgf			65	70	30.0
保压流量			30	48	
保压时间 /s			1.0	0.5	
射胶残量 /g	28.1				

	射出 4	射出 3	射出 2	射出 1
射出压力 /kgf		95	110	110
射出速度 /%		25	65	85
位置 /mm		35.0	60.0	100.0

监控				
中间时间 /s	射胶时间 /s	冷却时间 /s	全程时间 /s	顶退延时 /s
0	7.0	35	55	0.00
合模保护时间 /s	锁模力 /kN	开模终止位置 /mm	顶出长度 /mm	
1.9	115	400.0	115.0	

时间 /s			5.50	
	压力 /kgf	速度 /%	背压 /kgf	终止位置 /mm
储料 1	100	70	6	175.0
储料 2	90	60	6	190.0
射退	50	15		195.0

模具运水图

案例36 进胶口气纹圈

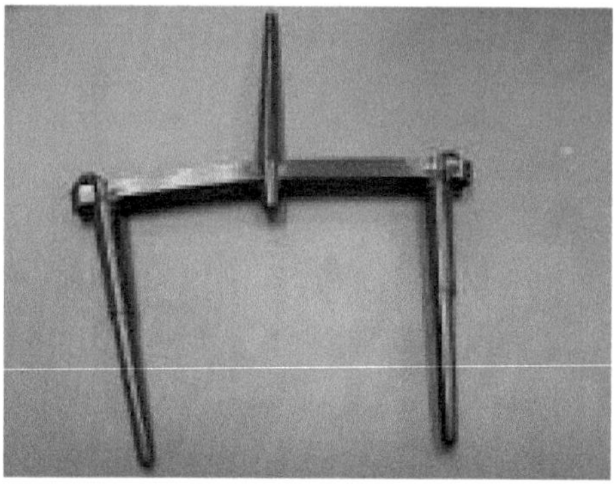

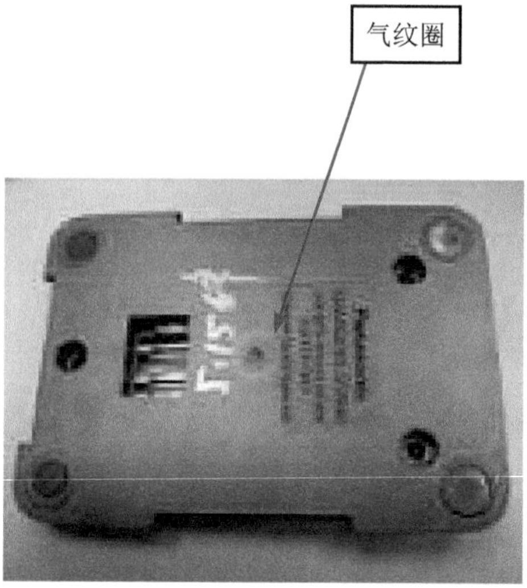

现象 底盖在生产过程中进胶口有气纹圆圈现象。

分析 速度快会加剧熔融料剪切产生高温易分解气体；熔胶筒熔胶时产生气体；位置切换过早。

(1) 注塑机特征

牌号：海天　锁模力：120t　塑化能力：150g

(2) 模具特征

模出数：1×2　入胶方式：点浇口　顶出方式：顶针顶出　模具温度：70℃（恒温机）

(3) 产品物征

材料：ABS PA757　颜色：黑色　产品重（单件）：15.7g　水口重：4.75g

(4) 不良原因分析

① 入胶方式为潜水进胶，熔料流至进胶口附近，由于速度快极，形成高剪切使熔料瞬间迅速升温，原料分解产生气体，卷入模内。

② 成型工艺需改善（行程及速度）。

③ 熔胶筒熔胶环境需改善。

(5) 对策

① 运用多级注射及位置切换。

② 第一段用相对快的速度刚刚充满流道至进胶口及找出相应的切换位置；第二段用慢速及很小的位置充过进胶口附近即可；第三段用中速充满模腔的 90%；第四段用慢速充满模腔，使模腔内的空气完全排出，避免困气及烧焦等不良现象；最后转换到保压切换位置。

注塑成型工艺表

注塑机：海天 120T　A 型螺杆　射胶量 150g			品名：充电品底盖		
原料：ABS PA 757	颜色：黑色	干燥温度：85℃	干燥方式：抽湿干燥机	干燥时间：2h	再生料使用：0
成品重：15.7g×2=31.4g	水口重：4.75g	模具模出数：1×2		浇口入胶方式：点浇口	

料筒温度/℃	1	2	3	4	5
设定	240	230	220	170	60
实际					
偏差					

模具温度/℃	使用机器	设定	实际
前	水温机	70	65
后	水温机	70	65

				保压位置	末段
保压压力/kgf	80				
保压时间/s	1.1				
射胶残量/g	7.8				

射出压力/kgf	75	82	80	85
射出速度/%	5	10	5	20
射速位置/mm	8	30	44	50
射胶时间/s	2.0			

中间时间/s	射胶时间/s	冷却时间/s	全程时间/s	背压/kgf	回转速度/%			回缩速度/%	料量位置/mm	回缩位置/mm
1	2.0	15	33	5	10	15	10	10	23	3

合模保护时间/s	加料监督时间/s	锁模力/kN	顶出长度/mm	顶出次数	回转位置/mm				
1	10	120	45	1	15	35	38		

模具运水图

后模　　　　　　前模

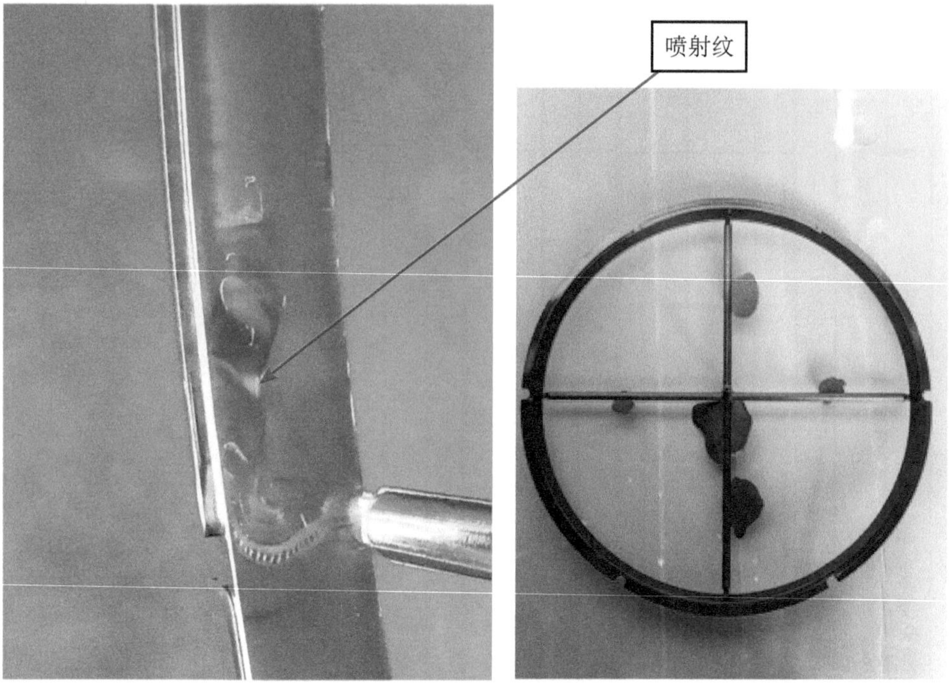

现象 中圈制品的表面上产生喷射纹。

分析 喷射纹的出现是流动波峰未能在模腔内完全成型所致。从浇口开始，熔料就不受控制地注入模腔内，与此同时，熔料在冷却固化后，不能与随后进入模腔的熔料完全融合，从而形成喷射纹。

（1）注塑机特征

牌号：海天HTF160X1/J1　锁模力：160t　塑化能力：320cm^3

（2）模具特征

模出数：1×1　进胶口方式：轮辐式进胶　顶出方式：顶针顶出　模具温度：前模、后模均采用模温机，温度85℃

（3）产品物征

材料：ABS-PA757　颜色：黑色　产品重（单件）：32.5g　水口重：16.1g

（4）不良原因分析

当熔体流过浇口时，由于速度过快，流动不稳定甚至发生喷射，这些不稳定流动的熔体遇到相对低温的模腔表面后迅速冷却固化，即使后来的材料通过保压也无法填平，于是在外层显现出浇口斑纹等缺陷。

（5）成型分析及对策

① 降低注射速度；

② 提高料温降低胶料黏度；

③ 调整浇口位置和形式。

速度小到不产生喷射即可

这两个位置很重要，可要找准了

注塑成型工艺表

注塑机：HTF160X1/J1　ϕ45 螺杆　射胶量 320 cm^3			品名：中圈		
原料：ABS-PA757	颜色：黑色	干燥温度：80℃	干燥方式：料斗干燥机	干燥时间：2h	再生料使用：0
成品重：32.5g	水口重：16.1g		模具模出数：1×1	浇口入胶方式：轮辐式进胶	

料筒温度 /℃	1	2	3	4	5
设定	270	255	225	210	200
实际	270	255	225	210	200
偏差					

模具温度 /℃	使用机器	设定	实际
前	水温机	85	
后	水温机	85	

	保压 4	保压 3	保压 2	保压 1	转保压位置 /mm
保压压力 /kgf			95	120	
保压流量			5	10	
保压时间 /s			0.5	1.5	34.0
射胶残量 /g	27.0				

	射出 4	射出 3	射出 2	射出 1
射出压力 /kgf	150	130	100	120
射出速度 /%	10	19	2	19
位置 /mm	34.0	39.0	62.3	65.0
时间 /s			8.0	

监控				
中间时间 /s	射胶时间 /s	冷却时间 /s	全程时间 /s	顶退延时 /s
0	8.0	18	118.8	0.5
合模保护时间 /s	锁模力 /kN	开模终止位置 /mm	顶出长度 /mm	
0.8	140	175.0	60	

	压力 /kgf	速度 /%	背压 /kgf	终止位置 /mm
储料 1	130	70	12	50.0
储料 2	100	50	12	75.0
射退	65	20		78.0

模具运水图

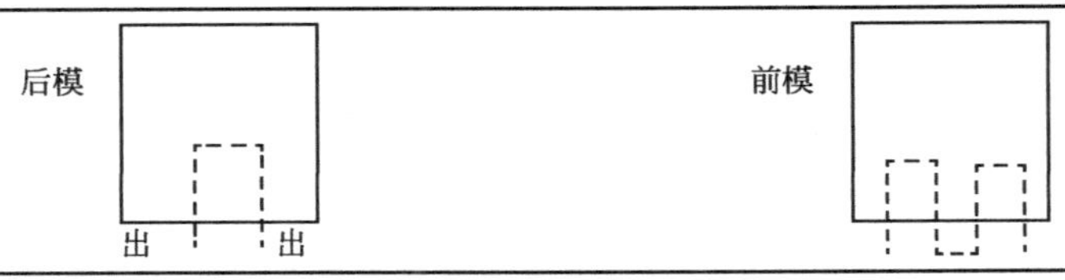

案例37 表面光影及纹面拖伤

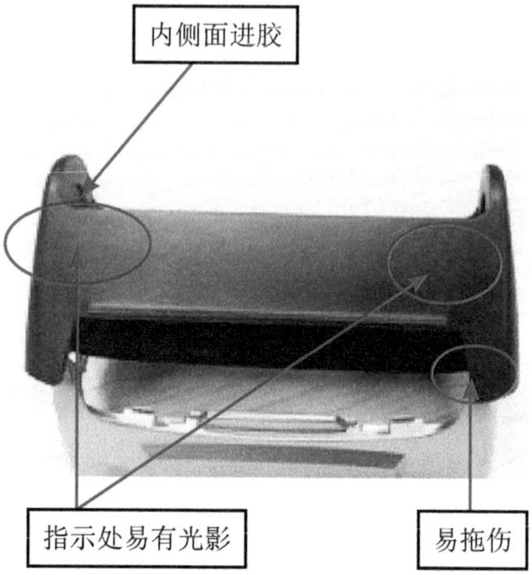

现象 模具在生产一定产量后产品外观出现异常。

分析 技术员认为是模具脱模不顺，要求修模组省模；注塑压力大光影改善，但拖伤情况会严重。

（1）注塑机特征

牌号：DMG　锁模力：100t　塑化能力：94g

（2）模具特征

模出数：1×2　入胶方式：大水口转小水口　顶出方式：顶针顶出　模具温度：90℃（恒温机）

（3）产品物征

材料：ABS　PA757 加银粉　颜色：黑色含银粉　产品重（单件）：5.53g　水口重：4.86g

（4）不良原因分析

① 模具生产一段时期后，PL面口部因残胶屑、胶丝局部有轻微反口，对压力很敏感，压力稍偏大一点就有拖纹；但如果压力偏小产品表面就有光影。

② 产品结构所限，胶位厚度不一致，落差较大，有光影的内侧面有凹，成型中应力分解不一致。

（5）对策（成型工艺方面）

① 运用多级注射及位置切换。

② 第一段用相对快的速度刚刚充满流道至进胶口及找出相应的切换位置；第二段用慢速及很小的位置充过进胶口附近即可；第三段用快速充满模腔的90%以免高温的熔融胶料冷却，形成融合线；第四段用慢速充满模腔，使模腔内的空气完全排出，避免困气不良现象；最后转换到保压切换位置。

注塑成型工艺表

注塑机：DMG100T A 型螺杆 射胶量 94g			品名：剃须刀外刀架		
原料：ABS PA757 060702	颜色：黑色	干燥温度：85℃	干燥方式：抽湿干燥机	干燥时间：2h	再生料使用：0
成品重：5.53g×2=11.06g	水口重：4.86g	模具模出数：1×2	浇口入胶方式：大水口转小水口		

料筒温度/℃	1	2	3	4	5
设定	240	230	220	170	60
实际					
偏差					

模具温度/℃		使用机器	设定	实际
	前	水温机	90	85
	后	水温机	75	70

				保压位置	末段
保压压力/kgf	80	85			
保压时间/s	0.5	1.2			
射胶残量/g	7.8				

射出压力/kgf	110	110	110	110
射出速度/%	12	18	5	15
射速位置/mm		15	28	29
射胶时间/s	2.8			

中间时间/s	射胶时间/s	冷却时间/s	全程时间/s	背压/kgf	回转速度/%			回缩速度/%	料量位置/mm	回缩位置/mm
1	2.0	17	35	5	10	15	10	10	32	3

合模保护时间/s	加料监督时间/s	锁模力/kN	顶出长度/mm	顶出次数	回转位置/mm				
1	10	120	45	1	15	35	38		

模具运水图

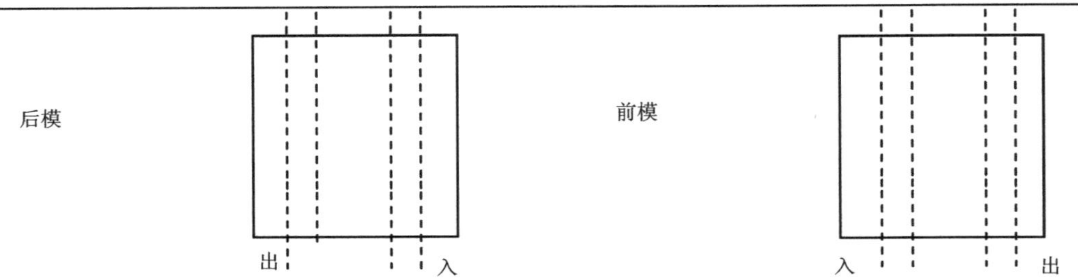

案例38 螺丝孔位尺寸变大

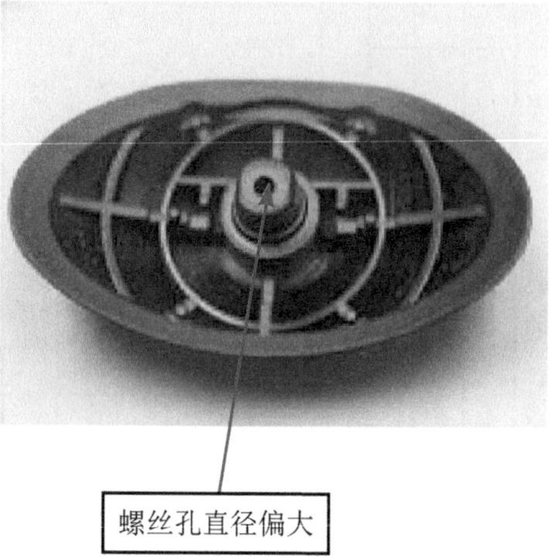

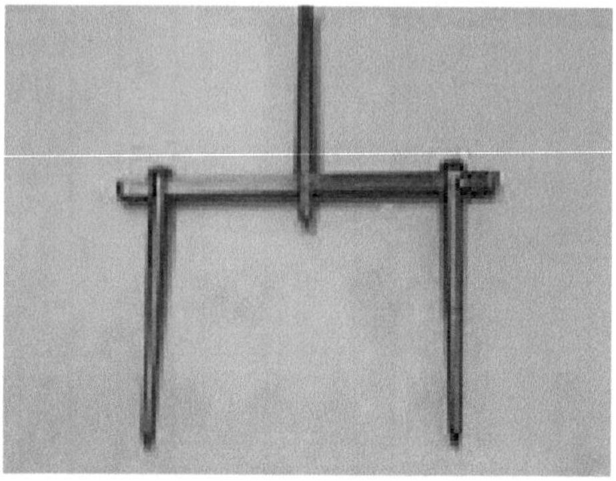

现象 回转盖在生产过程中出现中间孔位尺寸偏大0.1mm。

分析 技术员分析认为模具生产过程中结构零件发生异常；是否修正过模具大家又不知情；孔位有变形。

（1）注塑机特征

牌号：海天　锁模力：86t　塑化能力：100g

（2）模具特征

模出数：1×2　入胶方式：点浇口　顶出方式：顶针顶出　模具温度：85℃（恒温机）

（3）产品物征

材料：ABS PA757 37784　颜色：黑色　产品重（单件）：3.25g　水口重：2.83g

（4）不良原因分析

① 回转盖中间孔位本体的胶位较厚，出模前需要相对较长时间的冷却，才能保证无收缩及强度。

② 后模温偏高。

（5）对策

① 运用多级注射及位置切换，前后模分开接冷却运水。

② 第一段用相对快的速度刚刚充满流道至进胶口及找出相应的切换位置；第二段用慢速及很小的位置充过进胶口附近即可；第三段用快速充满模腔，使模腔内的空气完全排出，避免困气及烧焦等不良现象；最后转换到保压切换位置。

注塑成型工艺表

注塑机：海天 86T　A 型螺杆　射胶量 100g			品名：回转盖		
原料：ABS PA757	颜色：黑色	干燥温度：85℃	干燥方式：抽湿干燥机	干燥时间：2h	再生料使用：0
成品重：3.25g×2=6.5g	水口重：2.83g	模具模出数：1×2	浇口入胶方式：点浇口		

料筒温度/℃					
	1	2	3	4	5
设定	240	230	220	170	60
实际					
偏差					

模具温度/℃		使用机器	设　定	实　际
	前	水温机	85	80
	后	水温机	70	65

保压压力/kgf	100			保压位置	末段
保压时间/s	1.1				
射胶残量/g	7.8				

射出压力/kgf		100	100	100
射出速度/%		10	10	15
射速位置/mm			18	22
射速时间/s	1.8			

中间时间/s	射胶时间/s	冷却时间/s	全程时间/s	背压/kgf	回转速度/%			回缩速度/%	料量位置/mm	回缩位置/mm
1	1.8	20	35	5	10	15	10	10	23	3

合模保护时间/s	加料监督时间/s	锁模力/kN	顶出长度/mm	顶出次数	回转位置/mm				
1	10	86	45	1	15	35	38		

模　具　运　水　图

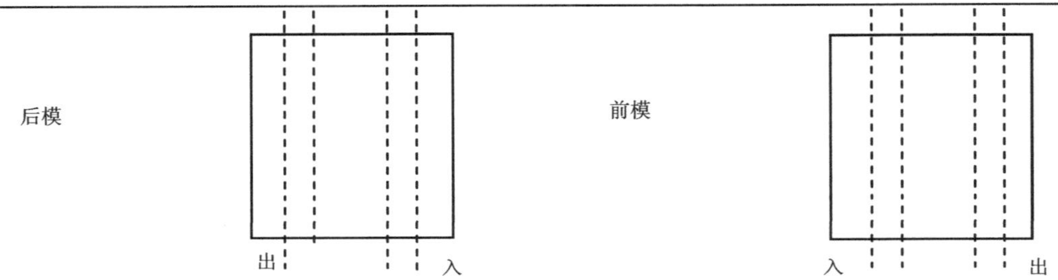

案例39 方向箭头位气纹

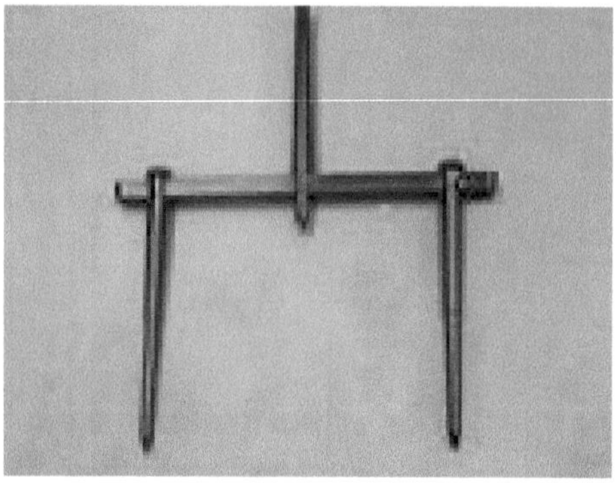

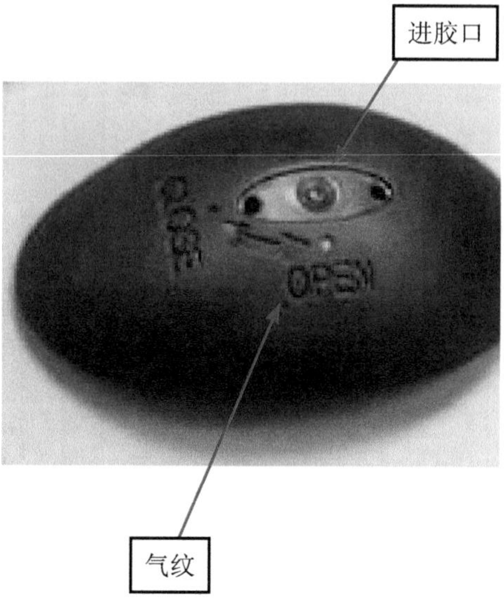

现象 回转盖在注塑成型中于方向箭头位有气纹出现。

分析 技术员认为是模具排气不良；成型工艺没调校到位。

（1）注塑机特征

牌号：海天　锁模力：86t　塑化能力：100g

（2）模具特征

模出数：1×2　入胶方式：点浇口　顶出方式：顶针顶出　模具温度：85℃（恒温机）

（3）产品物征

材料：ABS PA757 37784　颜色：黑色　产品重（单件）：3.25g　水口重：2.83g

（4）不良原因分析

① 模具进胶为单点式，容易在进胶口因剪切产生高温而分解，产生气体被卷入模腔内，混料筒转速偏快，末段熔胶温度偏高。

② 注塑速度及行程调校不合理。

③ 模具温度没稳定。

（5）对策

① 运用多级注射及位置切换，前后模分开接冷却运水。

② 第一段用相对快的速度刚刚充满流道至进胶口及找出相应的切换位置，然后第二段用慢速及很小的位置充过进胶口及箭头位置附近即可。第三段用快速充满模腔，使模腔内的空气完全排出，避免困气及烧焦等不良现象。最后转换到保压切换位置。

注塑成型工艺表

注塑机：海天86T　A 型螺杆　射胶量 100g			品名：回转盖		
原料：ABS PA 757	颜色：黑色	干燥温度：85℃	干燥方式：抽湿干燥机	干燥时间：2h	再生料使用：0
成品重：3.25g×2=6.5g	水口重：2.83g	模具模出数：1×2		浇口入胶方式：点浇口	

料筒温度/℃	1	2	3	4	5
设定	240	230	220	170	60
实际					
偏差					

模具温度/℃	使用机器	设定	实际
前	水温机	85	80
后	水温机	70	65

				保压位置	末段
保压压力/kgf	100				
保压时间/s	1.1				
射胶残量/g	7.8				

射出压力/kgf		100	100	100
射出速度/%		10	10	15
射速位置/mm			18	22
射速时间/s	1.8			

中间时间/s	射胶时间/s	冷却时间/s	全程时间/s	背压/kgf	回转速度/%			回缩速度/%	料量位置/mm	回缩位置/mm
1	1.8	20	35	5	10	15	10	10	23	3

合模保护时间/s	加料监督时间/s	锁模力/kN	顶出长度/mm	顶出次数	回转位置/mm				
1	10	60	45	1	15	35	38		

模具运水图

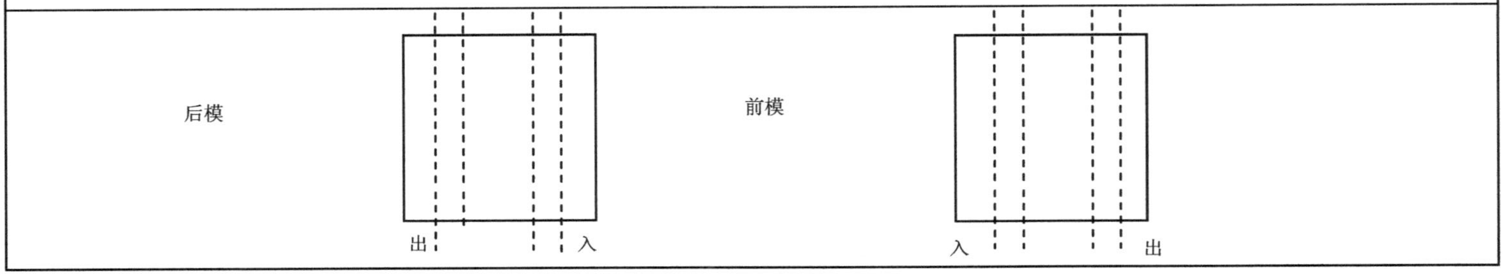

案例40 表面黑色影线（融合线）

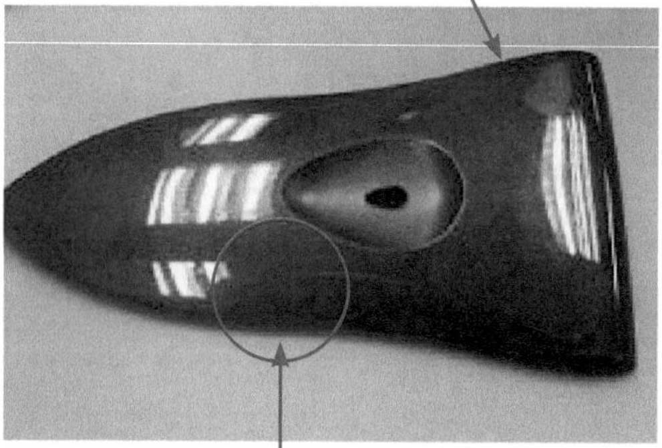

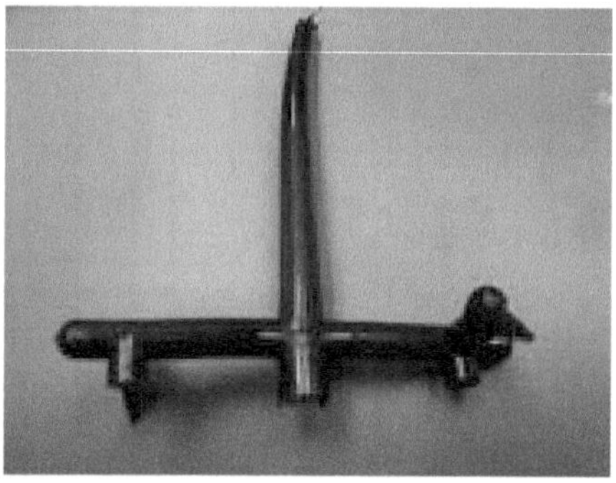

现象 成型中在产品的最后段融合处产生黑色融合影线。

分析 技术员认为是模具排气不良，要求增加排气；产品中间有孔位；产品用料有添加银粉，对熔胶流动性有一定影响。

（1）注塑机特征

牌号：海天　锁模力：86t　塑化能力：100g

（2）模具特征

出模数：1×2　入胶方式：潜水进胶　顶出方式：顶针顶出　模具温度：90℃（恒温机）

（3）产品物征

材料：ABS PA757加银粉060702　颜色：银黑色　产品重（单件）：3.26g　水口重：1.7g

（4）不良原因分析

① 受产品结构所限，中间有穿孔。

② 因为产品用料中添加了银粉，流动性能减弱，再加上如果模具温度及料温没设定到位，或者注射速度及行程调设不合理，都会产生这种情况。

（5）对策

① 运用多级注射及位置切换。

② 第一段用相对快的速度刚刚充满流道至进胶口及找出相应的切换位置，然后第二段用慢速充过进胶口，并充过中间孔位附近即可，第三段用慢速充满模腔，使模腔内的空气完全排出，避免困气及烧焦等不良现象。最后转换到保压切换位置。

注塑成型工艺表

注塑机：海天 86T　A 型螺杆　射胶量 100g			品名：剃须刀开关操纵杆		
原料：ABS PA757 加银粉	颜色：银黑色	干燥温度：85℃	干燥方式：抽湿干燥机	干燥时间：2h	再生料使用：0
成品重：3.26g×2=6.52g	水口重：1.7g	模具模出数：1×2		浇口入胶方式：潜水进胶	

料筒温度/℃	1	2	3	4	5
设定	230	220	210	160	
实际					
偏差					

模具温度/℃		使用机器	设　定	实　际
	前	水温机	90	85
	后	水温机	90	85

保压压力/kgf	80	100		保压位置/mm	8	射出压力/kgf	100	115	110
保压时间/s	0.2	0.5				射出速度/%	6	10	25
射胶残量/g	7.8					射速位置/mm	8	14	23
						射胶时间/s	2.5		

中间时间/s	射胶时间/s	冷却时间/s	全程时间/s	背压/kgf	回转速度/%			回缩速度/%	料量位置/mm	回缩位置/mm
1	1.2	6	17	5	10	15	10	10	24	3

合模保护时间/s	加料监督时间/s	锁模力/kN	顶出长度/mm	顶出次数	回转位置/mm				
1	10	120	45	1	15	35	38		

模具运水图

后模　　前模

案例41 灯孔位困气、白点

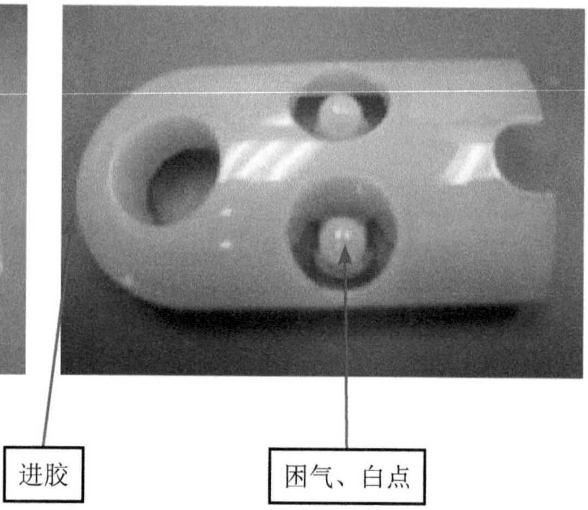

现象 面盖在生产过程中时常会在透光灯孔处出现困气发白现象。

分析 熔料剪切及高温分解会产生气体，快速射胶的情况下气体容易被料流包裹住，发生物理变化形成白点。模具表面光洁，若射速过快，容易产生高温分解。位置切换过早。

（1）注塑机特征

牌号：海天120　锁模力：120t　塑化能力：150g

（2）模具特征

模出数：1×2　入胶方式：点浇口转直接进胶　顶出方式：顶针顶出　模具温度：70℃（恒温机）

（3）产品物征

材料：ABS PA758 39225　颜色：半透明　产品重（单件）：13.5g　水口重：6.34g

（4）不良原因分析

① 模具进胶为大水口转小水口，模具为高光面，容易因高温产生剪切气体，同时速度过快，加之灯孔位胶位偏薄，气体不易被排至熔胶末端。

② 位置调设不合理。

（5）对策

① 运用多级注射及位置切换。

② 第一段用相对快的速度刚刚充满流道至进胶口及找出相应的切换位置，然后第二段用慢速充过进胶口至产品1/3即可，第三段用很慢速度充满过灯孔位，第四段用慢速充满模腔，使模腔内的空气完全排出，避免困气及烧焦等不良现象。最后转换到保压切换位置。

注塑成型工艺表

注塑机：海天 120T　A 型螺杆　射胶量 150g		品名：充电器面盖	
原料：ABS PA758	颜色：半透明	干燥温度：75℃	干燥方式：抽湿干燥机
干燥时间：1h	再生料使用：0		
成品重：13.5g×2=27g	水口重：6.34g	模具模出数：1×2	浇口入胶方式：点浇口转直接进胶

料筒温度/℃	1	2	3	4	5
设定	220	215	220	180	
实际					
偏差					

模具温度/℃	使用机器	设定	实际
前	水温机	75	68
后	水温机	60	55

				保压位置	末段
保压压力/kgf	80	80			
保压时间/s	1.0	1.8			
射胶残量/g	7.8				

射出压力/kgf	100	100	115	120
射出速度/%	10	6	10	25
射速位置/mm		19	28	37
射胶时间/s	2.5			

中间时间/s	射胶时间/s	冷却时间/s	全程时间/s	背压/kgf	回转速度/%			回缩速度/%	料量位置/mm	回缩位置/mm
1	2.5	28	43	5	10	15	10	10	40	3

合模保护时间/s	加料监督时间/s	锁模力/kN	顶出长度/mm	顶出次数	回转位置/mm				
1	10	120	45	1	15	35	38		

模 具 运 水 图

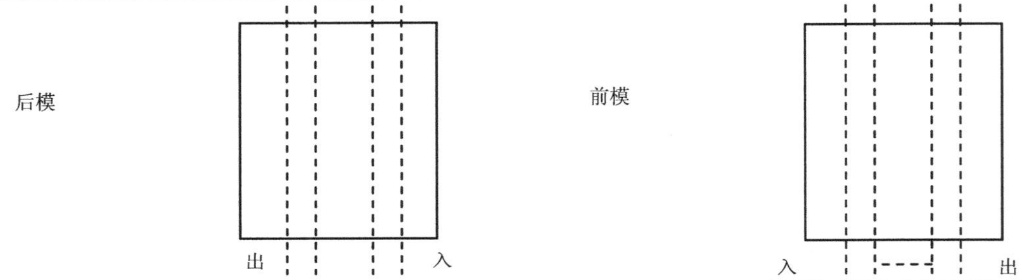

案例42 夹线

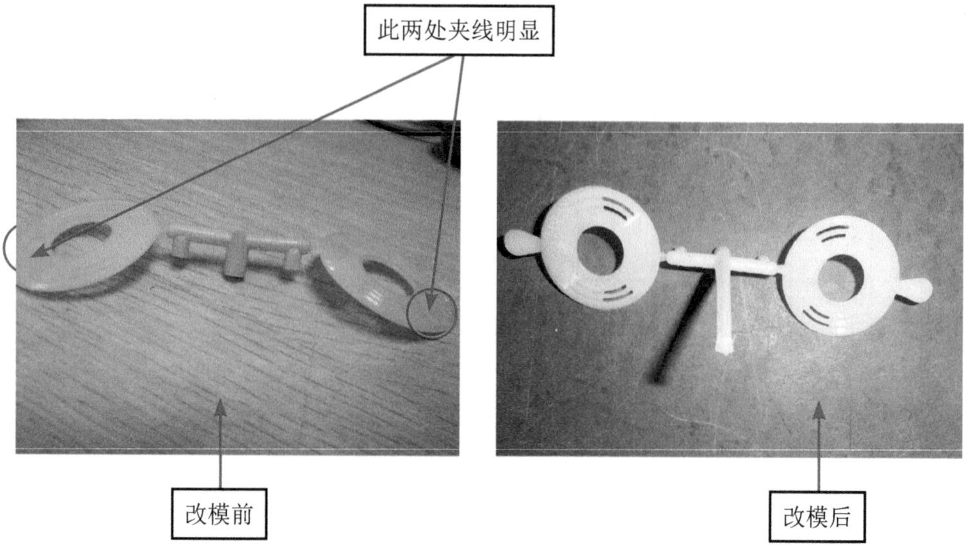

现象 产品熔接处夹线明显，调机难改善。

分析 由于产品有孔，成型过程中两股原料汇合时有夹线，而且此产品为真空不导电，电镀镀层无法满足客户品质要求；注塑过程中末段速度过大，并且模具温度过低。

（1）注塑机特征

牌号：HT86T　锁模力：86t　塑化能力：119g

（2）模具特征

模出数：1×2　入胶方式：大水口　顶出方式：顶针顶出　模具温度：100℃（恒温机）

（3）产品物征

材料：ABS 727　产品重（单件）：0.98g　水口重：1.04g

（4）不良原因分析

产品由于有孔位而形成两股原料汇集于一起，而在原料成型开模前由于排气不良无法把气体完全排出模具外而形成夹线。

（5）对策

① 运用多级注射及位置切换。

② 第一段用中等速度刚刚充满流道至进胶口及找出相应的切换位置，第二段用中等速度满模腔的85%以免高温的熔融胶料冷却。第三段用慢速充满模腔，使模腔内的空气完全排出，使得溶料慢慢流入冷料处。

③ 在夹线处加开冷料，使得成型中两股原料结合时仍然向外流动而不要夹线留于产品外观面上。

④ 升高模具表面的温度。

注塑成型工艺表

注塑机：HT86T　B 型螺杆　射胶量 119g	品名：F03-1 摄像头装饰件	
原料：ABS 727	颜色：本色	干燥温度：80℃
干燥方式：抽湿干燥机	干燥时间：3h	再生料使用：0
成品重：0.98g×2=1.96g	水口重：1.04g	模具模出数：1×2
浇口入胶方式：大水口		

料筒温度/℃	1	2	3	4	5
设定	260	250	240	225	
实际					
偏差					

模具温度/℃	使用机器	设定	实际
前	油温机	100	95
后	油温机	100	90

保压压力/kgf	65				
保压时间/s	0.8				
射胶残量/g	4.0				

射出压力/kgf		70	90	90
射压位置/mm			16	19
射出速度/%	12	10	20	35
射速位置/mm			16	19

中间时间/s	射胶时间/s	冷却时间/s	全程时间/s	背压/kgf	回转速度/%			回缩速度/%	料量位置/mm	回缩位置/mm
3.0	1.2	10	22	5.6	10	60	60	10	23	0.5

合模保护时间/s	加料监督时间/s	锁模力/kN	顶出长度/mm	顶出次数	回转位置/mm				
0.7	10	790	35	1	12	20	23		

末段速度由原来的25%改为10%，
模具温度由原来的80℃改为100℃

案例43 表面夹痕

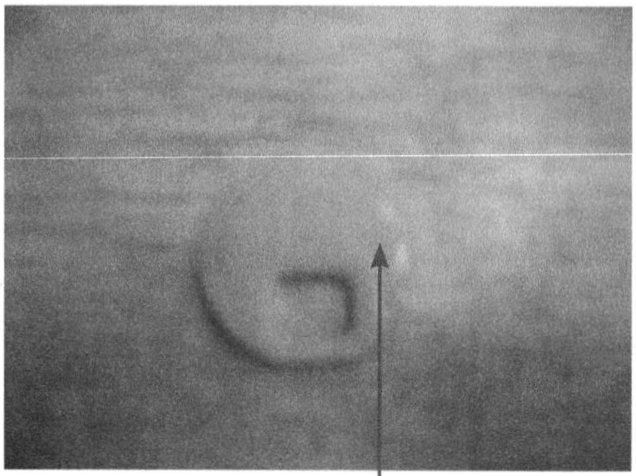
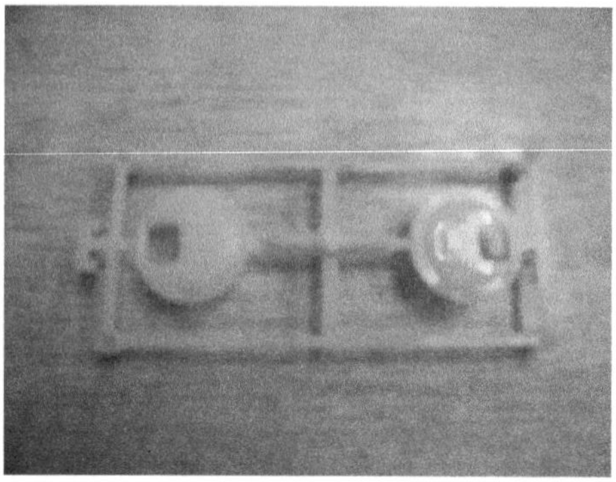

表面夹痕

原因 模具结构缺陷。

分析 排气不良；产品结构复杂。

（1）注塑机特征

牌号：海天　锁模力：86t　塑化能力：100g

（2）模具特征

模出数：1×2　入胶方式：搭接浇口　顶出方式：顶针顶出　模具温度：80℃（恒温机）

（3）产品物征

材料：ABS 727　颜色：本色　产品重（单件）：2.4g　水口重：4.3g

（4）不良原因分析

产品结构复杂且排气不良。

（5）对策

① 适当提高油温。

② 在后模夹痕处加镶针增加排气。

注塑成型工艺表

注塑机：HT86T　B 型螺杆　射胶量 100g			品名：F12 摄像头装饰件		
原料：ABS 727	颜色：本色	干燥温度：80℃	干燥方式：抽湿干燥机	干燥时间：4h	再生料使用：0
成品重：2.4g×2=4.8g	水口重：4.3g	模具模出数：1×2		浇口入胶方式：搭接浇口	

料筒温度/℃					
	1	2	3	4	5
设定	222	210	205	200	
实际					
偏差					

模具温度/℃		使用机器	设　定	实　际
	前	水温机	80	75
	后	水温机	80	75

				保压位置/mm	12
保压压力/kgf	100				
保压时间/s	2.5				
射胶残量/g	7.8				

射出压力/kgf		100	110	120
射压位置/mm		12		
射出速度/%	55	8		
射速位置/mm	12	22		

中间时间/s	射胶时间/s	冷却时间/s	全程时间/s	背压/kgf	回转速度/%			回缩速度/%	料量位置/mm	回缩位置/mm
1	5	10	25	5	10	15	10	10	38	3

合模保护时间/s	加料监督时间/s	锁模力/kN	顶出长度/mm	顶出次数	回转位置/mm				
1	10	60	45	1	15	35	38		

模　具　运　水　图

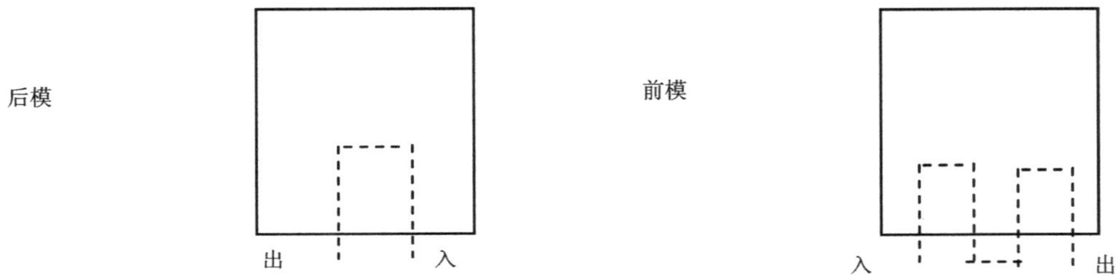

油温由 75℃改为 80℃

案例 44 冲痕

现象 产品冷料处冲痕明显，调机难改善。

分析 ① 为改善产品熔接处夹线，产品由四点进胶更改为两点进胶后，在此附近增加冷料。而在成型中，两股料汇集于此点后由于有冷料原料向里流动时而产生冲痕。

② 注塑过程中末段速度过大。

（1）注塑机特征

牌号：DEMAG100T 锁模力：100t 塑化能力：61g

（2）模具特征

模出数：1×1 入胶方式：大水口 顶出方式：顶针顶出 模具温度：105℃（恒温机）

（3）产品物征

材料：ABS+PC GE 1200HF-100 产品重（单件）：2.17g 水口重：3.81g

（4）不良原因分析

① 产品为两点进胶并且产品胶位较薄，成型中需要较大的压力及较快的速度，当两股原料汇聚流入冷料时会产生冲痕。

② 最后一段速度过大。

（5）对策

① 运用多级注射及位置切换。

② 第一段用较快的速度刚刚充满流道至进胶口及找出相应的切换位置，第二段用中等及较小的位置充过进胶口附近即可，第三段用较慢速度充满模腔的85％以免高温的熔融胶料冷却。第四段用慢速充满模腔，使模腔内的空气完全排出，使得熔料慢慢流入冷料处，避免形成冲痕，最后转换到保压切换位置。

③ 减短夹线处的冷料。

注塑成型工艺表

注塑机：DEMAG100T B 型螺杆 射胶量 61g				品名：G03-1 中框	
原料：ABS+PC GE 1200HF-100	颜色：灰色	干燥温度：105℃	干燥方式：抽湿干燥机	干燥时间：3h	再生料使用：0
成品重：2.17g	水口重：3.81g	模具模出数：1×1		浇口入胶方式：大水口	

料筒温度/℃						模具温度/℃		使用机器	设　定	实　际
	1	2	3	4	5		前	油温机	110	100
设定	285	275	265	250						
实际							后	油温机	110	100
偏差										

保压压力/kgf	95	120				射出压力/kgf	135	135	135	135
保压时间/s	1.0	1.5				射压位置/mm		12	15	
射胶残量/g	7.5					射出速度/%		25	45	
						射速位置/mm		12	15	

中间时间/s	射胶时间/s	冷却时间/s	全程时间/s	背压/kgf	回转速度/%			回缩速度/%	料量位置/mm	回缩位置/mm
1.0	0.5	12	26	5.0	20	250	250	10	32	0.5
合模保护时间/s	加料监督时间/s	锁模力/kN	顶出长度/mm	顶出次数	回转位置/mm					
0.7	10	945	48	1	15	30	32.5			

末段速度由原来的35%改为12%，

压力由原来的115kgf改为135kgf

案例45 气纹

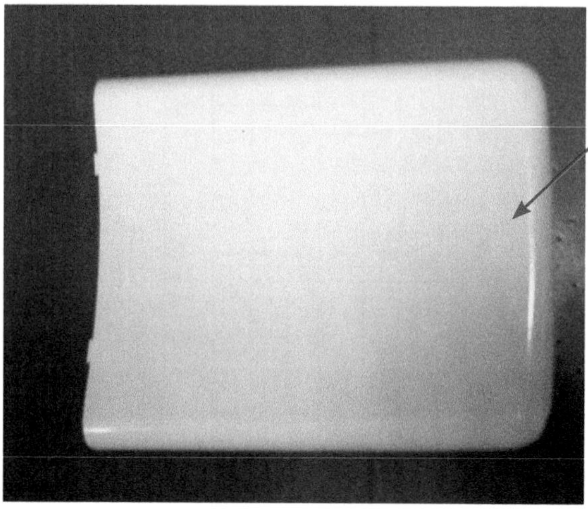

现象 进胶点附近气纹，调机难改善。

分析 进胶点为牛角潜胶，进胶点小，成型过程中在进胶点附近气纹难控制。

（1）注塑机特征

牌号：DEMAG100T　锁模力：100t　塑化能力：61g

（2）模具特征

模出数：1×1　入胶方式：牛角潜进胶　顶出方式：顶针及斜顶顶出　模具温度：115℃（恒温机）

（3）产品物征

材料：PC HF-1023IM　产品重（单件）：5.68g　水口重：9.06g

（4）不良原因分析

进胶方式为牛角潜进胶，进胶口较小，压力一定时速度过快，造成高剪切使熔料瞬间迅速升温，造成原料分解产生气体，气体未来得及排出，在水口位产生气纹。

（5）对策

① 运用多级注射及位置切换。

② 第一段用较高的速度刚刚充满流道至进胶口及找出相应的切换位置，第二段中速及很小的位置充过进胶口附近部分成型，第三段用中等速度充满模腔的95%，第四段用慢速充满模腔，使模腔内的空气完全排出，最后转换到保压切换位置。

③ 更改产品的进胶方式，由牛角潜胶改为潜顶针进胶。

注塑成型工艺表

注塑机：DEMAG100T　B 型螺杆　射胶量 61g			品名：G818电池盖		
原料：PC HF-1023 IM	颜色：灰色	干燥温度：120℃	干燥方式：抽湿干燥机	干燥时间：4h	再生料使用：0
成品重：5.68g×2=11.36g	水口重：9.06g	模具模出数：1×2	浇口入胶方式：牛角潜进胶		

料筒温度/℃	1	2	3	4	5
设定	320	315	300	285	
实际					
偏差					

模具温度/℃	使用机器	设定	实际
前	油温机	120	110
后	油温机	120	105

保压压力/kgf	95	115			
保压时间/s	1.0	1.5			
射胶残量/g	4.2				

射出压力/kgf	138	138	138	138
射压位置/mm		20	85	36
射出速度/%		20	45	85
射速位置/mm	10	20	24	36

中间时间/s	射胶时间/s	冷却时间/s	全程时间/s	背压/kgf	回转速度/%			回缩速度/%	料量位置/mm	回缩位置/mm
1.2	1.5	10	25	5.2	20	200	250	20	35	1.0

合模保护时间/s	加料监督时间/s	锁模力/kN	顶出长度/mm	顶出次数	回转位置/mm			
0.7	10	880	36	1	18	35	36	

模具运水图

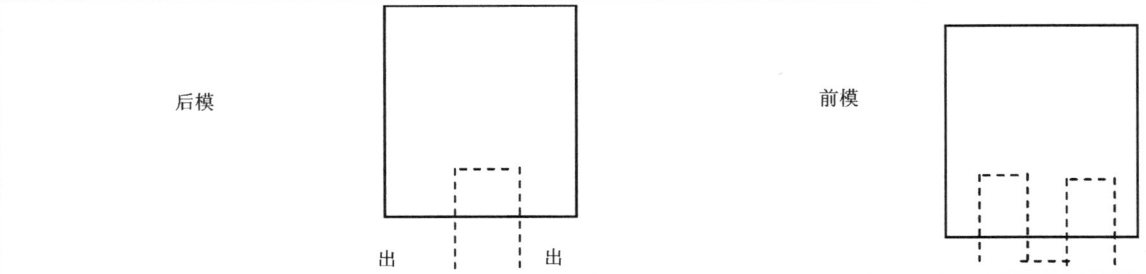

第二段速度由原来75%改为45%，模具温度由110℃改为120℃

案例46 烧焦/夹线/顶高

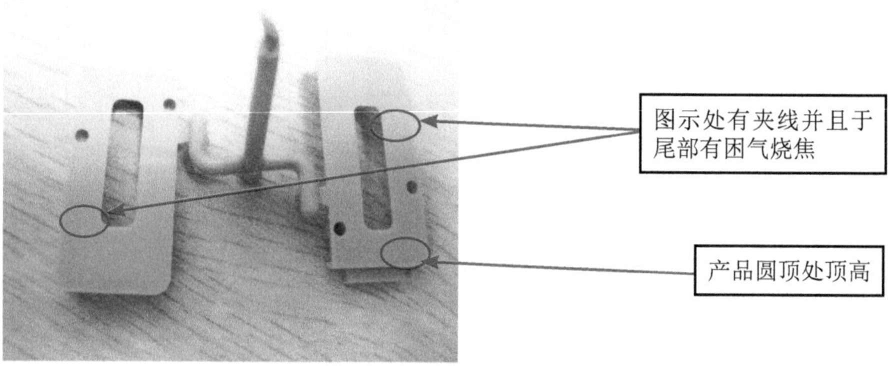
图示处有夹线并且于尾部有困气烧焦
产品圆顶处顶高

现象 孔位处夹线易断并困气烧焦，产品表面有顶高现象。

分析 产品孔位而使得塑料在模具内流动会合处所留下之夹线；产品所用原料为防火料，流动性较差而导致困气烧焦；产品在脱模中，当顶出产品时候圆顶处出现顶高。

（1）注塑机特征

牌号：HT86T　锁模力：86t　塑化能力：119g

（2）模具特征

模出数：1×2　入胶方式：大水口侧进胶　顶出方式：顶针顶出　模具温度：100℃（恒温机）

（3）产品物征

材料：ABS+PC GN-5001RFH　　产品重（单件）：2.60g　水口重：1.32g

（4）不良原因分析

① 模具排气不良。

② 模具温度过低。

③ 炮筒温度过低。

④ 射出速度太慢射出压力太低。

⑤ 顶针横截面积过小。

（5）对策

① 运用多级注射及位置切换。

② 第一段用较快的速度刚刚充满流道至进胶口及找出相应的切换位置，第二段用中等及较小的位置充过进胶口附近即可，第三段用较慢速度充满模腔的85%以免高温的熔融胶料冷却，第四段用慢速充满模腔，使模腔内的空气完全排出。

③ 提高模具表面温度。

④ 提高熔胶筒温度。

⑤ 在夹线位置处加开排气或者冷料。

⑥ 顶针由圆顶更改为扁顶。

注塑成型工艺表

注塑机：HT86T　B型螺杆　射胶量119g			品名：GPS机壳B壳		
原料：ABS+PC GN-5001RFH	颜色：灰色	干燥温度：105℃	干燥方式：抽湿干燥机	干燥时间：3h	再生料使用：0
成品重：2.60g×2=5.20g	水口重：1.32g		模具模出数：1×2	浇口入胶方式：大水口侧进胶	

料筒温度/℃						模具温度/℃		使用机器	设定	实际
	1	2	3	4	5		前	油温机	110	105
设定	285	275	265	240			后	油温机	110	100
实际										
偏差										

保压压力/kgf	65	75				射出压力/kgf	100	85	110	115
保压时间/s	1.2	1.0				射压位置/mm	12	20	25	30
射胶残量/g	3.0					射出速度/%	10	24	35	45
						射速位置/mm	12	20	25	30

中间时间/s	射胶时间/s	冷却时间/s	全程时间/s	背压/kgf	回转速度/%			回缩速度/%	料量位置/mm	回缩位置/mm
2.0	0.5	12.0	25	6.0	10	45	55	10	32	0.5

合模保护时间/s	加料监督时间/s	锁模力/kN	顶出长度/mm	顶出次数	回转位置/mm				
0.3	10	700	42	1	15	25	32.5		

末段速度由原来的25%改为10%，
模具温度由原来的100℃更改为110℃

案例47 困气

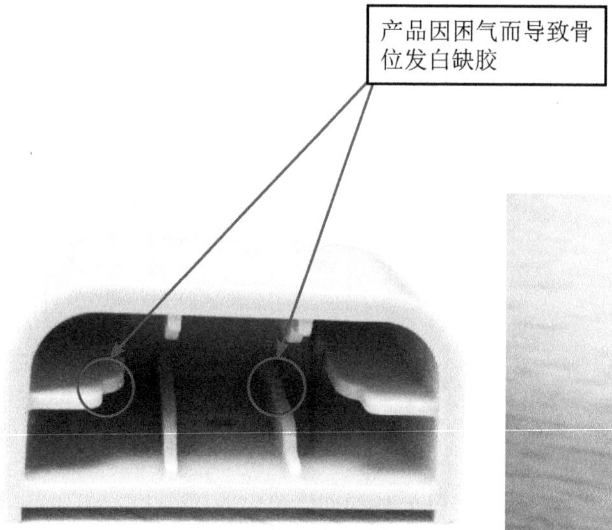

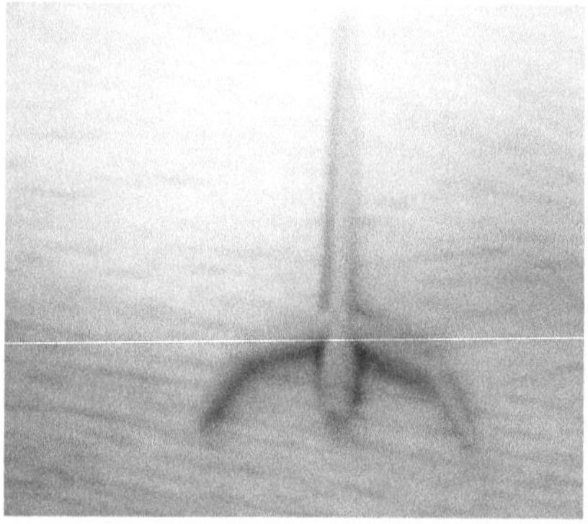

现象 产品因困气而导致骨位发白缺胶。

分析 模具排气不良而导致困气；成型压力及速度过高。

（1）注塑机特征

牌号：HT86T 锁模力：86t 塑化能力：119g

（2）模具特征

模出数：1×2 入胶方式：顶针潜进胶 顶出方式：顶针顶出 模具温度：100℃（恒温机）

（3）产品物征

材料：ABS+PC GN-5001RFH 产品重（单件）：2.7g 水口重：1.46g

（4）不良原因分析

由于成型压力及速度过大，模具排气不良，模具温度过高，两个产品走胶不一致而导致产品里面困气。

（5）对策

① 降低成型压力及速度尤其是末段的速度。

② 降低模具温度。

③ 在模具的行位处加开排气。

④ 减小保压压力和时间。

注塑成型工艺表

注塑机：HT86T　B 型螺杆　射胶量 119g			品名：GPS 机壳 C 壳		
原料：ABS+PC GN-5001RFH	颜色：灰色	干燥温度：105℃	干燥方式：抽湿干燥机	干燥时间：3h	再生料使用：0
成品重：2.7g×2=5.4g	水口重：1.46g	模具模出数：1×2	浇口入胶方式：顶针潜进胶		

料筒温度/℃	1	2	3	4	5
设定	270	260	250	230	
实际					
偏差					

模具温度/℃		使用机器	设定	实际
	前	油温机	80	70
	后	油温机	80	75

保压压力/kgf	35	45			保压位置/mm
保压时间/s	0.5	0.8			
射胶残量/g	3.0				

射出压力/kgf	65	85	90	
射压位置/mm	12	14	25	
射出速度/%	8	15	30	
射速位置/mm	12	14	25	

中间时间/s	射胶时间/s	冷却时间/s	全程时间/s	背压/kgf	回转速度/%			回缩速度/%	料量位置/mm	回缩位置/mm
2.0	0.5	12.0	25	6.0	10	45	60	10	28.5	0.5

合模保护时间/s	加料监督时间/s	锁模力/kN	顶出长度/mm	顶出次数	回转位置/mm				
0.3	10	720	42	1	15	25	28		

末段速度由原来的25%改为8%，
模具温度由原来的100℃改为80℃

案例48 夹线

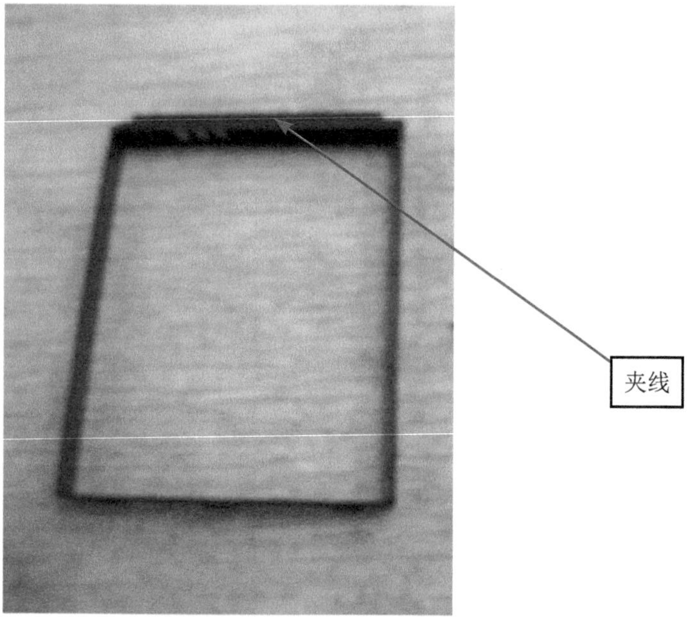

现象 电池在生产过程中在顶部中间位置处出现明显夹线。

分析 由于模具设计采用两侧四点潜水进胶，在料流熔汇处排气不顺导致困气夹线。

（1）注塑机特征

牌号：HT120T　锁模力：120t　塑化能力：152g

（2）模具特征

模出数：1×2　入胶方式：小水口　顶出方式：顶块顶出　模具温度：95℃（恒温机）

（3）产品物征

材料：ABS+PC GN-5001RFH　颜色：黑色　产品重（单件）：0.67g　水口重：18.04g

（4）不良原因分析

用快的料流速度走胶填充，由于产品结构影响，每两个进胶点的中间，在料流末端中间熔汇处排气不顺导致困气夹线。

（5）对策

① 运用低模温和多级慢速填充注射。

② 结合产品结构走胶状况，调节采用三段注射，调节并适当降低模具温度，用较慢的注射速度，让熔料慢速走胶填充，从而改善产品严重困气夹线现象。

注塑成型工艺表

注塑机：HT120T　射胶量 152g	品名：GW15A 电池框

原料 ABS+PC GN-5001RFH	颜色：黑色	干燥温度：110℃	干燥方式：抽湿干燥机	干燥时间：3h	再生料使用：0
成品重：0.67g×2=1.34g	水口重：18.04g	模具模出数：1×2	浇口入胶方式：小水口		

料筒温度/℃	1	2	3	4	5
设定	280	280	275	270	250
实际					
偏差					

模具温度/℃	使用机器	设定	实际
前	油温机	90	90
后	油温机	90	90

保压压力/kgf	85			保压位置/mm	10	射出压力/kgf	115	135	125	
保压时间/s	1.0					射压位置/mm	35	14		
射胶残量/g	5.2					射出速度/%	45	25	10	

中间时间/s	射胶时间/s	冷却时间/s	全程时间/s	背压/kgf	回转速度/%			回缩速度/%	料量位置/mm	回缩位置/mm
12.6	1.4	8	24	5	10	15	10	10	35	3

合模保护时间/s	加料监督时间/s	锁模力/kN	顶出长度/mm	顶出次数	回转位置/mm		
1	10	65	42	1	15	33	36

模具运水图

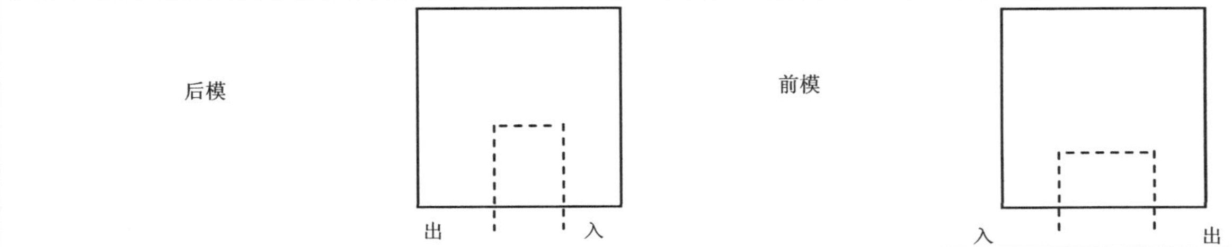

降低射出速度由原来的20%调整为10%，由原先的40%调整为25%，模具温度由原来的100℃调整为90℃

案例49 表面夹痕

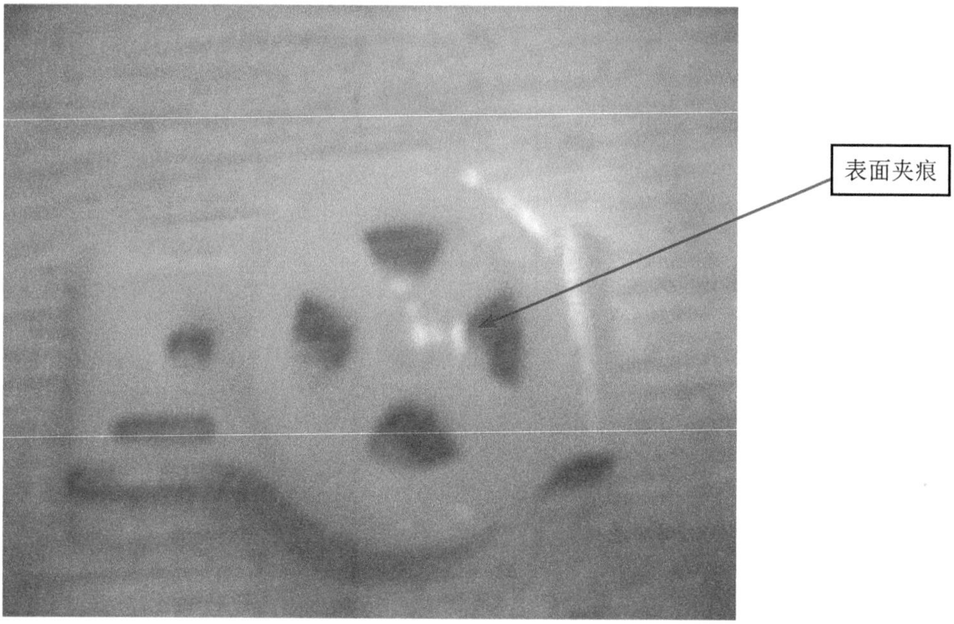

原因 产品结构缺陷。

分析 模具温度偏低；熔胶温度偏低。

（1）注塑机特征

牌号：海天 锁模力：86t 塑化能力：100g

（2）模具特征

模出数：1×2 入胶方式：搭接浇口 顶出方式：顶针顶出 模具温度：80℃（恒温机）

（3）产品物征

材料：ABS 727 颜色：本色 产品重（单件）：2.1g 水口重：4.3g

（4）不良原因分析

模具结构缺陷，镶件过多，导致走胶不顺。

（5）对策

调整油温及熔胶温度，适当使夹痕调到最轻微状态。

注塑成型工艺表

注塑机：HT86T B型螺杆 射胶量100g			品名：N600喇叭装饰件		
原料：ABS 727	颜色：本色	干燥温度：80℃	干燥方式：抽湿干燥机	干燥时间：4h	再生料使用：0
成品重：2.1g×2=4.2g	水口重：4.3g	模具模出数：1×2	浇口入胶方式：搭接浇口		

料筒温度/℃						模具温度/℃		使用机器	设定	实际
	1	2	3	4	5		前	水温机	80	75
设定	222	210	205	200			后	水温机	80	75
实际										
偏差										

保压压力/kgf	100			保压位置/mm	12	射出压力/kgf		100	110	120
保压时间/s	2.5					射压位置/mm		12		
射胶残量/g	7.8					射出速度/%	55	8		
						射速位置/mm	12	22		

中间时间/s	射胶时间/s	冷却时间/s	全程时间/s	背压/kgf	回转速度/%			回缩速度/%	料量位置/mm	回缩位置/mm
1	5	10	25	5	10	15	10	10	38	3

合模保护时间/s	加料监督时间/s	锁模力/kN	顶出长度/mm	顶出次数	回转位置/mm				
1	10	60	45	1	15	35	38		

模具运水图

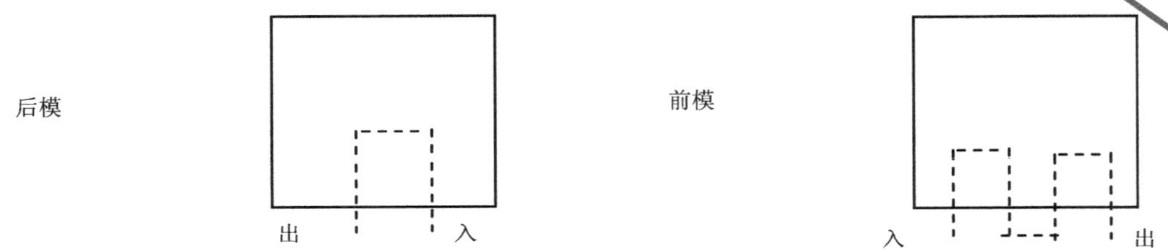

熔胶温度由210℃改为222℃，模具温度由70℃改为80℃

案例50 扣位粘模

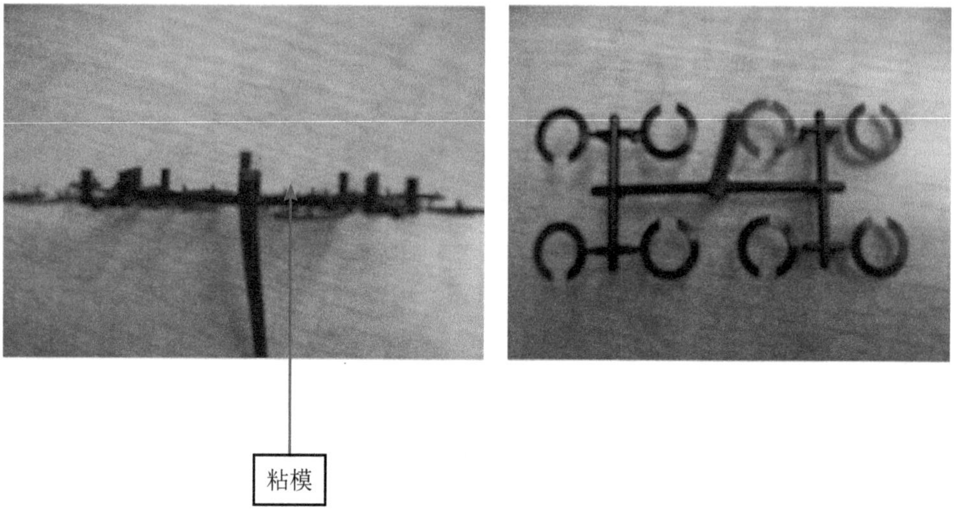

分析 扣位太小太深；保压时间过短及压力过小。

（1）注塑机特征

牌号：海天　锁模力：86t　塑化能力：100g

（2）模具特征

模出数：1×8　入胶方式：搭接浇口　顶出方式：顶针顶出　模具温度：80℃（恒温机）

（3）产品物征

材料：ABS 758　颜色：黑色　产品重（单件）：0.3g　水口重：6.1g

（4）不良原因分析

模具主流道很大，进胶口方式为潜水进胶，熔料流至进胶口附近，由于胶位厚薄不一致使原料不能均匀地充满模腔。

（5）对策

① 运用多级注射及位置切换。

② 第一段用相对快的速度刚刚充满流道至进胶口及找出相应的切换位置。然后第二段用慢速及很小的位置充过进胶口附近即可。第三段用快速充满模腔的90%以免高温的熔融胶料冷却，第四段用慢速充满模腔，使模腔内的空气完全排出，避免困气及烧焦等不良现象。最后转换到保压切换位置。

注塑成型工艺表

注塑机：HT86T　B 型螺杆　射胶量 100g			品名：TY128B 电池盖		
原料：ABS 758	颜色：黑色	干燥温度：80℃	干燥方式：抽湿干燥机	干燥时间：4h	再生料使用：0
成品重：0.3g×8=2.4g	水口重：6.1g	模具模出数：1×8		浇口入胶方式：搭接浇口	

料筒温度/℃						模具温度/℃		使用机器	设定	实际
	1	2	3	4	5		前	水温机	80	75
设定	222	210	205	200			后	水温机	80	75
实际										
偏差										

保压压力/kgf	100			保压位置/mm	12	射出压力/kgf		100	110	120
保压时间/s	2.5					射压位置/mm		12		
射胶残量/g	7.8					射出速度/%	55	8		
	10					射速位置/mm	12	22		

中间时间/s	射胶时间/s	冷却时间/s	全程时间/s	背压/kgf	回转速度/%			回缩速度/%	料量位置/mm	回缩位置/mm
1	5	10	25	5	10	15	10	10	38	3

合模保护时间/s	加料监督时间/s	锁模力/kN	顶出长度/mm	顶出次数	回转位置/mm				
1	10	60	45	1	15	35	38		

模具运水图

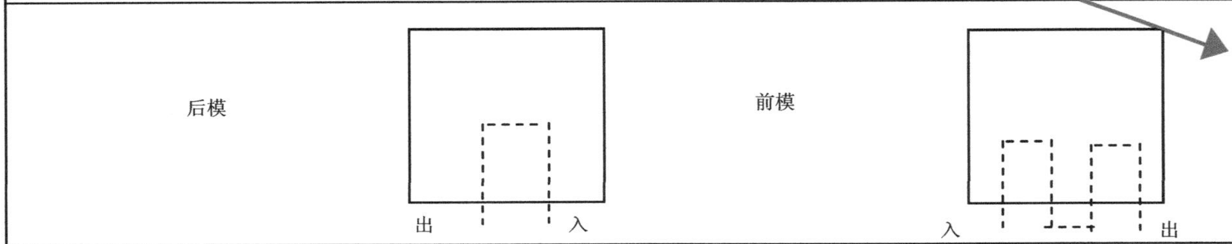

保压压力和时间由原来的80kgf，1.5s改为100kgf，2.5s

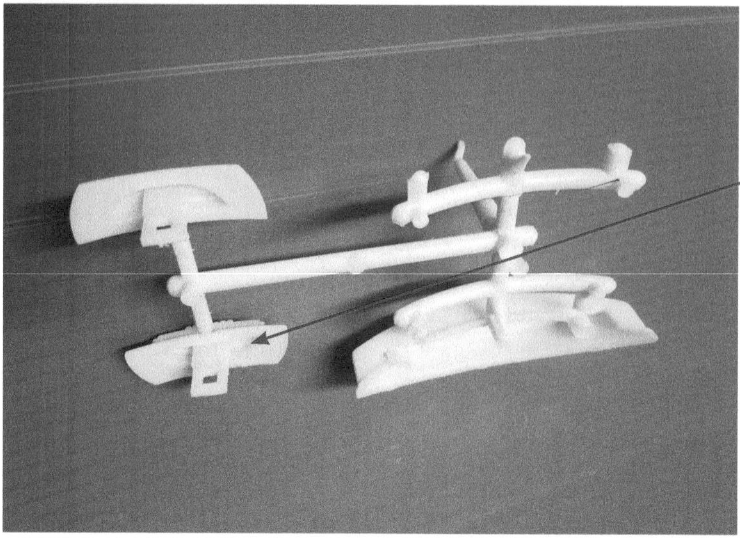

现象 闭合按钮和断开按钮制品的表面上产生行位粘模。

分析 熔料强度下降或脱模斜度不够造成制品脱模时全部或部分部位遗留在模具中。

（1）注塑机特征

牌号：海天MA600/150　锁模力：60t　塑化能力　$66cm^3$

（2）模具特征

模出数：2×2　进胶口方式：侧进胶　顶出方式：顶针顶出　模具温度：前模、后模接冷却水

（3）产品物征

材料：ABS-PA757　颜色：白色　产品重（单件）：闭合按钮3.2g，断开按钮0.8g　水口重：3.7g

（4）不良原因分析

① 模具：顶出机构不够完善；抛光不够（脱模方向太粗糙）；检查模具是否有倒钩和毛刺；检查脱模机构动作先后顺序。

② 成型：注射压力太大导致撑模；保压太大导致撑模；料温太高导致塑料变脆；模温太低；射料不足。

注塑成型工艺表

注塑机：MA600/150　A-D26 螺杆　射胶量 66 cm^3			品名：闭合按钮和断开按钮		
原料：ABS-PA757	颜色：白色	干燥温度：80℃	干燥方式：料斗干燥机	干燥时间：2h	再生料使用：0
成品重：闭合按钮 3.2g，断开按钮 0.8g	水口重：3.7g		模具模出数：2×2	浇口入胶方式：侧进胶	

料筒温度 /℃	1	2	3	4	5
设定	255	210	190	180	
实际	255	210	190	180	
偏差					

模具温度 /℃	使用机器	设定	实际
前	机水		
后	机水		

	保压 4	保压 3	保压 2	保压 1
保压压力 /kgf			0	45
保压流量 /%			0	8
保压时间 /s			0	0.6
射胶残量 /g	26.1			

转保压位置 /mm
26.5

	射出 4	射出 3	射出 2	射出 1
射出压力 /kgf	145	60	75	75
射出速度 /%	6	10	25	30
位置 /mm	0	11.0	30.0	35.0

监控				
中间时间 /s	射胶时间 /s	冷却时间 /s	全程时间 /s	顶退延时 /s
1.3	3.0	13	27.5	0.5
合模保护时间 /s	锁模力 /kN	开模终止位置 /mm	顶出长度 /mm	
0.35	120	252.0	50	

时间 /s			2.4	
	压力 /kgf	速度 /%	背压 /kgf	终止位置 /mm
储料 1	90	60	12	45.0
储料 2	70	45	12	55.0
射退	50	13		58.0

模 具 运 水 图

案例51 扣位披锋

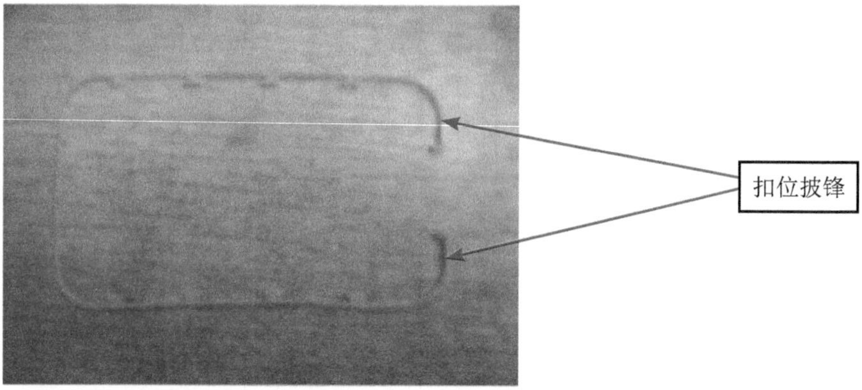

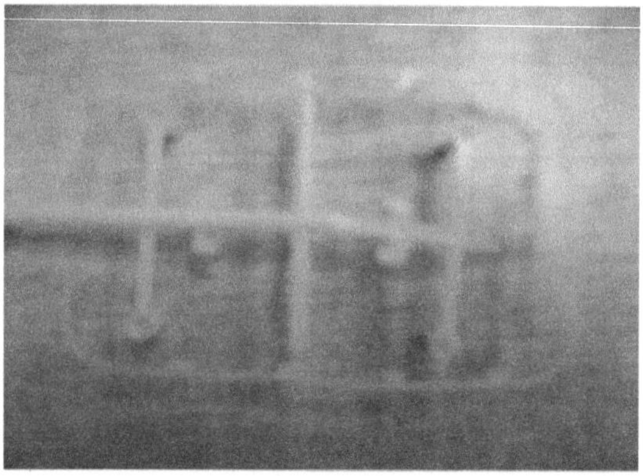

分析 扣位太小太深；扣位镶针间隙过大。

（1）注塑机特征

牌号：海天 锁模力：86t 塑化能力：100g

（2）模具特征

模出数：1×2 入胶方式：搭接浇口 顶出方式：顶针顶出 模具温度：80℃（恒温机）

（3）产品物征

材料：ABS 727 颜色：本色 产品重（单件）：2.3g 水口重：4.1g

（4）不良原因分析

模具镶针间隙大导致注塑时出现披锋。

（5）对策

① 减小注塑压力。

② 重做镶针。

注塑成型工艺表

注塑机：HT86T　B型螺杆　射胶量100g			品名：TY128B装饰环		
原料：ABS 727	颜色：本色	干燥温度：80℃	干燥方式：抽湿干燥机	干燥时间：4h	再生料使用：0
成品重：2.3g×2=4.6g	水口重：4.1g	模具模出数：1×2	浇口入胶方式：搭接浇口		

料筒温度/℃	1	2	3	4	5
设定	210	210	205	200	
实际					
偏差					

模具温度/℃	使用机器	设定	实际
前	水温机	80	75
后	水温机	80	75

				保压位置/mm	
保压压力/kgf	100				12
保压时间/s	2.5				
射胶残量/g	7.8				

射出压力/kgf		100	110	120
射压位置/mm		12		
射出速度/%	55	8		
射速位置/mm	12	22		

中间时间/s	射胶时间/s	冷却时间/s	全程时间/s	背压/kgf	回转速度/%			回缩速度/%	料量位置/mm	回缩位置/mm
1	5	10	25	5	10	15	10	10	38	3

合模保护时间/s	加料监督时间/s	锁模力/kN	顶出长度/mm	顶出次数	回转位置/mm				
1	10	60	45	1	15	35	38		

模　具　运　水　图

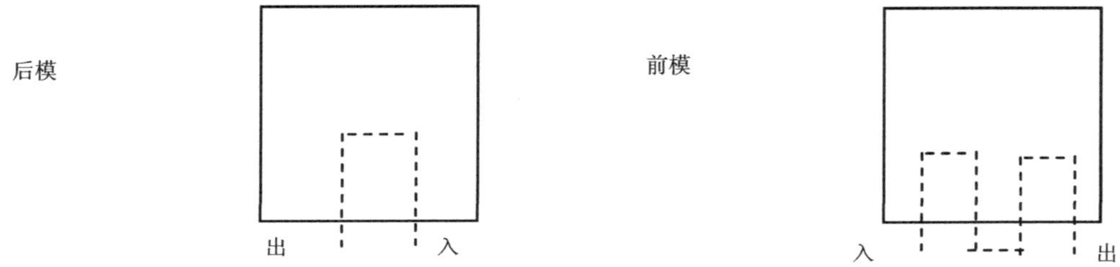

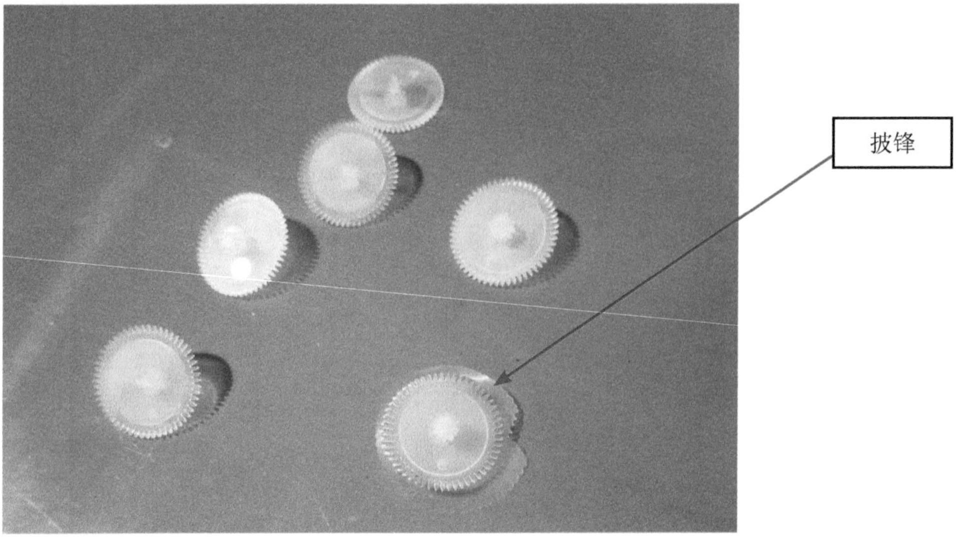

现象 齿轮制品上产生披锋。

分析 流动的熔胶在一定压力下，进入模具缝隙，形成多余的胶膜。

（1）注塑机特征

牌号：雅宝220 S 250-60 锁模力：25t 塑化能力：$25cm^3$

（2）模具特征

模出数：1×16 进胶口方式：点进胶 顶出方式：顶针顶出 模具温度：前模接冷却水，后模接冷却水

（3）产品物征

材料：PE 颜色：乳白色 产品重（单件）：3.3g 水口重：9.5g

（4）不良原因分析

① 模具缺陷；

② 锁模力不足；

③ 机台模板平行度不良；

④ 注射压力过大；

⑤ 射速过快；

⑥ 转保压位置不当；

⑦ 保压压力过大；

⑧ 料温过高；

⑨ 模温过高。

（5）对策

采用多级注射及多级保压进行。此模具为多穴，但只有一个产生披锋且是大披锋，这基本是模具的原因引起的，只能修模处理。

注塑成型工艺表

注塑机：雅宝 220 S 250-60　ϕ45 螺杆　射胶量 25 cm^3			品名：齿轮		
原料：ABS-PA757	颜色：白色	干燥温度：80℃	干燥方式：料斗干燥机	干燥时间：2h	再生料使用：0
成品重：3.3g	水口重：9.5g		模具模出数：1×4	浇口入胶方式：点进胶	

料筒温度 /℃					
	1	2	3	4	5
设定	265	235	230	220	190
实际	265	235	230	220	190
偏差					

模具温度 /℃		使用机器	设定	实际
	前	机水		
	后	机水		

	保压 4	保压 3	保压 2	保压 1	转保压时间 /s
保压压力 /kgf			110	110	
保压流量 /%			6	6	
保压时间 /s			1.2	1.3	4.5
射胶残量 /g	22.7				

	射出 4	射出 3	射出 2	射出 1
射出压力 /kgf	145	150	156	165
射出速度 /%	6	11	16	18
位置 /mm	0	21.0	36.0	53.0

监控				
中间时间 /s	射胶时间 /s	冷却时间 /s	全程时间 /s	顶退延时 /s
0	3.0	16	37.5	2.00

合模保护时间 /s	锁模力 /kN	开模终止位置 /mm	顶出长度 /mm
1.9	120	400.0	56

时间 /s			3.0	
	压力 /kgf	速度 /%	背压 /kgf	终止位置 /mm
储料 1	120	70	12	45.0
储料 2	120	70	12	50.0
射退	40	15		55.0

模具运水图

案例52 扣位缩水

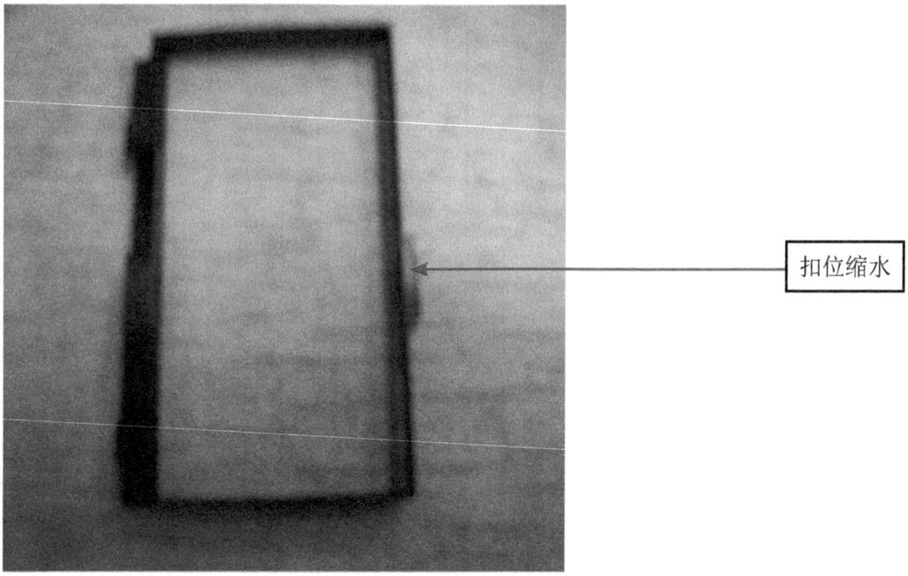

现象 胶位太厚导致走胶无法充满。

分析 浇口离厚胶位过远；胶位厚薄不一致；保压过短。

（1）注塑机特征

牌号：DEMAG　锁模力：100t　塑化能力：100g

（2）模具特征

模出数：1×2　入胶方式：搭接浇口　顶出方式：顶块顶出　模具温度：100℃（恒温机）

（3）产品物征

材料：ABS+PC 2010　颜色：黑色　产品重（单件）：2.1g　水口重：7g

（4）不良原因分析

模具主流道很大，入胶方式为潜水进胶，熔料流至进胶口附近，由于胶位厚薄不一致使原料不能均匀地充满模腔。

（5）对策

① 运用多级注射及位置切换。

② 第一段用相对快的速度刚刚充满流道至进胶口及找出相应的切换位置，然后第二段用慢速及很小的位置充过进胶口附近即可，第三段用快速充满模腔的90%以免高温的熔融胶料冷却，第四段用慢速充满模腔，使模腔内的空气完全排出，避免困气及烧焦等不良现象。最后转换到保压切换位置。

注塑成型工艺表

注塑机：DEMAG100T　B 型螺杆　射胶量 100g			品名：V820C 电池框		
原料：ASB+PC 2010	颜色：黑色	干燥温度：120℃	干燥方式：抽湿干燥机	干燥时间：4h	再生料使用：0
成品重：2.1g×2=4.2g	水口重：7g	模具模出数：1×2		浇口入胶方式：搭接浇口	

料筒温度/℃	1	2	3	4	5
设定	280	270	260	250	
实际					
偏差					

模具温度/℃	使用机器	设定	实际
前	水温机	100	92
后	水温机	100	91

保压压力/kgf	110			保压位置/mm	12
保压时间/s	3				
射胶残量/g	7.8				

射出压力/kgf		100	110	120
射压位置/mm		12		
射出速度/%	55	8		
射速位置/mm	12	22		

中间时间/s	射胶时间/s	冷却时间/s	全程时间/s	背压/kgf	回转速度/%			回缩速度/%	料量位置/mm	回缩位置/mm
1	5	10	25	5	10	15	10	10	38	3

合模保护时间/s	加料监督时间/s	锁模力/kN	顶出长度/mm	顶出次数	回转位置/mm				
1	10	60	45	1	15	35	38	/	/

模　具　运　水　图

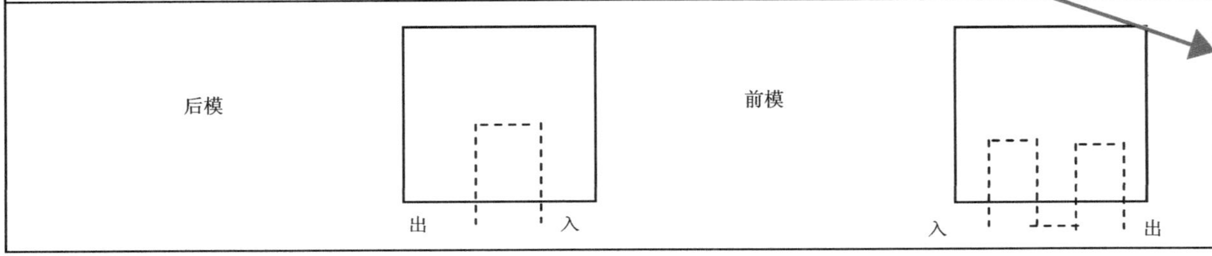

保压压力和时间由原来的60kgf，1.5s改为110kgf，3s

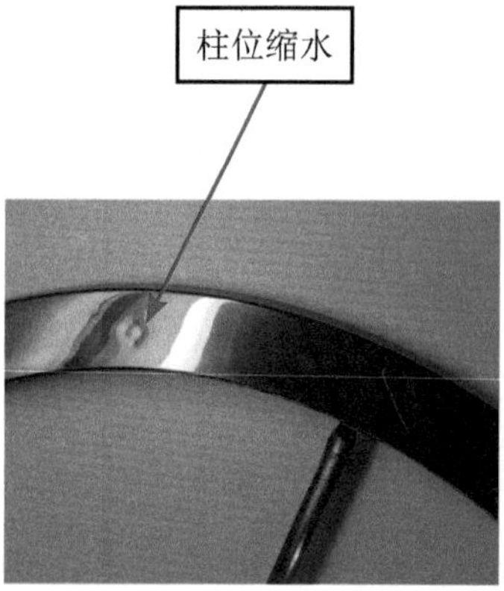

现象 圆环制品上柱位缩水。

分析 在产品成型的冷却过程中，如果热收缩得不到补偿，通常形成表面缩水。如果塑件的外壁不够坚固，由于冷却不完全，其外表面被内部收缩应力的拉牵而内陷。缩水痕产生于冷却阶段，是因为产品某些部位热收缩无法得到补偿，如果产品外壁成型尚未稳定，当冷却不足够时外层被冷却应力往内拉拔而产生。当产品外壁成型冷却足够且已稳定，外层足够对抗收缩应力内拉拔而产生产品空洞。

（1）注塑机特征

牌号：东芝IS350GS　锁模力：350t　塑化能力：855cm^3

（2）模具特征

模出数：1×1　进胶口方式：轮辐进胶　顶出方式：顶针顶出　模具温度：前模采用模温机，温度90℃　后模不接冷水

（3）产品物征

材料：ABS-PA757　颜色：黑色　产品重（单件）：53.9g　水口重：21.6g

（4）不良原因分析

① 此产品壁厚比较薄；

② 料温低，料的流动性差；

③ 模温低，料冷却快，影响料的流动性；

④ 射压低，射速低；

⑤ 料量不足；

⑥ 射胶时间不足；

⑦ 保压不足。

（5）对策

① 由于壁厚较薄，成型容易发生缩水，后模用机水加强冷却效果以缩短周期。如果后模、前模不接冷却水，产品有明显的缩水，并且颜色发暗，这时提高料温，缩水可排除。

② 产品有四个浇口进胶，没有使用模温机，产品有夹水线无法接受。前模采用模温机提高模温，减小夹水线痕。

改为300℃和270℃

注塑成型工艺表

注塑机：东芝 IS350GS	ϕ60 螺杆　射胶量 855 cm^3		品名：圆环		
原料：ABS-PA757	颜色：黑色	干燥温度：80℃	干燥方式：料斗干燥机	干燥时间：2h	再生料使用：0
成品重：53.9g	水口重：21.6g	模具模出数：1×1	浇口入胶方式：轮辐进胶		

料筒温度/℃	1	2	3	4	5
设定	250	235	220	200	
实际	250	235	220	200	
偏差					

模具温度/℃	使用机器	设定	实际
前	模温机	90	90
后			

	保压4	保压3	保压2	保压1	转保压时间/s
保压压力/kgf			98	98	
保压流量			25	36	
保压时间/s			2.5	1.5	2.5
射胶残量/g	37.8				

	射出4	射出3	射出2	射出1
射出压力/kgf	0	100	100	120
射出速度/%	0	28	48	60
位置/mm	0	48.0	55.0	60.0

监控				
中间时间/s	射胶时间/s	冷却时间/s	全程时间/s	顶退延时/s
2.0	2.5	25	67.75	2.00
合模保护时间/s	锁模力/kN	开模终止位置/mm	顶出长度/mm	
	120	400.0	82	

时间/s			3.0	
储料	压力/kgf	速度/%	背压/kgf	终止位置/mm
储料1	120	65	12	45.0
储料2	120	62	12	75.0
射退	50	20		80.0

模 具 运 水 图

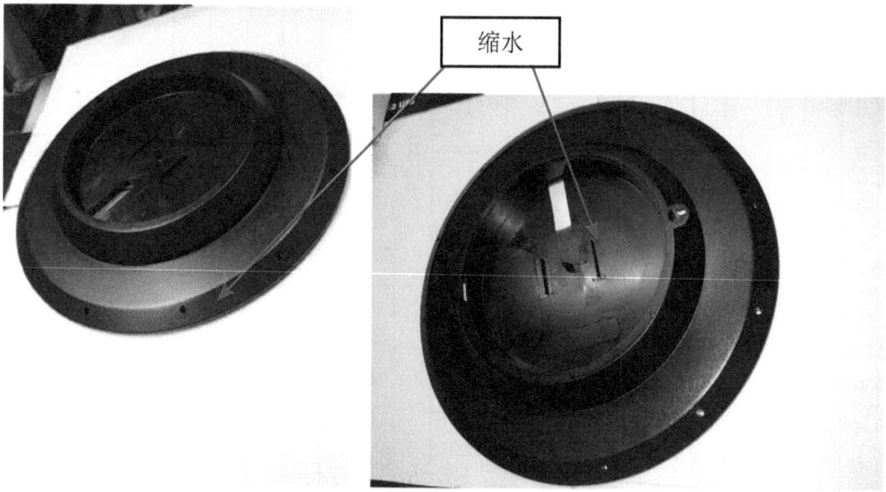

现象 底壳制品上产生缩水。

分析 开始产品会形成坚硬的冷却层，并且随模具的冷却程度朝中心部位或快或慢地发展。在厚壁区域，中心部分任保持较高的温度和黏性，继续收缩，如果收缩过大，且此时冷却层不能抵抗其收缩应力，则在制品表面形成凹痕，所以凹痕一般发生在产品壁厚最厚处，特别是加强筋。

（1）注塑机特征

牌号：东芝IS350GS　锁模力：350t　塑化能力：855cm^3

（2）模具特征

模出数：1×1　进胶口方式：直进胶　顶出方式：顶针顶出　模具温度：前模接冷却水，后模接冷却水

（3）产品物征

材料：ABS-PA757　颜色：黑色　产品重（单件）：405g　水口重：0.5g

（4）不良原因分析

① 塑件壁厚不均，壁厚处产生缩水；
② 有效的保压时间太短，保压压力太小，转保压位置太靠前；
③ 熔胶量不足；
④ 射胶压力速度低，射胶时间太短；
⑤ 模温太低或太高，冷却时间不够；
⑥ 料温太低；
⑦ 射嘴堵塞；
⑧ 模具缺陷。

（5）成型分析及对策

此缺陷在缩水位于柱孔位，属于壁厚处缩水，一般采用加长保压时间和加大保压压力来改善。

保压时间 1.0s 改为 1.5s

注塑成型工艺表

注塑机：IS350GS　φ60 螺杆	射胶量 855 cm^3	品名：后盖	
原料：ABS-PA757	颜色：黑色	干燥温度：80℃	干燥方式：料斗干燥机
干燥时间：2h	再生料使用：0		
成品重：405g	水口重：0.5g	模具模出数：1×1	浇口入胶方式：直进胶

料筒温度 /℃	1	2	3	4	5
设定	270	240	230	220	
实际	270	240	2[illegible]0	220	
偏差		△	△	△	△

模具温度 /℃	使用机器	设定	实际
前	机水		
后	机水		

	保压 4	保压 3	保压 2	保压 1	转保压位置 /mm
保压压力 /kgf			65	70	
保压流量 /%			30	48	
保压时间 /s			1.0	0.5	30.0
射胶残量 /g	28.1				

	射出 4	射出 3	射出 2	射出 1
射出压力 /kgf		95	110	110
射出速度 /%		25	65	85
位置 /mm		30.0	60.0	100.0

监控				
中间时间 /s	射胶时间 /s	冷却时间 /s	全程时间 /s	顶退延时 /s
0	7.0	35	55	0.00

合模保护时间 /s	锁模力 /kN	开模终止位置 /mm	顶出长度 /mm
1.9	115	400.0	115.0

时间 /s	5.50			
	压力 /kgf	速度 /%	背压 /kgf	终止位置 /mm
储料 1	100	70	6	175.0
储料 2	90	60	6	190.0
射退	50	15		195.0

模 具 运 水 图

案例53 困气断裂

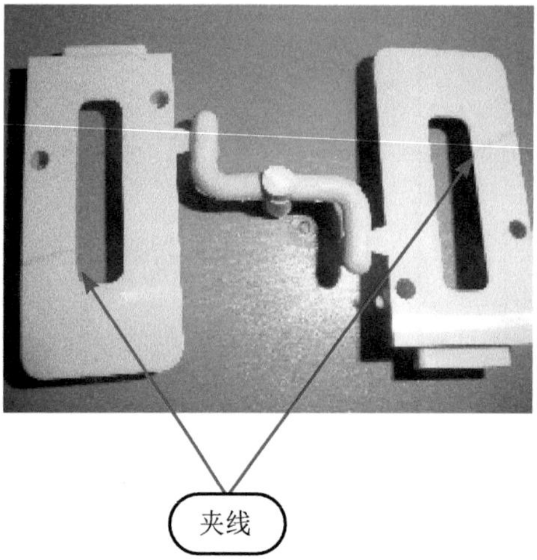

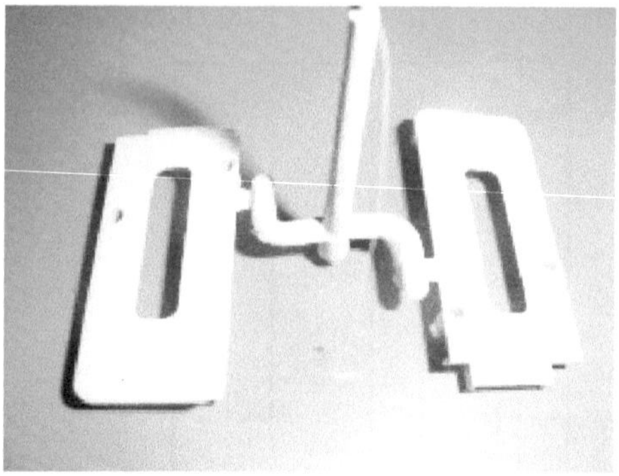

现象 在两股胶流汇合处困气，产生夹线。

（1）注塑机特征

牌号：海天　锁模力：120t　塑化能力：163g

（2）模具特征

模出数：1×2　入胶方式：直入浇口　顶出方式：推板顶出　模具温度：80℃（恒温机）

（3）产品物征

材料：ABS +PC　颜色：灰色　产品重（单件）：8g　水口重：4g

（4）不良原因分析

模具（后模）表面没有开排气，因产品结构有一个四方框，注塑机以一定的料量平行注射向模腔内时就变成两股流量，在接合时产生气体不能及时排出，产品接合处表面就会困气接合不良导致产品断裂。

（5）对策

在模具上对应产生困气的位置处制作排气系统来排出胶料内的气体。

注塑成型工艺表

注塑机：TMC 90T　B 型螺杆　射胶量 163g			品名：TAG B 壳		
原料：ABS+PC	颜色：灰色	干燥温度：95℃	干燥方式：抽湿干燥机	干燥时间：3h	再生料使用：0
成品重：8g×2=16g	水口重：5g	模具模出数：1×2		浇口入胶方式：直入浇口	

料筒温度/℃					
	1	2	3	4	5
设定	279	280	275	265	
实际					
偏差					

模具温度/℃	使用机器	设定	实际
前	水温机	90	80
后	水温机	90	80

保压压力/kgf	65	80		保压位置/mm	12	射出压力/kgf	100	110	120	
保压时间/s	1	2				射压位置/mm	12			
射胶残量/g	7.8					射出速度/%	3			
	10					射速位置/mm	23.5			

中间时间/s	射胶时间/s	冷却时间/s	全程时间/s	背压/kgf	回转速度/%			回缩速度/%	料量位置/mm	回缩位置/mm
1	5	10	25	5	10	15	10	10	38	3

合模保护时间/s	加料监督时间/s	锁模力/kN	顶出长度/mm	顶出次数	回转位置/mm				
1	10	60	45	1	15	35	38		

模具运水图

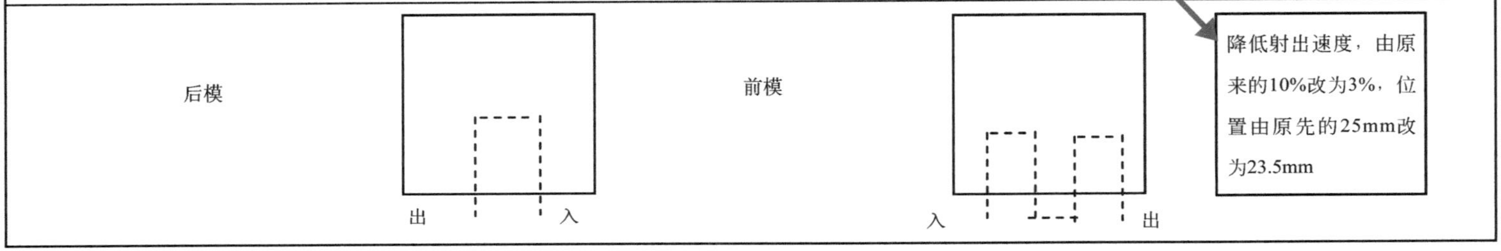
后模
出
入
前模
入
出
降低射出速度，由原来的10%改为3%，位置由原先的25mm改为23.5mm

案例54 水口位发白

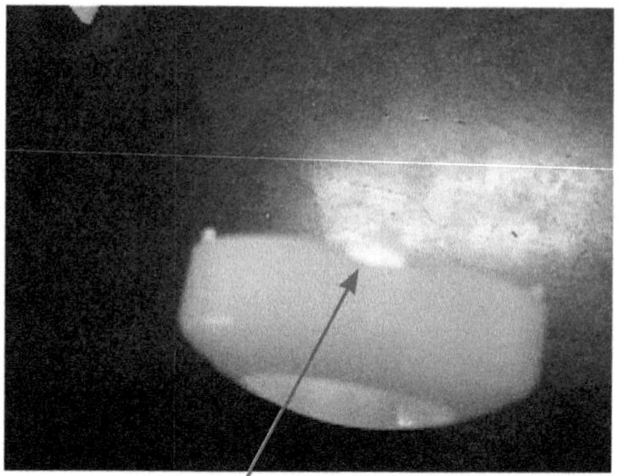

分析 入水口位在产品边缘上，开模后产品有轻微粘前模，造成水口位发白；水口位保压过大；使用的乳白色原料带有裂变色的特殊性；加工时变白。

（1）注塑机特征

牌号：DEMAG　锁模力：100t　塑化能力：133g

（2）模具特征

模出数：1×2　入胶方式：直入浇口　顶出方式：推板顶出　模具温度：80℃（恒温机）

（3）产品物征

材料：ABS　颜色：白色　产品重（单件）：4g　水口重：5g

（4）不良原因分析

① 产品入浇方式为直入方式，水口与产品外观表面相连，开模后产品粘前模形成水口位发白。

② 产品用料为ABS乳白色材料，此材料有裂变色性的特殊性，开模后水口位很易发白。

③ 由于剪刀不能一次性地将水口位剪除得平整光滑，余下部分残料要靠手工修正处理，因为水口位非直平面形而是圆形的，在修正水口时，依靠手工来把握水口位的圆度与产品本身的圆度不能相符，故修正过水口位后接触面容易有伤痕或发白。

（5）对策

① 在满足品质要求的情况下作工艺改善处理，减小水口位处保压压力，确保产品出模后水口未发白。

② 在客户或模具条件允许的情况下对产品入胶口位置作移位处理。

③ 按现时能做到的最好品质标准给予客户确认认可。

④ 在产品内部骨位上晒纹，以确保产品在开模后紧紧粘在后模上不至于发白。

注塑成型工艺表

注塑机：TMC 60T　B型螺杆　射胶量 133g			品名：透明镜		
原料：ABS	颜色：乳白色	干燥温度：75℃	干燥方式：抽湿干燥机	干燥时间：2h	再生料使用：0
成品重：4g×2=8g	水口重：5g	模具模出数：1×2	浇口入胶方式：直入浇口		

料筒温度/℃					
	1	2	3	4	5
设定	230	220	215	200	
实际					
偏差					

模具温度/℃		使用机器	设定	实际
	前	水温机	70	60
	后	水温机	70	60

保压压力/kgf	65	80		保压位置/mm	12	射出压力/kgf	100	100	120	
保压时间/s	1	2				射压位置/mm	12			
射胶残量/g	7.8					射出速度/%	3			
	10					射速位置/mm	23.5			

中间时间/s	射胶时间/s	冷却时间/s	全程时间/s	背压/kgf	回转速度/%			回缩速度/%	料量位置/mm	回缩位置/mm
1	5	10	25	5	10	15	10	10	38	3
合模保护时间/s	加料监督时间/s	锁模力/kN	顶出长度/mm	顶出次数	回转位置/mm					
1	10	60	45	1	15	35	38			

案例55 烧焦

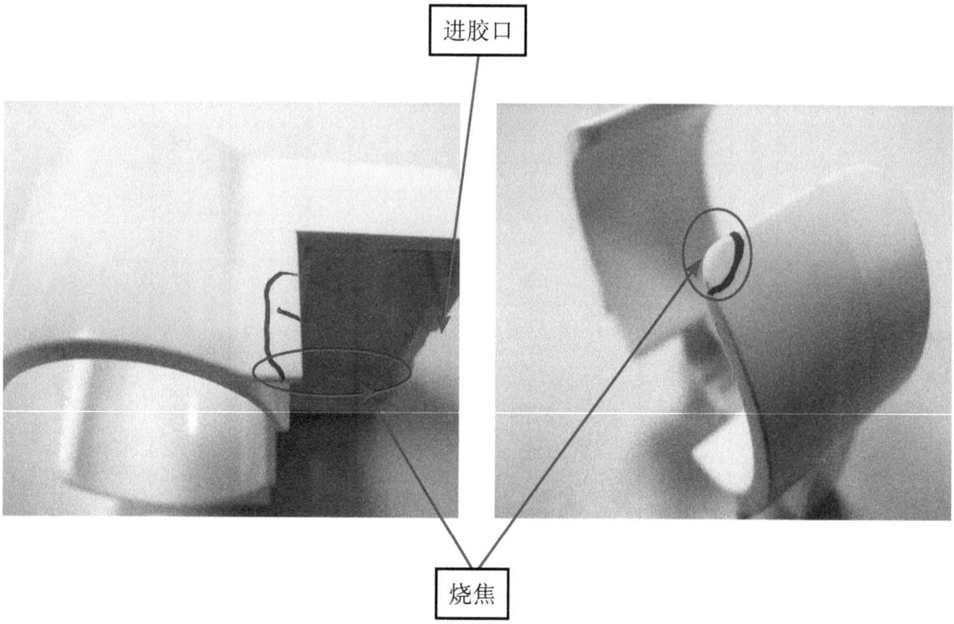

现象 电器产品本体导向架在生产过程中时常会在角位出现烧焦现象。

分析 模具表面高光亮且在角位处不便于气体排出，困气引起产品烧焦。

(1) 注塑机特征

牌号：HT-DEMAG　锁模力：100t　塑化能力：150g

(2) 模具特征

模出数：1×2　入胶方式：搭接浇口　顶出方式：顶针顶出　模具温度：95℃（恒温机）

(3) 产品物征

材料：ABS TV20　颜色：白色　产品重（单件）：11.5g　水口重：2.3g

(4) 不良原因分析

模具主流道很大，进胶口方式为搭接式进胶，模具表面高光亮且在角位处，由于注射速度过快不便于气体排出，困气引起产品烧焦现象。

(5) 对策

① 运用多级注射及位置切换。

② 第一段用中等速度刚刚充满流道至进胶口及找出相应的切换位置，然后第二段用快速充满到角位附近及找出相应的切换位置，第三段用慢速及很短的位置充填角位；最后用慢速充填并转换到保压切换位置。

注塑成型工艺表

注塑机：HT-DEMAG　射胶量 150g			品名：本体导向架		
原料：ABS TV20C	颜色：白色	干燥温度：85℃	干燥方式：抽湿干燥机	干燥时间：4h	再生料使用：0
成品重：11.5g×2=23g	水口重：2.3g	模具模出数：1×2	浇口入胶方式：搭接浇口		

料筒温度/℃					
	1	2	3	4	5
设定	230	225	210	195	
实际					
偏差					

模具温度/℃	使用机器	设定	实际
前	油温机	95	95
后	油温机	95	95

保压压力/kgf	45	85		保压位置/mm	11
保压时间/s	1.5	1.8			
射胶残量/g	7.5				

射出压力/kgf	110	110	110	110
射压位置/mm	14	16.5	22	29
射出速度/%	5	8	55	38

中间时间/s	射胶时间/s	冷却时间/s	全程时间/s	背压/kgf	回转速度/%			回缩速度/%	料量位置/mm	回缩位置/mm
5	2.6	12	35	5	10	15	10	10	33	2

合模保护时间/s	加料监督时间/s	锁模力/kN	顶出长度/mm	顶出次数	回转位置/mm				
1	10	550	35	1	15	33	35		

模　具　运　水　图

后模

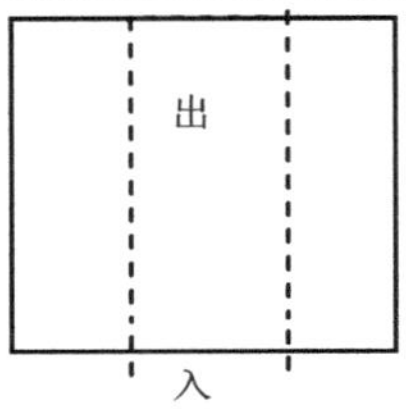

前模

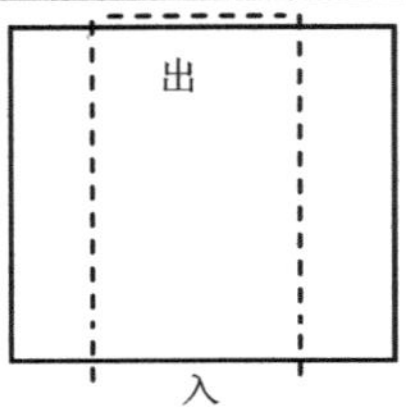

案例56 骨位变形

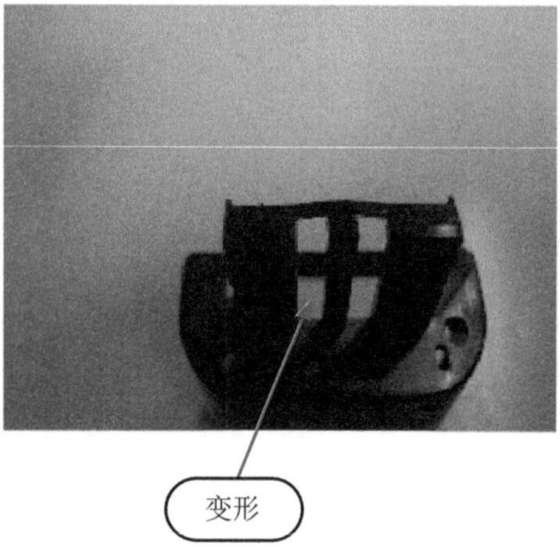

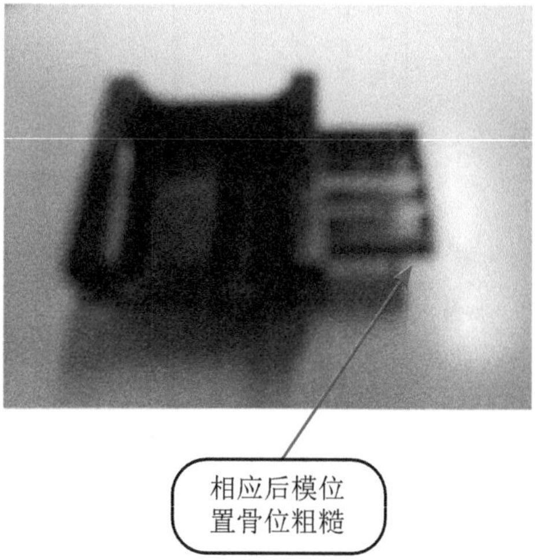

（1）注塑机特征

牌号：海天　锁模力：80t　塑化能力：133g

（2）模具特征

模出数：1×2　入胶方式：点入浇口　顶出方式：推板顶出　模具温度：80℃（恒温机）

（3）产品物征

材料：ABS　颜色：黑色　产品重（单件）：4g　水口重：5g

（4）不良原因分析

模具（后模）骨位上火花纹未省光滑，还是很粗糙，当产品注塑饱满后便紧紧粘附在后模上，顶出时由于骨位上未省光滑，产品粘后模而变形。

（5）对策

在后模骨位粗糙处做省模抛光处理。

注塑成型工艺表

注塑机：TMC 60T　B 型螺杆　射胶量 133g			品名：透明镜		
原料：ABS	颜色：乳白色	干燥温度：75℃	干燥方式：抽湿干燥机	干燥时间：2h	再生料使用：0
成品重：4g×2=8g	水口重：5g	模具模出数：1×2	浇口入胶方式：直入浇口		

料筒温度/℃	1	2	3	4	5
设定	230	220	215	200	
实际					
偏差					

模具温度/℃	使用机器	设定	实际
前	水温机	70	60
后	水温机	70	60

保压压力/kgf	65	80		保压位置/mm	12	射出压力/kgf	100	110	120	
保压时间/s	1	2				射压位置/mm	12			
射胶残量/g	7.8					射出速度/%	3			
						射速位置/mm	23.5			

中间时间/s	射胶时间/s	冷却时间/s	全程时间/s	背压/kgf	回转速度/%			回缩速度/%	料量位置/mm	回缩位置/mm
1	5	10	25	5	10	15	10	10	38	3

合模保护时间/s	加料监督时间/s	锁模力/kN	顶出长度/mm	顶出次数	回转位置/mm		
1	10	60	45	1	15	35	38

模具运水图

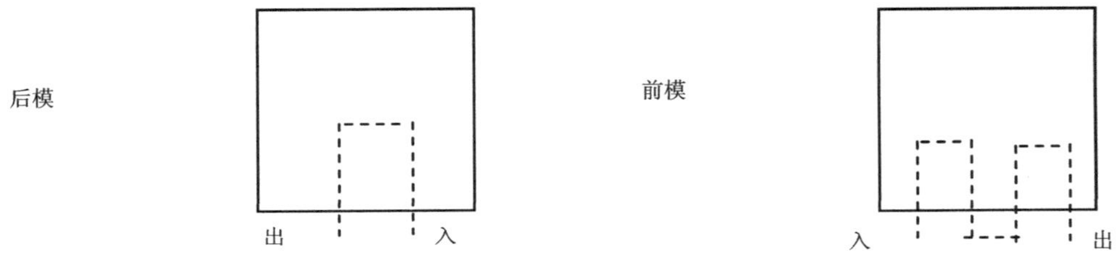

降低射出速度，由原来的10%改为3%，位置由原来的25mm改为23.5mm

案例57 柱位弯曲变形

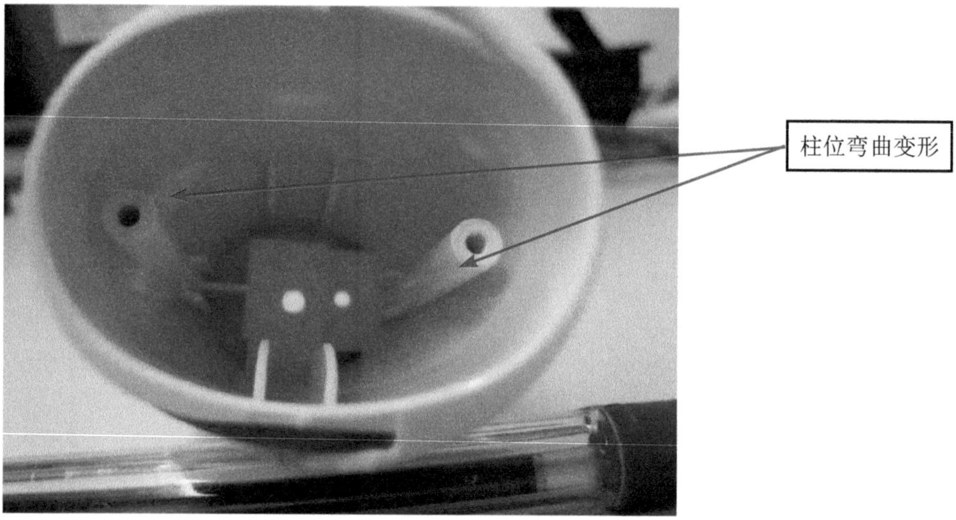

现象 电器产品底盖在生产过程中柱位变形。

分析 柱位结构影响易造成变形；产品出模后收缩变形。

（1）注塑机特征

牌号：HT120T　锁模力：120t　塑化能力：150g

（2）模具特征

模出数：1×2　入胶方式：点浇口　顶出方式：顶针顶出　模具温度：100℃/70℃（恒温机）

（3）产品物征

材料：ABS PA757　颜色：白色　产品重（单件）：12.3g　水口重：8.2g

（4）不良原因分析

模具进胶口方式为一点潜水进胶，产品结构影响柱位易变形，模具温度太低产品表面熔接线明显，模温太高产品未充分冷却出模收缩变形。

（5）对策

① 运用多级注射调节产品注塑工艺。

② 采用两台模温机调节模具温度。行位单独接一组模温。

③ 适当延长冷却时间，便于产品在模腔冷却。

注塑成型工艺表

注塑机：HT-120T　射胶量 150g		品名：底盖	
原料：ABS PA757	颜色：白色	干燥温度：85℃	干燥方式：抽湿干燥机
干燥时间：4h	再生料使用：0		
成品重：12.3g×2= 24.6g	水口重：8.2g	模具模出数：1×2	浇口入胶方式：点浇口

料筒温度/℃	1	2	3	4	5
设定	245	230	225	195	
实际					
偏差					

模具温度/℃		使用机器	设 定	实 际
	前	油温机	100	100
	后	油温机	70	70

保压压力/kgf	45	50		保压位置/mm	12.3
保压时间/s	1.5	1.8			
射胶残量/g	8.6				

射出压力/kgf	100	90	110	95
射压位置/mm	16	23	35	42
射出速度/%	20	25	50	35

中间时间/s	射胶时间/s	冷却时间/s	全程时间/s	背压/kgf	回转速度/%			回缩速度/%	料量位置/mm	回缩位置/mm
5	1.3	25	50	5	10	15	10	10		3

合模保护时间/s	加料监督时间/s	锁模力/kN	顶出长度/mm	顶出次数	回转位置/mm		
1	10	900	38	1	15	45	48

模 具 运 水 图

前/后模

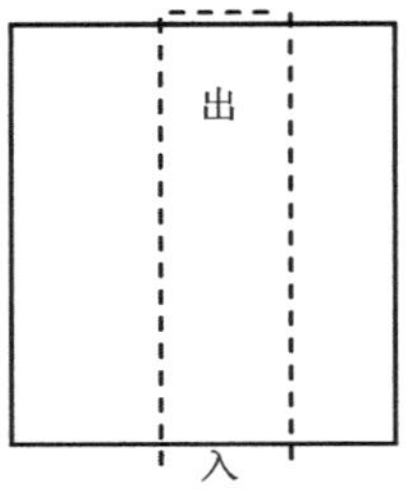

行位

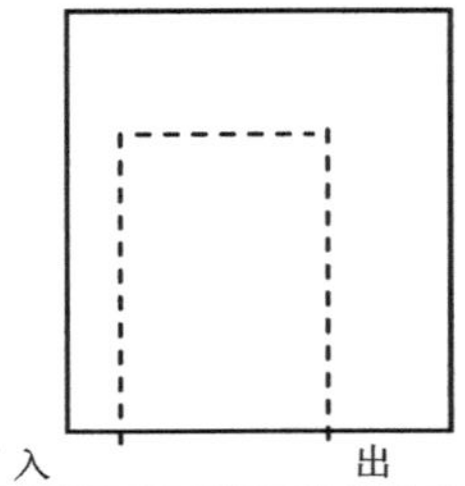

由前/后模和行位一组模温更改为行位单独一组模温，调节为70℃

案例58 分层、表面起皮

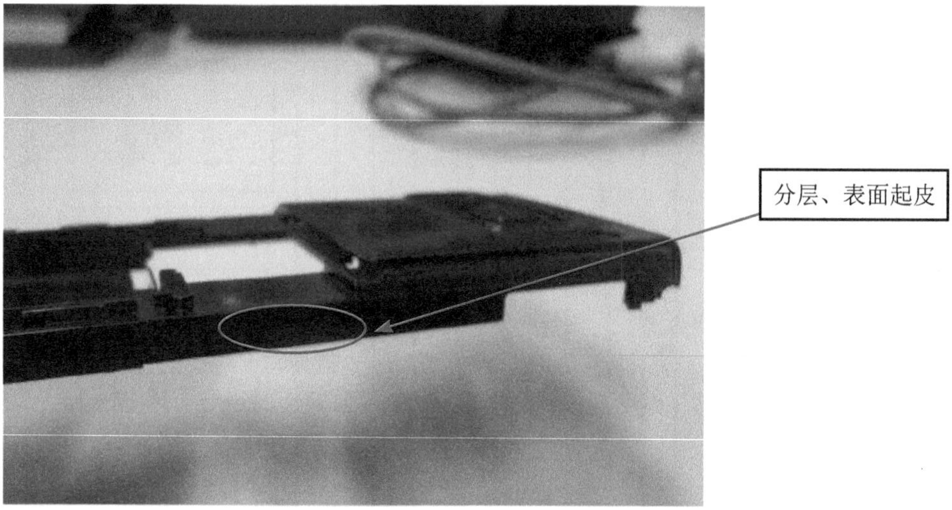

现象 机壳产品后壳在生产过程中在侧边表面有分层现象。

分析 料流剪切力高和热分解；原料熔料不均匀。

（1）注塑机特征

牌号：HT-DEMAG　锁模力：100t　塑化能力：150g

（2）模具特征

模出数：1×1　入胶方式：点浇口　顶出方式：顶针顶出　模具温度：105℃（恒温机）

（3）产品物征

材料：ABS+PC　颜色：黑色　产品重（单件）：5.5g　水口重：3.3g

（4）不良原因分析

模具主流道很大，入胶方式为点进胶，料流剪切力高和热分解以及原料熔料不均匀造成产品表面起皮分层现象。

（5）对策

① 原料充分干燥，减低水分。

② 模具加开排气。

③ 采用多段注塑，增加模具温度；降低料筒温度；降低注射速度。

注塑成型工艺表

注塑机：HT-DEMAG	射胶量 150g		品名：后壳		
原料：ABS+PC	颜色：黑色	干燥温度：100℃	干燥方式：抽湿干燥机	干燥时间：4h	再生料使用：0
成品重：5.5g	水口重：3.3g	模具模出数：1×1	浇口入胶方式：点浇口		

料筒温度/℃	1	2	3	4	5
设定	275	270	260	245	
实际					
偏差					

模具温度/℃	使用机器	设定	实际
前	油温机	105	105
后	油温机	105	105

保压压力/kgf	45	85		保压位置/mm	9.1	射出压力/kgf	130	130	130	
保压时间/s	1.5	1.8				射压位置/mm	15	18	25	
射胶残量/g	6.3					射出速度/%	22	38	25	

中间时间/s	射胶时间/s	冷却时间/s	全程时间/s	背压/kgf	回转速度/%			回缩速度/%	料量位置/mm	回缩位置/mm
5	2.6	8	22	5	10	15	10	10	28	2

合模保护时间/s	加料监督时间/s	锁模力/kN	顶出长度/mm	顶出次数	回转位置/mm				
1	10	550	35	1	15	28	30		

模 具 运 水 图

后模

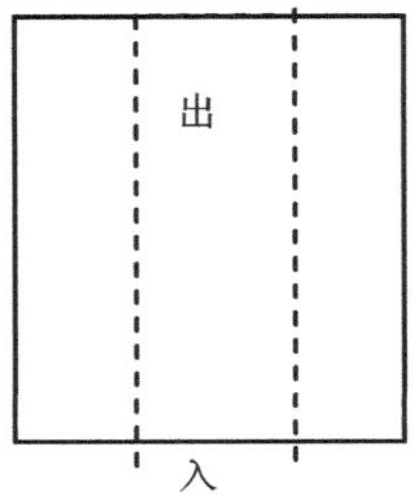

前模

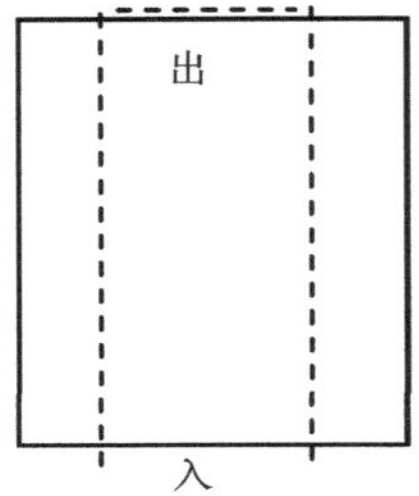

案例59 小水口经常压模

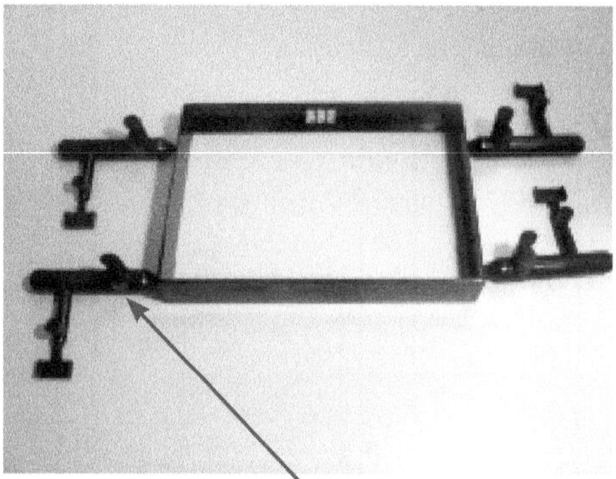

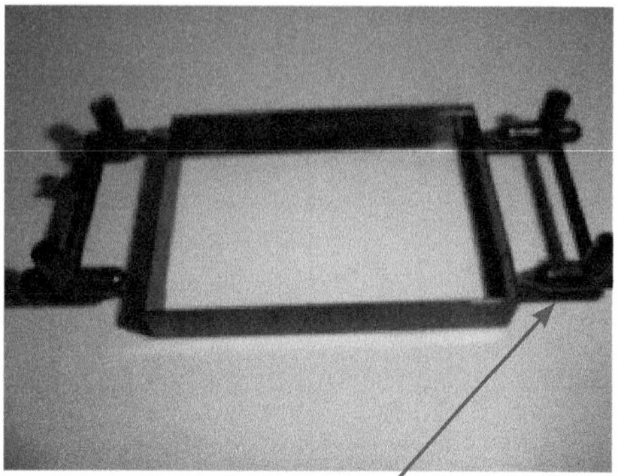

潜水入胶，水口易压模

更改后水口入胶方式

现象 小水口易掉落到行位内造成压模。

(1) 注塑机特征

牌号：海天 锁模力：140t 塑化能力：133g

(2) 模具特征

模出数：1×2 入胶方式：直入式 顶出方式：推板顶出 模具温度：80℃（恒温机）

(3) 产品物征

材料：ABS+PC 颜色：黑色 产品重（单件）：2g 水口重：6g

(4) 不良原因分析

① 小水口易掉落到模具行位内造成压模。

② 因为这一类的模具多数都是内行位或多行位结构模具，开模顶出后小水口就掉落到行位内却又看不到才压模。

③ 由于产品有几个小水口，在开模顶出后有的小水口被取出，而有的掉落进行位内。

(5) 对策

将产品入胶的几个小水口相互连接起来，且产品入胶方式改为直入方式，这样水口与产品水口便连接在一起，顶出后产品水口相连便没有水口掉落进行位内造成压模。

注塑成型工艺表

注塑机：海天 120T　B 型螺杆　射胶量 133g					
原料：ABS +PC	颜色：黑色	干燥温度：100℃	干燥方式：抽湿干燥机	干燥时间：2h	再生料使用：0
成品重：2g×2=4g	水口重：6g	模具模出数：1×2	浇口入胶方式：直入式		

料筒温度/℃	1	2	3	4	5
设定					
实际					
偏差					

模具温度/℃		使用机器	设定	实际
	前	油温机	80	65
	后	油温机	80	65

保压压力/kgf	70				射出压力/kgf	100	100	110	
保压时间/s	1				射压位置/mm	12	12	12	
射胶残量/g	6.8				射出速度/%	55	8	55	

中间时间/s	射胶时间/s	冷却时间/s	全程时间/s	背压/kgf	回转速度/%			回缩速度/%	料量位置/mm	回缩位置/mm
	2	8	25	5	10	15	10	10	25	3

合模保护时间/s	加料监督时间/s	锁模力/kN	顶出长度/mm	顶出次数	回转位置/mm				
1	5	80	45	1	15	35	38		

案例60 气纹

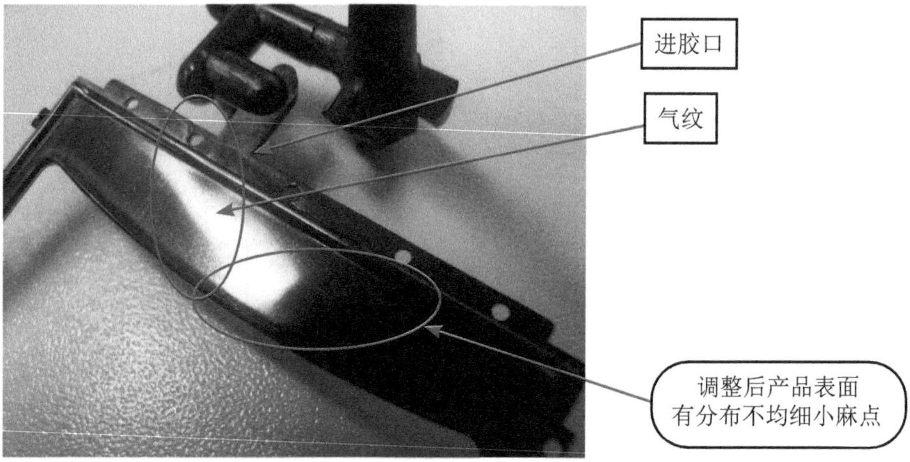

现象 通信产品前壳滑条在生产过程中会在水口位附近出现薄层状气纹现象。

分析 原料熔料剪切高温易分解产生气体；由于压力降使气体随入水口被吸入。

（1）注塑机特征

牌号：HT-80T　锁模力：80t　塑化能力：90g

（2）模具特征

模出数：1×1　入胶方式：搭接浇口　顶出方式：顶针顶出　模具温度：120℃（恒温机）

（3）产品物征

材料：POM M90　颜色：黑色　产品重（单件）：2.5g　水口重：3.2g

（4）不良原因分析

模具主流道很大，入胶方式为搭接进胶，熔料流至进胶口附近，由于速度过快，造成高剪切，使熔料瞬间迅速升温，造成原料分解，产生气体以及压力降，使气体随入水口吸入，形成气纹。

（5）对策

① 采用高的模具温度。

② 用多级注射及位置切换。

③ 第一段用中等的速度刚刚充满流道至进胶口及找出相应的切换位置，然后第二段用慢速及很小的位置充过进胶口附近即可，第三段用中等速度充填以防冷胶及便于气体排出。用大的保压压力。

注塑成型工艺表

注塑机：HT-80T 射胶量 90g			品名：前壳滑条		
原料：POMM90	颜色：透明	干燥温度：70℃	干燥方式：抽湿干燥机	干燥时间：2h	再生料使用：0
成品重：2.5g	水口重：3.2g	模具模出数：1×1		浇口入胶方式：搭接浇口	

料筒温度/℃	1	2	3	4	5
设定	210	205	190	160	
实际					
偏差					

模具温度/℃		使用机器	设定	实际
	前	油温机	120	120
	后	油温机	120	120

保压压力/kgf	/	85	95		保压位置/mm	射出压力/kgf	65	85	90	
保压时间/s	/	0.5	9.6		12	射压位置/mm	12	19.5	21	
射胶残量/g			/		/	射出速度/%	45	2	25	
8.2			/	/	/					

中间时间/s	射胶时间/s	冷却时间/s	全程时间/s	背压/kgf	回转速度/%			回缩速度/%	料量位置/mm	回缩位置/mm
5	1.3	5	20	3	10	15	10	10	23	2

合模保护时间/s	加料监督时间/s	锁模力/kN	顶出长度/mm	顶出次数	回转位置/mm				
1	10	55	25	1	15	23	25		

模具运水图

保压压力由原来的50kgf和45kgf调整为95kgf和85kgf

降低射出速度，由原来的10%调整为2%，位置由原先的18mm改为19.5mm

案例61 玻纤外露

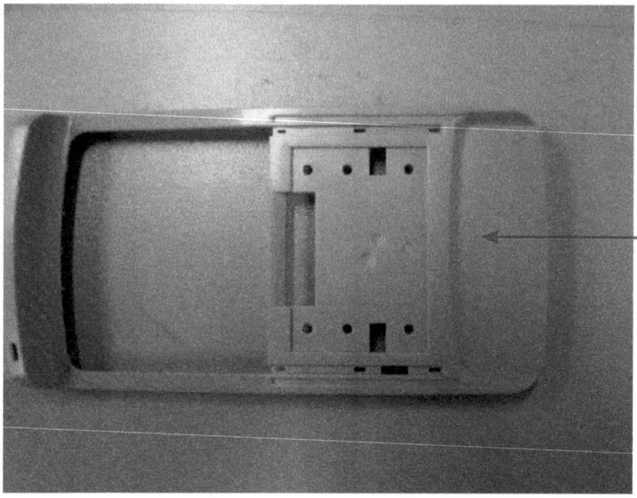

现象 机壳产品前壳在产品表面出现玻纤外露明显。

分析 原料有玻璃纤维，易在产品表面形成条纹；料流流动取向快速冻结。

(1) 注塑机特征

牌号：HT-DEMAG　锁模力：100t　塑化能力：150g

(2) 模具特征

模出数：1×1　入胶方式：点浇口　顶出方式：顶针顶出　模具温度：125℃（恒温机）

(3) 产品物征

材料：PC+GF20%　颜色：灰色　产品重（单件）：7.9g　水口重：5.6g

(4) 不良原因分析

产品使用玻璃纤维增强材料，易使材料在产品表面看起来粗糙无光。玻璃纤维在材料表面形成金属反射条纹。注射时玻璃纤维在流动方向上形成取向；当接触到模具壁，熔体快速冻结，玻璃纤维还没有充分被熔体包围；另外，由于在收缩上的巨大差异，表面变得粗糙从而造成玻纤外露明显。

(5) 对策

运用多级注射；增加料筒温度；增加模具温度；增加注射速度；增加保压压力和加长保压时间。

注塑成型工艺表

注塑机：HT-DEMAG　射胶量 150g			品名：前壳		
原料：PC+GF20%	颜色：灰色	干燥温度：125℃	干燥方式：抽湿干燥机	干燥时间：4h	再生料使用：0
成品重：7.9g	水口重：5.6g	模具模出数：1×1	浇口入胶方式：点浇口		

料筒温度/℃					
	1	2	3	4	5
设定	330	325	310	295	
实际					
偏差					

模具温度/℃		使用机器	设定	实际
	前	油温机	125	125
	后	油温机	125	125

保压压力/kgf	85	100		保压位置/mm	12.1	射出压力/kgf	120	120	120	120
保压时间/s	0.7	1.2				射压位置/mm	15	19	24	29
射胶残量/g	8.3					射出速度/%	25	70	85	32

中间时间/s	射胶时间/s	冷却时间/s	全程时间/s	背压/kgf	回转速度/%			回缩速度/%	料量位置/mm	回缩位置/mm
5	1.2	8	25	5	10	15	10	10	33	2

合模保护时间/s	加料监督时间/s	锁模力/kN	顶出长度/mm	顶出次数	回转位置/mm				
1	10	750	32	1	11	33	35		

模具运水图

增加射出速度，由原来的45%调整为85%，由原先的40%调整为70%，模具温度由原来的115℃调整为125℃

现象 上盖制品上产生露纤。

分析 含玻璃纤维的材料成型后，可在产品表面看到银白色且表面较粗糙，这种现象叫玻纤析出或露纤。由料温不够、模具温度不够，成型工艺方面注射速度或压力不够等原因造成。

（1）注塑机特征

牌号：东芝IS80G-2A　锁模力：80t　塑化能力：105cm^3

（2）模具特征

模出数：1×4　进胶口方式：点进胶　顶出方式：顶针顶出　模具温度：前模、后模均采用模温机进水，温度120℃

（3）产品物征

材料：PC+30% GF　颜色：黑色　产品重（单件）：2.3g　水口重：6.8g

（4）不良原因分析

① 熔胶温度低或模具温度低；

② 射胶压力不足，射速较慢时造成玻纤，在模腔内不能与塑胶很好地结合，使玻纤悬浮在产品表面。

（5）成型分析及对策

① 增加模温；

② 加高熔体温度；

③ 优化注射速度及注射压力。

射嘴温度 310℃改为 325℃

注塑成型工艺表

注塑机：IS80G-2A	ϕ45 螺杆　射胶量 105cm³	品名：上盖	
原料：PC+30% GF	颜色：黑色	干燥温度：120℃	干燥方式：三机一体干燥机
干燥时间：4h	再生料使用：0		
成品重：2.3g	水口重：6.8g	模具模出数：1×4	浇口入胶方式：点进胶

料筒温度 /℃	1	2	3	4	5
设定	310	310	300	290	
实际	310	310	300	290	
偏差		△	△	△	△

模具温度 /℃	使用机器	设定	实际
前	模温机	120	
后	模温机	120	

	保压 4	保压 3	保压 2	保压 1	转保压时间 /s
保压压力 /kgf			110	110	
保压流量			6	6	
保压时间 /s			1.2	1.3	4.5
射胶残量 /g	22.7				

	射出 4	射出 3	射出 2	射出 1
射出压力 /kgf	145	150	156	165
射出速度 /%	6	11	16	18
位置 /mm	0	21.0	36.0	53.0

监控				
中间时间 /s	射胶时间 /s	冷却时间 /s	全程时间 /s	顶退延时 /s
0	3.0	16	37.5	2.00
合模保护时间 /s	锁模力 /kN	开模终止位置 /mm	顶出长度 /mm	
1.9	120	400.0	56	

时间 /s			3.0	
	压力 /kgf	速度 /%	背压 /kgf	终止位置 /mm
储料 1	120	70	12	45.0
储料 2	120	70	12	50.0
射退	40	15	/	55.0

模具运水图

案例62 表面黑点

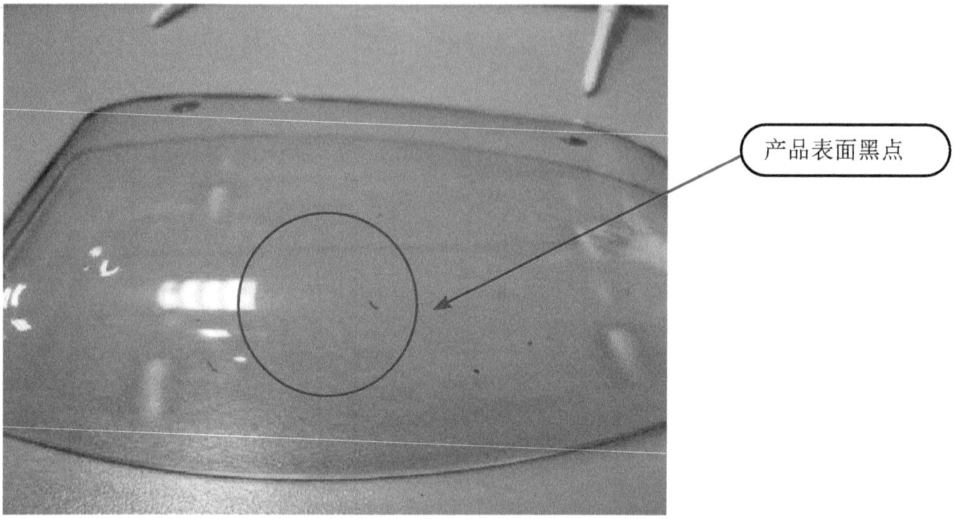

现象 产品表面透明，在成型中产品表面有黑点现象。

分析 由于磨损、热分解或杂质在产品表面出现黑点。

（1）注塑机特征

牌号：FNC125T 锁模力：125t 塑化能力：96g

（2）模具特征

模出数：1×2 入胶方式：搭接 顶出方式：顶块顶出 模具温度：115℃（恒温机）

（3）产品物征

材料：PC IR2200N 颜色：透明 产品重（单件）：8.6g 水口重：7.4g

（4）不良原因分析

模具产品设计用透明原料，由于产品剪切热分解，磨损和污染造成产品表面黑点明显。

（5）对策

① 优化塑化能力，降低螺杆转塑和降低背压；增加塑化延时，减少残余量；保持烘料过程清洁，避免污染；

② 不定时清洁流道，避免流道残胶和脏污；

③ 保持环境清洁，增加注塑后静风除尘冷却，避免尘埃污染。

注塑成型工艺表

注塑机：FNC125T　B 型螺杆　射胶量 96g			品名：保护盖		
原料：PC IR2200N	颜色：黑色	干燥温度：125℃	干燥方式：抽湿干燥机	干燥时间：4h	再生料使用：0
成品重：8.6g	水口重：7.4g	模具模出数：1×2	浇口入胶方式：搭接进胶		

料筒温度/℃	1	2	3	4	5
设定	315	320	295	270	
实际					
偏差					

模具温度/℃	使用机器	设　定	实　际
前	油温机	115	115
后	油温机	115	115

保压压力/kgf	85	120		保压位置/mm	8.6	射出压力/kgf	220	220	220	
保压时间/s	0.7	1.2				射压位置/mm	9	15	20	
射胶残量/g	5.8					射出速度/%	110	155	50	

中间时间/s	射胶时间/s	冷却时间/s	全程时间/s	背压/kgf	回转速度/%			回缩速度/%	料量位置/mm	回缩位置/mm
1.0	2.6	18	32	3.2	10	45	50	10	56	1.6

合模保护时间/s	加料监督时间/s	锁模力/kN	顶出长度/mm	顶出次数	回转位置/mm				
1.3	10	900	45	1	15	53	56		

模具运水图

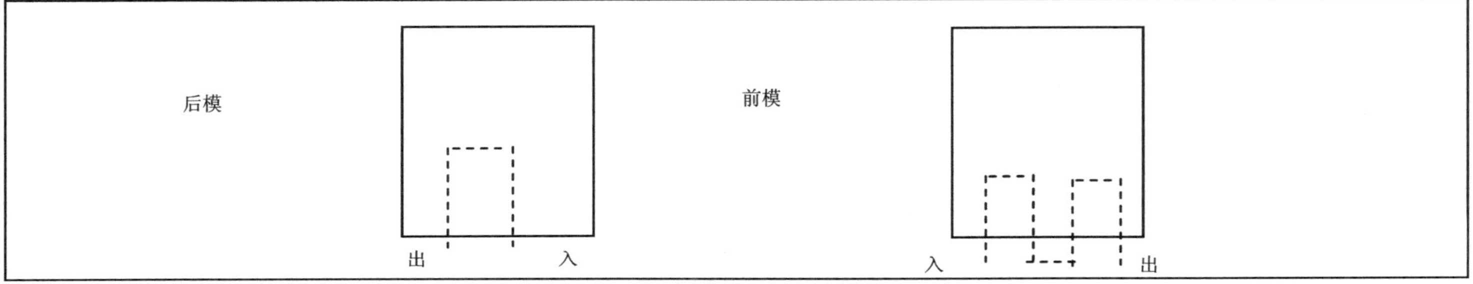

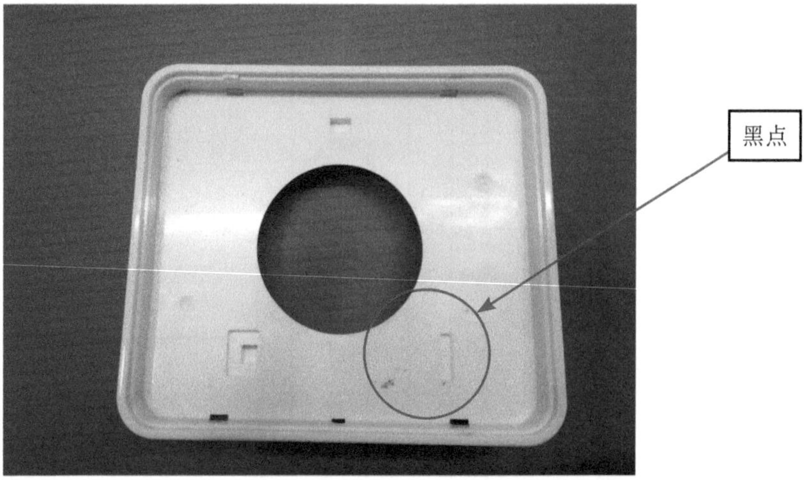

现象 方圆盖制品的表面上产生黑点。

分析 制品表面可见的夹藏在材料里面的黑色杂质，部分材料由于高温条件下，长时间滞留发生分解，或由于材料内部混入气体，当高压注射时，气体被压缩产生局部高温，从而烧焦材料，分解的材料成分形成黑纹或黑点。

（1）注塑机特征

牌号：海天HTF160X1/J1　锁模力：160t　塑化能力　320cm^3

（2）模具特征

模出数：2×1　进胶口方式：点进胶　顶出方式：顶针顶出　模具温度：前模、后模接冷却水

（3）产品物征

材料：ABS-PA757　颜色：白色　产品重（单件）：面壳28.2g，底壳25.1g　水口重：9.7g

（4）不良原因分析

① 料筒设定温度不正确；

② 热流道温度过高；

③ 材料在料桶内滞留时间太长；

④ 螺杆和熔胶筒磨损严重；

⑤ 喷嘴和模具，法兰和料筒，喷嘴和法兰之间的配合面有阶梯、不平整、损坏或有变色的长时间滞留熔胶。

（5）成型分析及对策

① 检查材料输送过程是否有异物混入可能，排除污染源；

② 检查回料是否干净，排除污染源；

③ 检查附机和料筒（材料输送过程）是否清理干净，排除污染源；

④ 充分清洗螺杆炮筒，检查螺杆三小件是否磨损，磨损立即更换；

⑤ 检测射嘴与法兰接触面是否有变色和有长时间滞留熔胶。

注塑成型工艺表

注塑机：HTF160X1/J1　ϕ45 螺杆　射胶量 320cm^3	品名：方圆盖

原料：ABS-PA757	颜色：白色	干燥温度：80℃	干燥方式：料斗干燥机	干燥时间：2h	再生料使用：0

成品重：面壳 28.2g，底壳 25.1g	水口重：9.7g	模具模出数：2×1	浇口入胶方式：点进胶

料筒温度 /℃	1	2	3	4	5
设定	260	230	210	200	185
实际	260	230	210	200	185
偏差					

模具温度 /℃	使用机器	设定	实际
前	机水		
后	机水		

	保压 4	保压 3	保压 2	保压 1	转保压时间 /s
保压压力 /kgf			30	50	
保压流量			5	10	
保压时间 /s			0.5	1.3	8.0
射胶残量 /g	28.3				

	射出 4	射出 3	射出 2	射出 1
射出压力 /kgf	150	145	145	150
射出速度 /%	14	17	20	22
位置 /mm	20.0	40.0	45.0	55.0

监控				
中间时间 /s	射胶时间 /s	冷却时间 /s	全程时间 /s	顶退延时 /s
0	8.0	25.0	47.9	1.0
合模保护时间 /s	锁模力 /kN	开模终止位置 /mm	顶出长度 /mm	
1.0	120	400.0	50.0	

时间 /s			8.0	
	压力 /kgf	速度 /%	背压 /kgf	终止位置 /mm
储料 1	125	70	12	50.0
储料 2	120	50	12	80.0
射退	50	15		85.0

模 具 运 水 图

案例63 烧焦

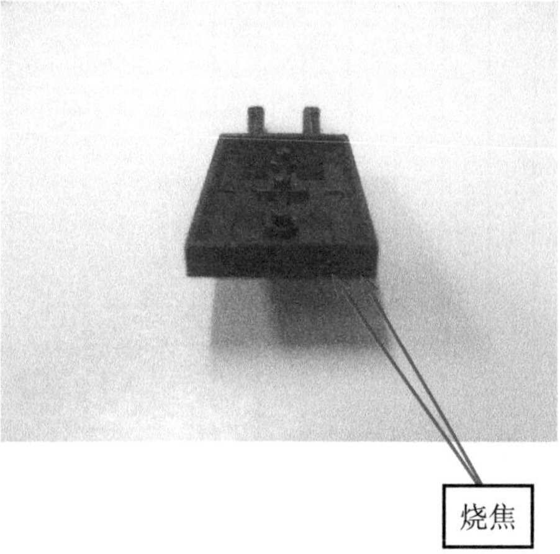

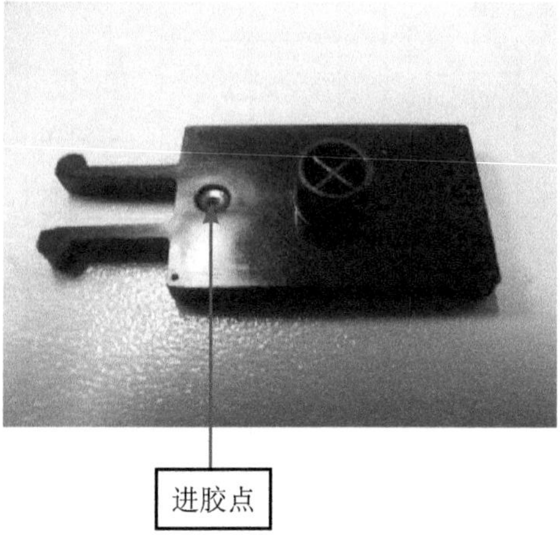

现象 电器产品开关盖产品流料末端熔接处烧焦。

分析 料流末端熔接处气体不易排出困气造成产品烧焦。

（1）注塑机特征

牌号：HT-50T　锁模力：50t　塑化能力：65g

（2）模具特征

模出数：1×2　入胶方式：点浇口　顶出方式：顶针顶出　模具温度：65℃（恒温机）

（3）产品物征

材料：PBT　颜色：黑色　产品重（单件）：1.8g　水口重：2.6g

（4）不良原因分析

模具进胶口方式为一点潜水进胶，产品结构影响，料流末端两处熔接位置因气体不易排出困气造成产品烧焦。

（5）对策

① 运用多级注射及位置切换，在料流末端多增加一段低速注射。

② 降低料筒温度。

注塑成型工艺表

注塑机：HT-50T 射胶量 65g			品名：开关盖		
原料：PBT	颜色：黑色	干燥温度：125℃	干燥方式：抽湿干燥机	干燥时间：5h	再生料使用：0
成品重：1.8g×2=3.6g	水口重：2.6g	模具模出数：1×2	浇口入胶方式：点浇口		

料筒温度/℃	1	2	3	4	5
设定	250	265	240	225	
实际					
偏差					

模具温度/℃	使用机器	设定	实际
前	油温机	65	65
后	油温机	65	65

保压压力/kgf	65			保压位置/mm	10	射出压力/kgf	80	85	100	
保压时间/s	0.6					射压位置/mm	13	16	21	
射胶残量/g	8.3					射出速度/%	5	25	32	

中间时间/s	射胶时间/s	冷却时间/s	全程时间/s	背压/kgf	回转速度/%			回缩速度/%	料量位置/mm	回缩位置/mm
5	1.2	8	25	5	10	15	10	10	23	2

合模保护时间/s	加料监督时间/s	锁模力/kN	顶出长度/mm	顶出次数	回转位置/mm				
1	10	350	32	1	11	33	35		

模具运水图

由以前两段多增加一段低速注射，第二段位置由原来14mm调整为16mm

案例64 入水口针经常断

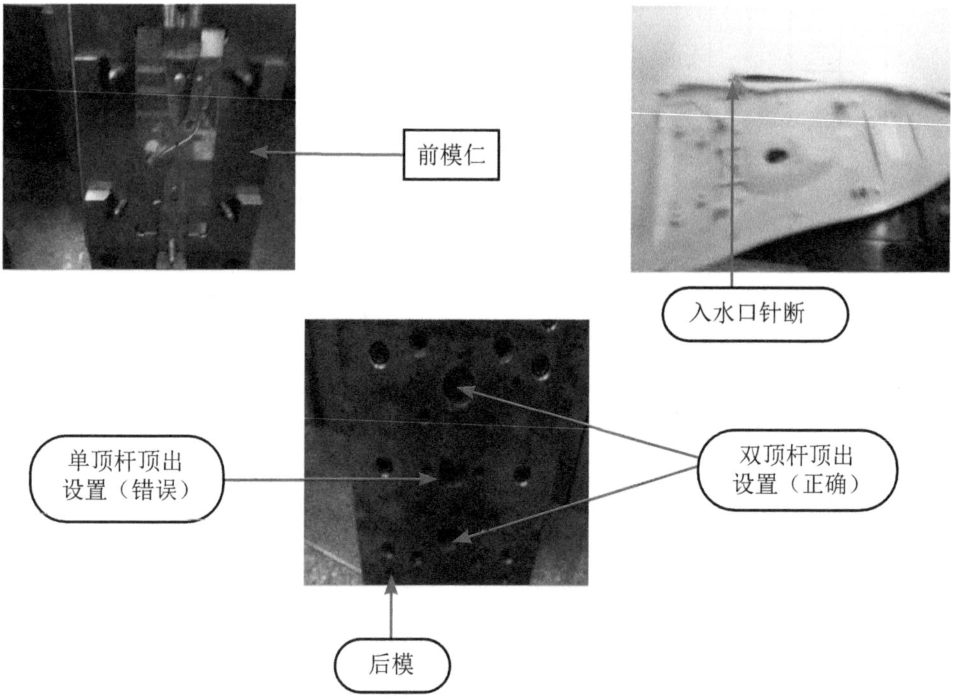

现象 推板顶出不平衡造成断针。

分析 应该用双顶杆顶出却只用单顶杆顶出。

（1）注塑机特征

牌号：海天　锁模力：140t　塑化能力：133g

（2）模具特征

模出数：1×2　入胶方式：潜水浇口　顶出方式：推板顶出　模具温度：80℃（恒温机）

（3）产品物征

材料：PC　颜色：灰色　产品重（单件）：2g　水口重：6g

（4）不良原因分析

模具为1×2件产品，且也设计为双顶杆顶出，正常生产情况下顶出要用双顶杆顶出，但在多次生产中技术员都是用单顶杆从而形成顶针板顶出不平衡，顶针板上下方顶出不平衡才造成了入水口针经常断掉。

（5）对策

使用双顶杆同步同距顶出，确保顶针板上下两头向前推进的距离相同，能让各顶针被顶针板顺利平衡同距离地向前推进。

注塑成型工艺表

注塑机：海天 120T　B 型螺杆　射胶量 133g					
原料：PC	颜色：黑色	干燥温度：120℃	干燥方式：抽湿干燥机	干燥时间：3h	再生料使用：0
成品重：2g×4=8g	水口重：8g	模具模出数：1×4	浇口入胶方式：潜水浇口		

料筒温度/℃					
	1	2	3	4	5
设定	300	295	275	265	255
实际					
偏差					

模具温度/℃		使用机器	设　定	实　际
	前	油温机	100	85
	后	油温机	100	85

保压压力/kgf	70				
保压时间/s	1				
射胶残量/g	6.8				

射出压力/kgf	80	98	110	
射压位置/mm	65	22	10	
射出速度/%	10	16	30	

中间时间/s	射胶时间/s	冷却时间/s	全程时间/s	背压/kgf	回转速度/%			回缩速度/%	料量位置/mm	回缩位置/mm
	2	8	25	5	10	15	10	10	25	3

合模保护时间/s	加料监督时间/s	锁模力/kN	顶出长度/mm	顶出次数	回转位置/mm				
1	5	80	45	1	15	35	38		

案例65 骨位拖高

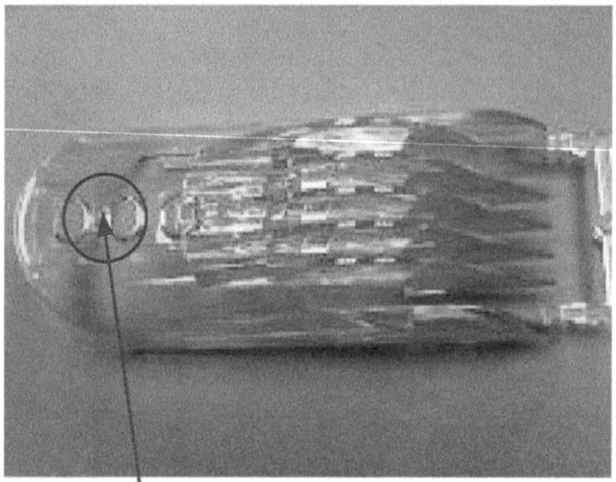

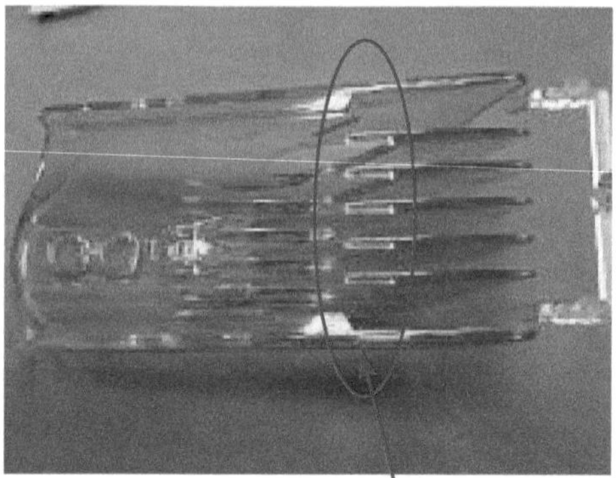

现象 透明滑动附件生产中出现骨位拖高拖肿现象。

分析 保压稍大及时间稍长短骨位就会出现拖高，压力偏小又会出现缩水；速度太慢表面会出现橘皮；整体成型工艺配置不合理。

（1）注塑机特征

牌号：海天　锁模力：120t　塑化能力：150g

（2）模具特征

模出数：1×2　入胶方式：点浇口　顶出方式：顶针顶出　模具温度：前后模95℃（恒温机），油缸抽芯70℃

（3）产品物征

材料：PC K30　颜色：透明蓝　产品重（单件）：1.5g　水口重：13g

（4）不良原因分析

① 保压设置过早且偏大，保压时间过长。

② 产品出模前冷却时间不够。

③ 需调设系统背压来辅助成型。

④ 分多段充模。

（5）对策

① 运用多级注射及位置切换。

② 第一段用相对快的速度刚刚充满流道至进胶口及找出相应的切换位置，然后第二段用慢速及很小的位置充过进胶口附近即可，第三段用快速充满模腔的90%以免高温的熔融胶料冷却，形成波浪纹。第四段用慢速充满模腔，使模腔内的空气完全排出，避免困气及烧焦等不良现象。最后转换到保压切换位置。

注塑成型工艺表

注塑机：120T　B 型螺杆　射胶量 150g			品名：理发器滑动附件		
原料：PC　K30	颜色：透明蓝	干燥温度：115℃	干燥方式：抽湿干燥机	干燥时间：4h	再生料使用：0
成品重：1.5g×8=12g	水口重：13g	模具模出数：1×2	浇口入胶方式：点浇口		

料筒温度/℃	1	2	3	4	5
设定	320	315	315	250	80
实际					
偏差					

模具温度/℃		使用机器	设　定	实　际
	前	恒温机	95	93
	后	恒温机	70	68

				保压位置	末段
保压压力/kgf	90	100			
保压时间/s	0.8	1.0			
射胶残量/g	7.8				

射出压力/kgf	130	135	130	130
射胶速度/%	12	35	15	20
射压位置/mm		10	42	50
射速时间/s	3.5			

中间时间/s	射胶时间/s	冷却时间/s	全程时间/s	背压/kgf	回转速度/%			回缩速度/%	料量位置/mm	回缩位置/mm
1	3．5	20	45	5	10	15	10	10	38	3

合模保护时间/s	加料监督时间/s	锁模力/kN	顶出长度/mm	顶出次数	回转位置/mm				
1	10	60	45	1	15	35	38		

模　具　运　水　图

前后模

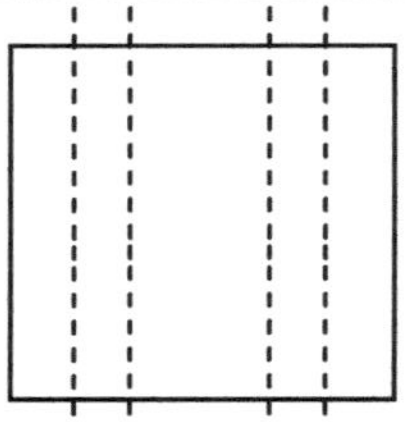

行位抽芯

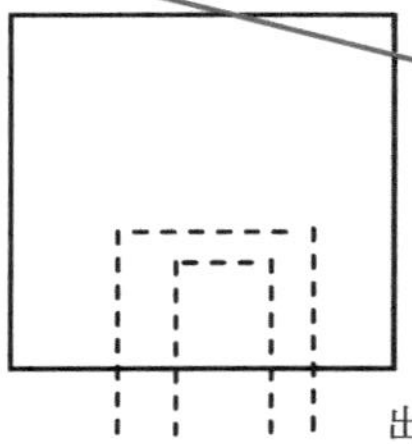

产品保压压力由原来120kgf改为100kgf，时间由原来1.6s改为1.0s，冷却时间由原来17s改为20s

案例66 顶白

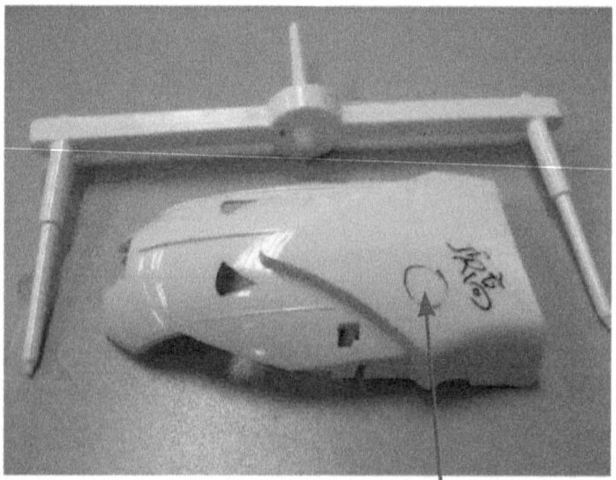

产品表面顶白

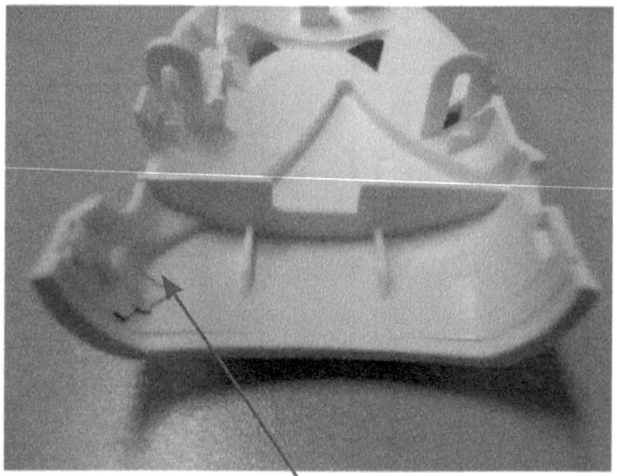

产品出模圆顶增加倒钩

现象 电器外壳产品在生产过程中产品表面顶白。

分析 产品出模不平衡，所需出模力超过产品能承受范围。

（1）注塑机特征

牌号：HT-120T　锁模力：120t　塑化能力：90g

（2）模具特征

模出数：1×2　入胶方式：点浇口　顶出方式：顶针顶出，斜顶顶出　模具温度：115℃（恒温机）

（3）产品物征

材料：PC　颜色：白色　产品重（单件）：5.5g　水口重：7.5g

（4）不良原因分析

模具主流道很大，入胶方式为一点进胶，产品脱模困难，模具设计产品一侧有斜顶位，出模不平衡，所需出模力超过产品所承受范围，造成产品表面顶白现象。

（5）对策

① 模具斜顶位省光滑，顶白位骨位省顺；

② 模具另一侧圆顶针位增加冷料倒钩；

③ 采用多段注塑，调节走胶顶高位附近配合射胶位置，调节慢速注射；适当延长保压时间。

注塑成型工艺表

注塑机：HT-120T　射胶量 150g			品名：外壳		
原料：PC	颜色：黑色	干燥温度：120℃	干燥方式：抽湿干燥机	干燥时间：4h	再生料使用：0
成品重：5.5g	水口重：7.5g	模具模出数：1×2	浇口入胶方式：点浇口		

料筒温度/℃	1	2	3	4	5
设定	315	310	290	265	
实际					
偏差					

模具温度/℃	使用机器	设定	实际
前	油温机	115	115
后	油温机	115	115

保压压力/kgf	85			保压位置/mm	14.2	射出压力/kgf	95	105	120	125
保压时间/s	1.8					射压位置/mm	15	18	22	35
射胶残量/g	12.5					射出速度/%	30	55	12	25

中间时间/s	射胶时间/s	冷却时间/s	全程时间/s	背压/kgf	回转速度/%			回缩速度/%	料量位置/mm	回缩位置/mm
5	2.6	18	35	5	10	15	10	10	45	2

合模保护时间/s	加料监督时间/s	锁模力/kN	顶出长度/mm	顶出次数	回转位置/mm				
1	10	120	35	1	15	42	45		

模具运水图

后模

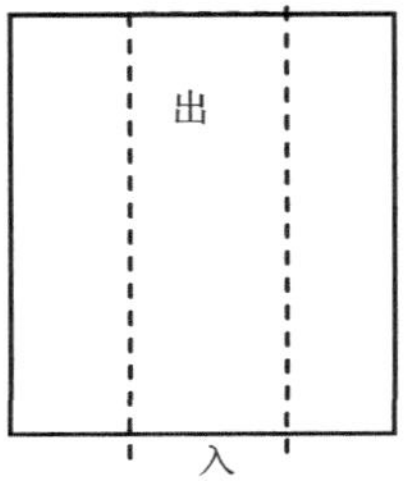

前模

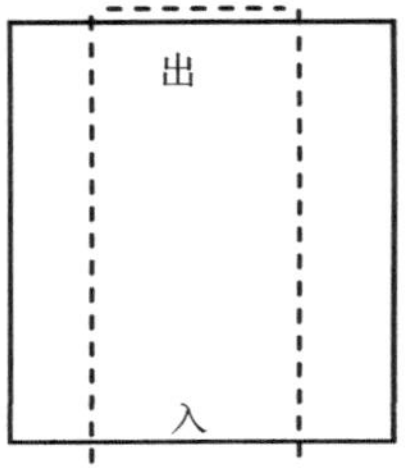

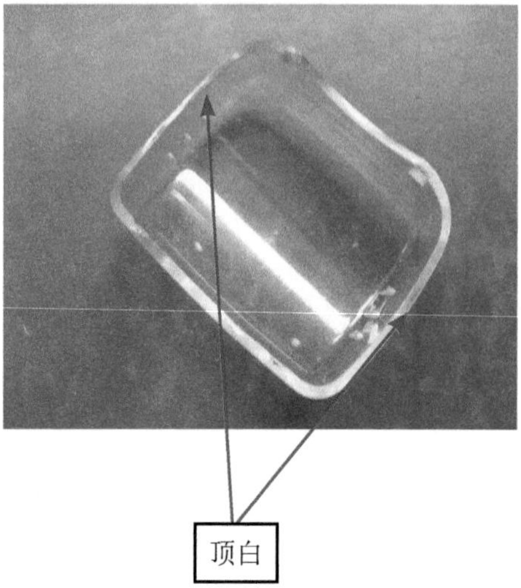

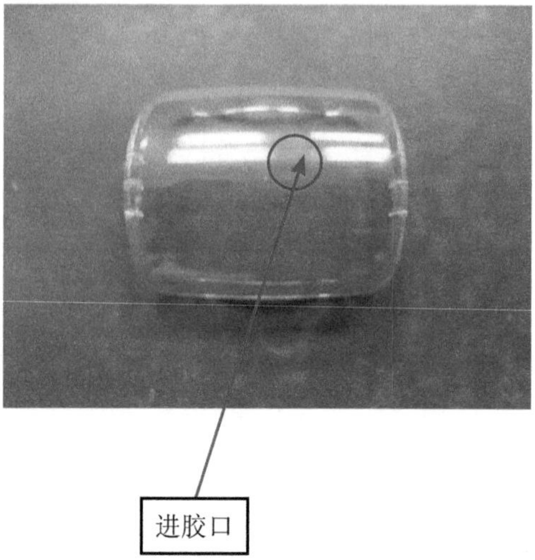

现象 透明保护盖在生产过程中产品出模时粘后模顶针位置顶白。

分析 模具产品骨位出模不顺；产品顶出力不足。

（1）注塑机特征

牌号：HT-120I　锁模力：120t　塑化能力：150g

（2）模具特征

模出数：1×2　入胶方式：点浇口　顶出方式：扁顶顶出　模具温度：110℃（恒温机）

（3）产品物征

材料：PC IR2200N　颜色：透明　产品重（单件）：4.5g　水口重：4.2g

（4）不良原因分析

模具主流道很大，入胶方式为潜水一点进胶，因产品结构影响，填充需很大压力和快射速，产品粘后模出模困难；产品骨位出模不顺；模具扁顶顶出力不足，造成产品出模顶白。

（5）对策

① 模具产品骨位省顺。

② 将模具顶针顶出改为顶块顶出。

③ 成型时适当缩短冷却时间。

注塑成型工艺表

注塑机：HT-DEMAG　射胶量 150g			品名：保护盖		
原料：PC IR2200N	颜色：透明	干燥温度：120℃	干燥方式：抽湿干燥机	干燥时间：4h	再生料使用：0
成品重：4.5g×2=9g	水口重：4.2g	模具模出数：1×2		浇口入胶方式：点浇口	

料筒温度/℃					
	1	2	3	4	5
设定	320	315	310	285	
实际					
偏差					

模具温度/℃		使用机器	设定	实际
	前	油温机	110	110
	后	油温机	110	110

保压压力/kgf	45	75		保压位置/mm	12	射出压力/kgf	105	120	110	
保压时间/s	0.5	1.3				射压位置/mm	18	28.4	32	
射胶残量/g	8.2					射出速度/%	100	6	45	

中间时间/s	射胶时间/s	冷却时间/s	全程时间/s	背压/kgf	回转速度/%			回缩速度/%	料量位置/mm	回缩位置/mm
5	2.3	12	32	5	10	15	10	10	35	3

合模保护时间/s	加料监督时间/s	锁模力/kN	顶出长度/mm	顶出次数	回转位置/mm				
1	10	85	45	1	15	35	38		

模 具 运 水 图

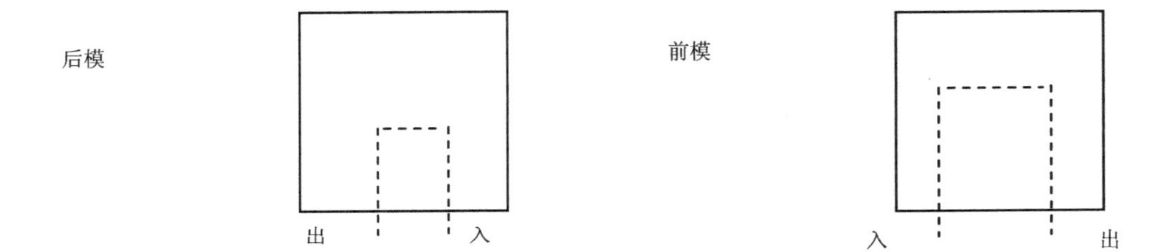

案例67 水渍

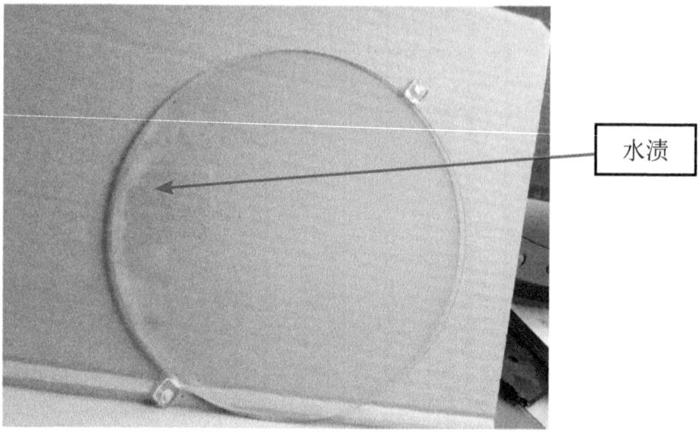

现象 圆镜制品上产生水渍。

分析 通常是由于密封圈损坏导致模具漏水，在成型时在制品表面粘附有污渍，形成制品水渍缺陷。

（1）注塑机特征

牌号：海天HTF160X1/J1　锁模力：160t　塑化能力：320cm^3

（2）模具特征

模出数：1×4　进胶口方式：点进胶　顶出方式：顶针顶出　模具温度：前模、后模均接冷却水

（3）产品物征

材料：SAN　颜色：透明　产品重（单件）：3.3g　水口重：9.5g

（4）不良原因分析

模具漏水造成。

（5）成型分析及对策

一般是密封圈损坏导致缺陷，更换O形密封圈。

注塑成型工艺表

注塑机：HTF160X1/J1　ϕ45 螺杆　射胶量 320 cm³			品名：圆镜		
原料：SAN	颜色：透明	干燥温度：80℃	干燥方式：料斗干燥机	干燥时间：2h	再生料使用：0
成品重：67.8g	水口重：5.6g		模具模出数：1×4	浇口入胶方式：点进胶	

料筒温度 /℃					
	1	2	3	4	5
设定	265℃	235℃	230℃	220℃	190℃
实际	265℃	235℃	230℃	220℃	190℃
偏差					

模具温度 /℃		使用机器	设定	实际
	前	机水		
	后	机水		

	保压 4	保压 3	保压 2	保压 1	转保压时间 /s
保压压力 /kgf			110	110	
保压流量			6	6	
保压时间 /s			1.2	1.3	4.5
射胶残量 /g	22.7				

	射出 4	射出 3	射出 2	射出 1
射出压力 /kgf	145	150	156	165
射出速度 /%	6	11	16	18
位置 /mm	0	21.0	36.0	53.0

监控				
中间时间 /s	射胶时间 /s	冷却时间 /s	全程时间 /s	顶退延时 /s
0	3.0	16	37.5	2.00
合模保护时间 /s	锁模力 /kN	开模终止位置 /mm	顶出长度 /mm	
1.9	120	400.0	56	

时间 /s			3.0	
	压力 /kgf	速度 /%	背压 /kgf	终止位置 /mm
储料 1	120	70	12	45.0
储料 2	120	70	12	50.0
射退	40	15		55.0

模 具 运 水 图

案例68 侧边多胶（披锋）

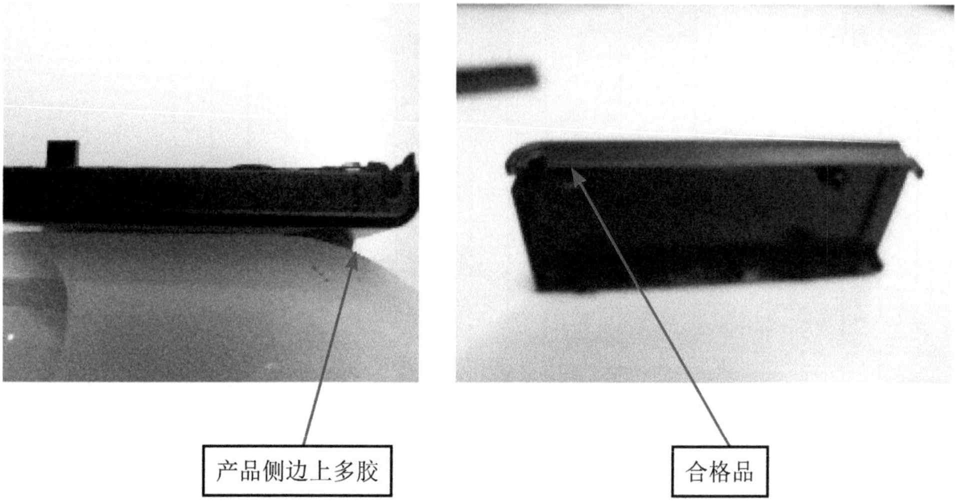

分析 行位碰不到位。

（1）注塑机特征

牌号：海天　锁模力：140t　塑化能力：133g

（2）模具特征

模出数：1×4　入胶方式：潜水浇口　顶出方式：推板顶出　模具温度：85℃（恒温机）

（3）产品物征

材料：PC　颜色：黑色　产品重（单件）：2g　水口重：8g

（4）不良原因分析

① 铲基退位导致行位碰不到位产生披锋。

② 铲基同埋行位斜坡位磨损导致行位碰不到位产生披锋。

（5）对策

将行位入子烧焊垫到位即可。

注塑成型工艺表

注塑机：海天 120T　B 型螺杆　射胶量 133g					
原料：PC	颜色：黑色	干燥温度：120℃	干燥方式：抽湿干燥机	干燥时间：3h	再生料使用：0
成品重：2g×4=8g	水口重：8g	模具模出数：1×4	浇口入胶方式：潜水浇口		

料筒温度/℃	1	2	3	4	5
设定	300	295	275	265	255
实际					
偏差					

模具温度/℃	使用机器	设定	实际
前	油温机	100	85
后	油温机	100	85

保压压力/kgf	70					射出压力/kgf	80	98	110	
保压时间/s	1					射压位置/mm	65	22	10	
射胶残量/g	6.8					射出速度/%	10	16	30	

中间时间/s	射胶时间/s	冷却时间/s	全程时间/s	背压/kgf	回转速度/%			回缩速度/%	料量位置/mm	回缩位置/mm
	2	8	25	5	10	15	10	10	25	3

合模保护时间/s	加料监督时间/s	锁模力/kN	顶出长度/mm	顶出次数	回转位置/mm				
1	5	80	45	1	15	35	38		

模具运水图

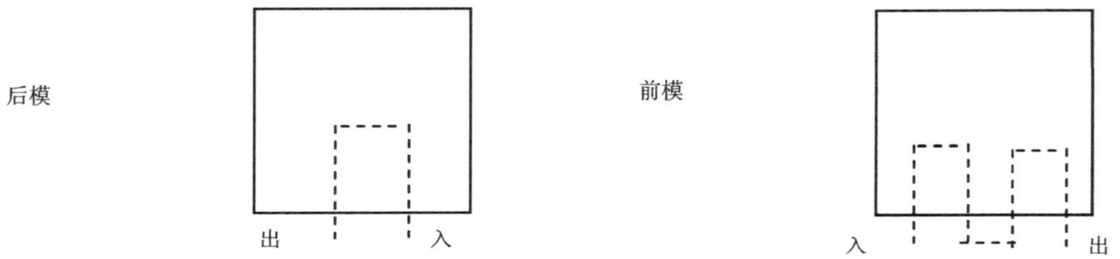

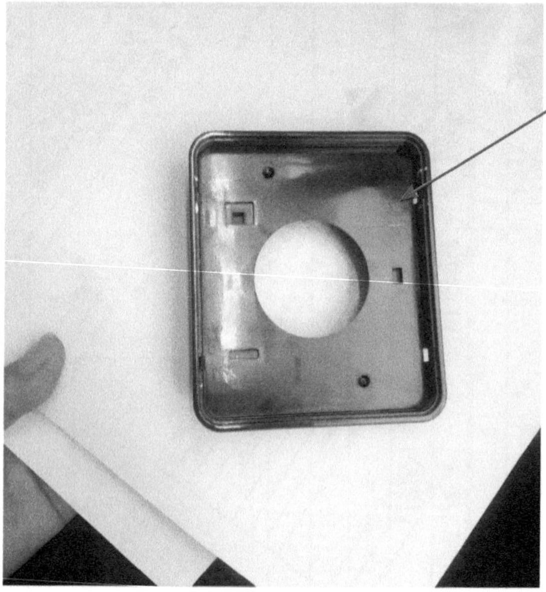

现象 面壳制品扣位处披锋和多胶。

分析 成品扣位处披锋一般是过保压或者方针磨损造成。成品扣位处多胶要比披锋严重，一般是生产中断引起的。

（1）注塑机特征

牌号：海天HTF160X1/J1　锁模力：160t　塑化能力：320cm^3

（2）模具特征

模出数：1×4　进胶口方式：点进胶　顶出方式：顶针顶出　模具温度：前模接冷却水，后模接冷却水

（3）产品物征

材料：ABS-PA757　颜色：黑色　产品重（单件）：面壳21.8g，底壳28.2g　水口重：15.6g

（4）不良原因分析

① 扣位处披锋：模具分型面加工粗糙；型腔及抽芯部分的滑动件磨损过多；注射压力过大；熔体温度高，模温高；注射保压过度；注射压力分布不均，充模速度不均；注射量过多，使模腔内压力过大。

② 扣位处多胶：注塑充填速度过高和压力过大会冲击造成断针，对经常断针的点，应优化设计加强零件的强度。

（5）成型分析及对策

① 扣位处披锋采用减小保压时间来改善；

② 扣位多胶采用降低注塑充填速度的速度和压力，避免冲击造成断针；

③ 对扣位处多胶的经常断针的点，优化模具设计，加强模具零件的强度。

注塑成型工艺表

注塑机：HTF160X1/J1 ϕ45 螺杆 射胶量 320 cm^3			品名：面壳		
原料：ABS-PA757	颜色：黑色	干燥温度：80℃	干燥方式：料斗干燥机	干燥时间：2h	再生料使用：0
成品重：面壳 28.1g，底壳 28.1g	水口重：15.6g		模具模出数：2×1	浇口入胶方式：点进胶	

料筒温度 /℃	1	2	3	4	5
设定	270	240	220	200	190
实际	270	240	220	200	190
偏差					

模具温度 /℃	使用机器	设定	实际
前	机水		
后	机水		

	保压 4	保压 3	保压 2	保压 1	转保压位置 /mm
保压压力 /kgf			180	90	
保压流量			6	8	
保压时间 /s			5.0	2.0	25.0
射胶残量 /g	22.7				

	射出 4	射出 3	射出 2	射出 1
射出压力 /kgf	150	155	156	150
射出速度 /%	12	15	20	50
位置 /mm	25.0	40.0	50.0	65.0

监控

中间时间 /s	射胶时间 /s	冷却时间 /s	全程时间 /s	顶退延时 /s
0	6.0	28	51.5	0.00

合模保护时间 /s	锁模力 /kN	开模终止位置 /mm	顶出长度 /mm
0.7	130	400.0	53

储料	压力 /kgf	速度 /%	背压 /kgf	终止位置 /mm
时间 /s			7.0	
储料 1	120	70	12	50.0
储料 2	120	50	12	80.0
射退	70	15		84.0

模具运水图

案例69 表面凹凸不平

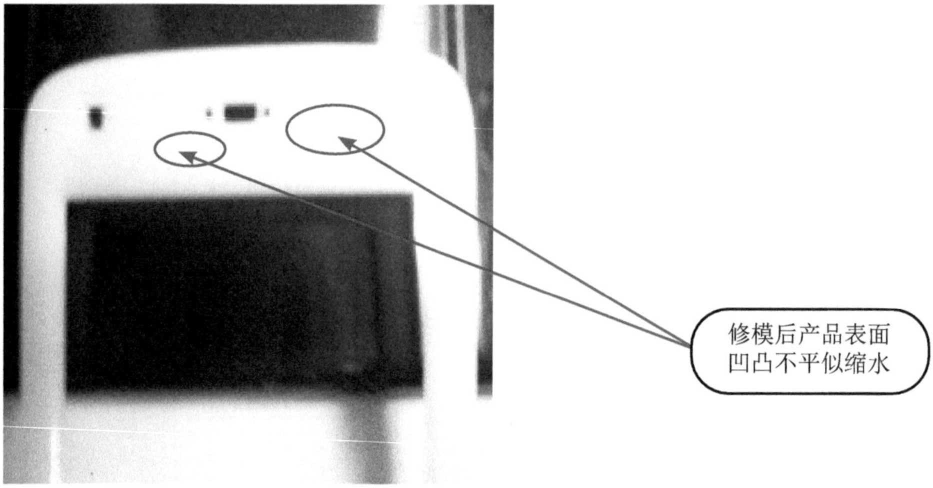

现象 模具（前模）表面不平整，有凹凸不平，导致产品表面不平整，类似缩水。

（1）注塑机特征

牌号：海天　锁模力：140t　塑化能力：133g

（2）模具特征

模出数：1×1　入胶方式：直入式浇口　顶出方式：推板顶出　模具温度：78℃（恒温机）

（3）产品物征

材料：ABS+PC　颜色：原色　产品重（单件）：2.5g　水口重：5g

（4）不良原因分析

此产品为光面电镀产品，前期生产时由于前模面有一模伤，注射出产品电镀后不能完全遮盖住模伤，品质不合格而修模。

修模后注射出产品表面凹凸不平，跟缩水相似，技术员认为是在调机方面出了问题，要求上级给予帮助处理。

在下模检查模具时发现，模具在修模时模伤处由于省模不慎，模具表面出现凹凸不平，导致注射出来的产品表面凹凸不平，类似缩水，与调机方面无关。

（5）对策

① 修模处理，对模具表面重新省模抛光处理。

② 修模处理，对模伤处烧焊修平后重新省模抛光处理。

③ 注塑件电镀后根据品质实际情况做处理。

注塑成型工艺表

注塑机：海天 80T　B 型螺杆　射胶量 133g					
原料：ABS+PC	颜色：原色	干燥温度：100℃	干燥方式：抽湿干燥机	干燥时间：3h	再生料使用：0
成品重：2.5g×2=5g	水口重：5g	模具模出数：1×2	浇口入胶方式：直入式浇口		

料筒温度/℃						模具温度/℃		使用机器	设定	实际
	1	2	3	4	5		前	油温机	100	78
设定	280	275	265	255	245		后	油温机	100	78
实际										
偏差										

保压压力/kgf	50					射出压力/kgf	98	110		
保压时间/s	1					射压位置/mm	13	20		
射胶残量/g	6.8					射出速度/%	12	35		

中间时间/s	射胶时间/s	冷却时间/s	全程时间/s	背压/kgf	回转速度/%			回缩速度/%	料量位置/mm	回缩位置/mm
	2	8	25	5	10	15	10	10	25	3

合模保护时间/s	加料监督时间/s	锁模力/kN	顶出长度/mm	顶出次数	回转位置/mm				
1	5	80	45	1	15	35	38		

案例 70 骨位困气发白

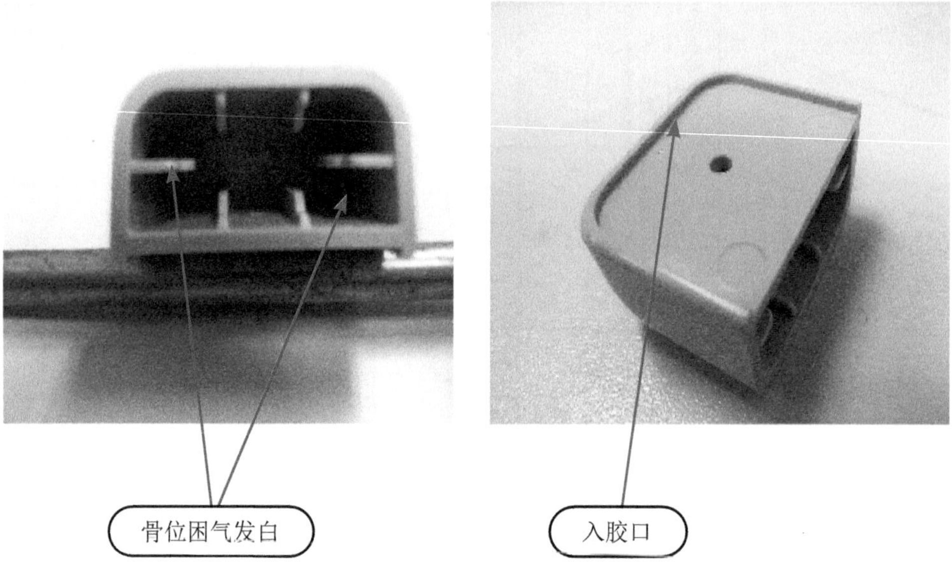

现象 产品骨位上没有排气系统，注射速度过快塑料内的气体无法排出，在骨位上产生困气（发白）。

（1）注塑机特征

牌号：海天　锁模力：140t　塑化能力：133g

（2）模具特征

模出数：1×2　入胶方式：直入式浇口　顶出方式：推板顶出　模具温度：78℃（恒温机）

（3）产品物征

材料：ABS +PC　颜色：灰色　产品重（单件）：2.5g　水口重：5g

（4）不良原因分析

① 此骨位在后模上，没有制作排气系统。

② 注射速度过快，塑料内气体不能及时排出模腔外而在骨位死角处形成困气（发白）。

③ 此处骨位较深，也是最后最难走满胶与塑料内气体在模腔内聚集的地方。

（5）对策

① 使用二段高压低速注射，第一段用低速注射配合位置注射满产品的90%以上，第二段较相对第一段更低的速度去走满余下的胶量。

② 再使用合适的保压确保产品外观与尺寸即可 。

注塑成型工艺表

注塑机：海天 80T　B 型螺杆　射胶量 133g					
原料：ABS+PC	颜色：灰色	干燥温度：100℃	干燥方式：抽湿干燥机	干燥时间：3h	再生料使用：0
成品重：2.5g×2=5g	水口重：5g	模具模出数：1×2	浇口入胶方式：直入式浇口		

料筒温度/℃	1	2	3	4	5
设定	280	275	265	255	245
实际					
偏差					

模具温度/℃		使用机器	设定	实际
	前	油温机	100	78
	后	油温机	100	78

保压压力/kgf	50					射出压力/kgf	98	110		
保压时间/s	1					射压位置/mm	13	20		
射胶残量/g	6.8					射出速度/%	12	35		

中间时间/s	射胶时间/s	冷却时间/s	全程时间/s	背压/kgf	回转速度/%			回缩速度/%			料量位置/mm	回缩位置/mm
	2	8	22	5	10	15	10	10			25	3
合模保护时间/s	加料监督时间/s	锁模力/kN	顶出长度/mm	顶出次数				回转位置/mm				
1	5	80	45	1				15	35	38		

第二段速度由12%改为5%

第一段速度由35%改为20%

案例71 水口位气纹

现象 产品为潜水入胶，表面易有气纹。

（1）注塑机特征

牌号：DEMAG 锁模力：100t 塑化能力：133g

（2）模具特征

模出数：1×2 入胶方式：潜水式浇口 顶出方式：推板顶出 模具温度：100℃（恒温机）

（3）产品物征

材料：PC 颜色：灰色 产品重（单件）：4g 水口重：5g

（4）不良原因分析

① 产品为潜水式浇口，且入胶口点较小，在快速注射时水口位气纹基本能有所改善，但是水口边上披锋太大，无法加工。在慢速时产品缺胶与气纹较大，但水口边上无披锋。

② 由于产品入胶口太小，注塑机以一定的料量平行注射向模腔内时，在流经入水口处因入胶点太小，忽然流向通道变小，在一定的时间内不能定向完成胶料的去向，在入胶口周围徘徊挤压，造成气纹。

（5）对策

① 对产品入胶口作改模处理，改为直入式浇口。这样入胶口变大，注射压力变小，水口边上披锋也变小易加工，更利于水口位气纹的改善。

② 用较高的模温来升高模具温度，使塑料的温度更接近于模温，塑料在模腔内有良好的流动性，能顺畅无阻碍地向前流动，从而减小气纹。

③ 第一段速度相对慢速注射来冲至水口位，待走过气纹位置后快速注射转至第二段注塑。

注塑成型工艺表

注塑机：TMC 60T　B 型螺杆　射胶量 133g		品名：电池盖	
原料：PC	颜色：灰色	干燥温度：130℃	干燥方式：抽湿干燥机
干燥时间：3h	再生料使用：0		
成品重：4g×2=8g	水口重：5g	模具模出数：1×2	浇口入胶方式：潜水式浇口

料筒温度/℃					
	1	2	3	4	5
设定	330	320	315	300	295
实际					
偏差					

模具温度/℃		使用机器	设定	实际
	前	水温机	130	100
	后	水温机	130	100

保压压力/kgf	65	80		保压位置/mm	12	射出压力/kgf	100	110	120	
保压时间/s	1	2				射压位置/mm				
射胶残量/g	7.8					射出速度/%	48		8	
						射速位置/mm	23.5			

中间时间/s	射胶时间/s	冷却时间/s	全程时间/s	背压/kgf	回转速度/%			回缩速度/%	料量位置/mm	回缩位置/mm
1	5	10	25	5	10	15	10	10	38	3

合模保护时间/s	加料监督时间/s	锁模力/kN	顶出长度/mm	顶出次数	回转位置/mm				
1	10	60	45	1	15	35	38		

模温由 120℃改为 130℃

速度由50%改为65%

速度由8%改为12%

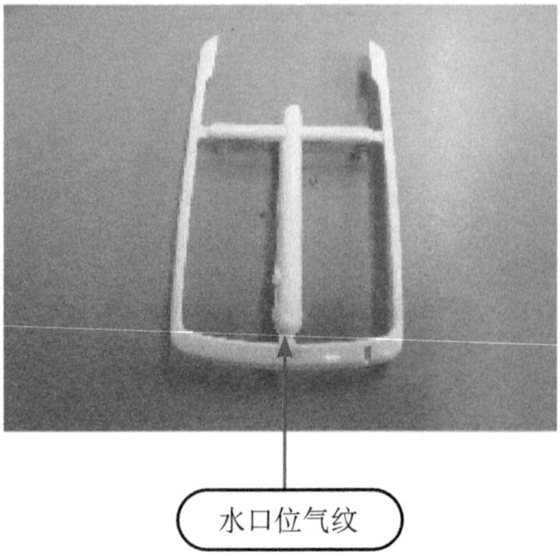

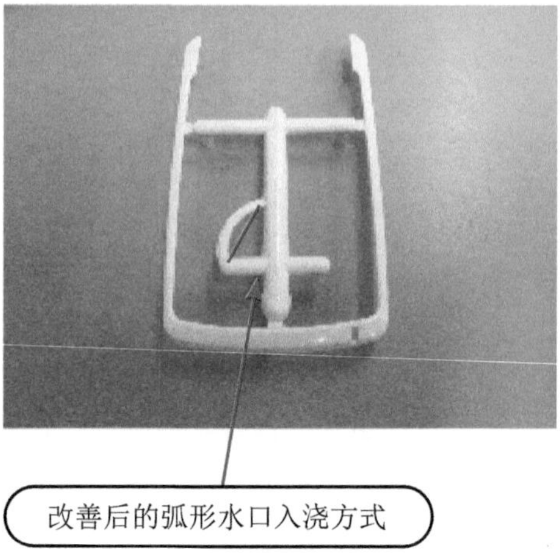

(1) 注塑机特征

牌号：DEMAG　锁模力：100t　塑化能力：133g

(2) 模具特征

模出数：1×2　入胶方式：直入式　顶出方式：推板顶出　模具温度：115℃（恒温机）

(3) 产品物征

材料：PC　颜色：灰色　产品重（单件）：2g　水口重：5g

(4) 不良原因的产生

① 直入式浇口不利于产品水口气纹的调校。

② 用料为PC料，对气纹的改善困难。

(5) 不良原因分析

① 直入式浇口的入胶口位置较大，塑料经注射压力推进到模腔内到浇口处时，无法停留便冲过入胶口位置，本来此类入胶方式要慢速才能有效地改善气纹，但是由于入胶口过大加快了塑料的流速，造成了速度过快气纹无法改善到位。

② PC料在注塑生产中常常会在水口位出现气纹，因为PC料的流动性较差，且在原料中有一定的防腐剂，阻碍了塑料流动性。

③ 慢速能改善气纹，但是会出现产品少胶与缩水，故要快速才能注射饱满产品，可是速度一快，气纹就出现了。

(6) 对策

在原来的分流道水口上（入胶口前端）制作一个弧形，与水口流道相连，这样能缓冲注射的速度，多余的量有暂时的存贮空间，且又能分流流速，等于是无形中减了速，改善了气纹，并能达到所需要速度，同时注射饱满产品，避免少胶与缩水。

注塑成型工艺表

注塑机：海天 120T　B 型螺杆　射胶量 133g	品名：机壳底壳

原料：PC	颜色：白色	干燥温度：130℃	干燥方式：抽湿干燥机	干燥时间：2h	再生料使用：0

成品重：2g×2=4g	水口重：5g	模具模出数：1×2	入胶方式：直入式

料筒温度/℃					
	1	2	3	4	5
设定	320	310	300	290	280
实际					
偏差					

模具温度/℃		使用机器	设　定	实　际
	前	油温机	125	105
	后	油温机	125	105

保压压力/kgf	81	98			
保压时间/s	1	1.2			
射胶残量/g	6.2				

射出压力/kgf	70	90	100	
射压位置/mm	10	23	28	
射出速度/%	32	45	62	

中间时间/s	射胶时间/s	冷却时间/s	全程时间/s	背压/kgf	回转速度/%			回缩速度/%	料量位置/mm	回缩位置/mm
1	1 .5	8	35	5	10	15	10	10	55	3

合模保护时间/s	加料监督时间/s	锁模力/kN	顶出长度/mm	顶出次数	回转位置/mm				
1	10	80	45	1	15	3	38		

案例72 拉丝

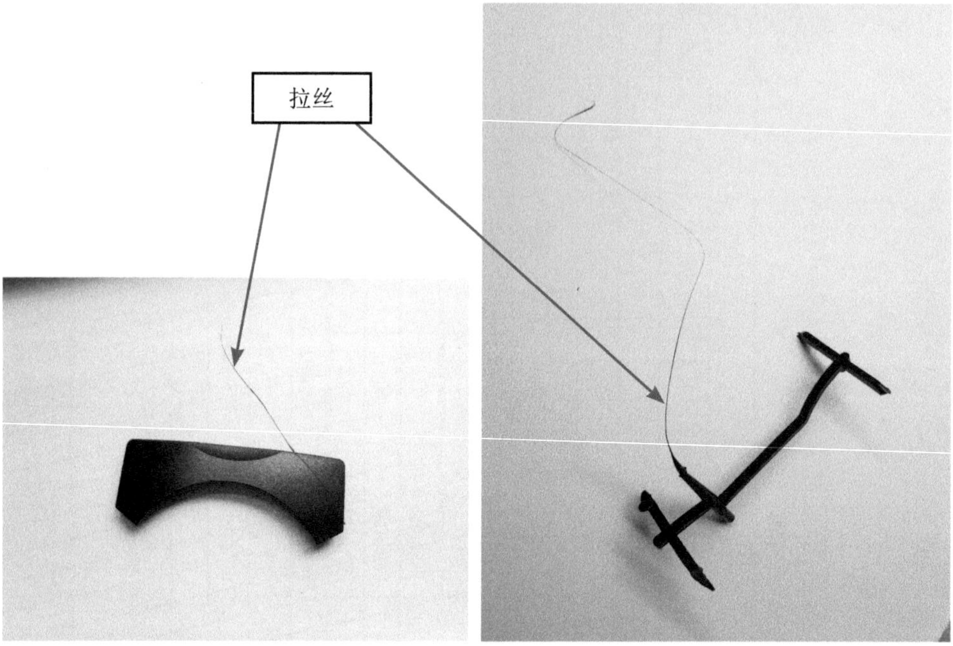

现象 面盖制品上产生拉丝。

分析 因为上一模浇口拉出料丝粘附在模具表面，下一模成型时在产品表面形成丝状物。

（1）注塑机特征

牌号：海天HTF60W1-II/J5　锁模力：60t　塑化能力：66cm^3

（2）模具特征

模出数：1×4　进胶口方式：侧进胶　顶出方式：顶针顶出　模具温度：前模接冷却水，后模接冷却水

（3）产品物征

材料：ABS-PA757　颜色：黑色　产品重（单件）：4g　水口重：3.1g

（4）不良原因分析

① 射嘴温度过高；

② 背压太大；

③ 抽胶量过小。

（5）成型分析及对策

射嘴温度过高引起水口拉丝缺陷，减小射嘴温度。

射嘴温度250℃改为235℃

注塑成型工艺表

注塑机：HTF60W1-II/J1	A-D26 螺杆　射胶量 66 cm^3		品名：面盖		
原料：ABS-PA757	颜色：黑色	干燥温度：80℃	干燥方式：料斗干燥机	干燥时间：2h	再生料使用：0
成品重：4g	水口重：3.1g	模具模出数：1×4	浇口入胶方式：侧进胶		

料筒温度 /℃						模具温度 /℃		使用机器	设定	实际
	1	2	3	4	5		前	机水		
设定	250	230	210	200						
实际	250	230	210	200			后	机水		
偏差										

	保压 4	保压 3	保压 2	保压 1	转保压位置 /mm		射出 4	射出 3	射出 2	射出 1
保压压力 /kgf			60	50		射出压力 /kgf	70	90	90	100
保压流量			8	6		射出速度 /%	13	14	15	7
保压时间 /s			0.6	1.3	20.0	位置 /mm	0.0	22.0	35.0	55.0
射胶残量 /g	18.4									

监控					时间 /s			5.0	
中间时间 /s	射胶时间 /s	冷却时间 /s	全程时间 /s	顶退延时 /s		压力 /kgf	速度 /%	背压 /kgf	终止位置 /mm
0	3.0	12	22.3	2.00	储料 1	80	70	12	45.0
合模保护时间 /s	锁模力 /kN	开模终止位置 /mm	顶出长度 /mm		储料 2	70	60	12	58.0
					射退	50	20		60.5
1.9	135	246.0	48.0						

模 具 运 水 图

案例73 进胶点位气纹、缺胶

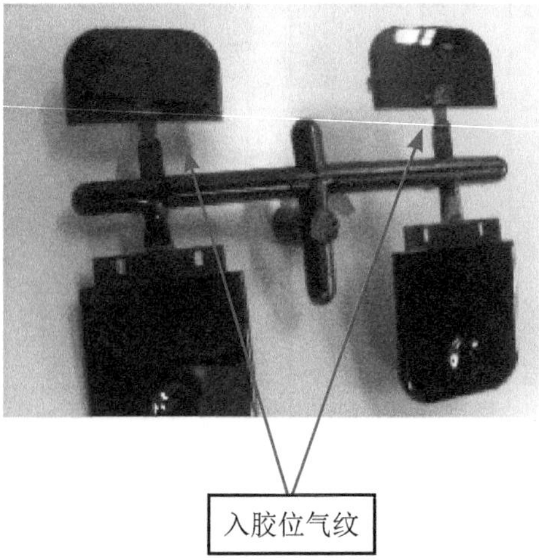

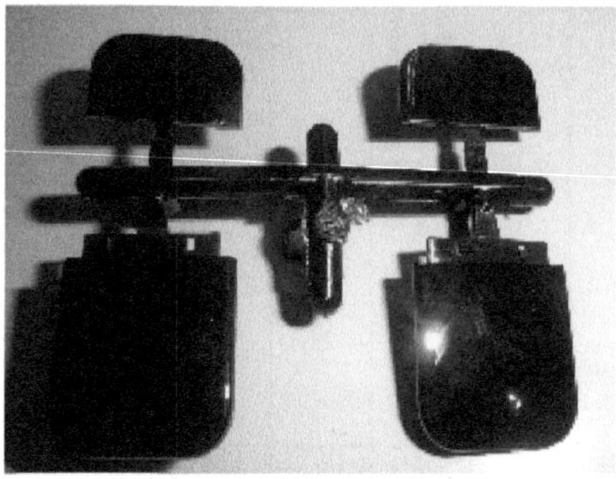

现象 BIZZ镜片表面易有气纹，缺胶。

（1）注塑机特征

牌号：海天　锁模力：100t　塑化能力：133g

（2）模具特征

模出数：2+2　入胶方式：直入浇口　顶出方式：推板顶出　模具温度：130℃（恒温机）

（3）产品物征

材料：PC　颜色：茶色　产品重（单件）：4g　水口重：5g

（4）不良原因分析

① 产品为直入浇口，且入胶口点较小，在慢速注射时水口位气纹基本能有所改善，但是产品为2+2，另外两个产品缺胶。在快速时，产品不缺胶但是气纹较大。

② 由于产品入胶口大小不一样，注塑机以一定的料量平行注射向模腔内时，在流经入水口处因入胶点大小不一样，在一定的时间内不能同时定向完成胶料的去向，在入胶慢快不一样的情况下，挤压造成气纹、缺胶。

（5）对策

① 对有气纹的那个产品入胶口做加大处理，这样入胶口变大，注射速度放慢，更利于水口位气纹的改善。

② 在模具前后板上加隔热板，用较高的模温，使塑料的温度更接近于模温，塑料在模腔内能有良好的流动性，能顺畅无阻碍地向前流动，从而减小气纹。

③ 第一段速度相对慢速注射来冲至水口位，待走过气纹位置后中速注射转至第二段注塑。这样产品既不缺胶又没有气纹。

注塑成型工艺表

注塑机：TMC 60T B型螺杆 射胶量 133g			品名：镜片		
原料：PC	颜色：茶色	干燥温度：130℃	干燥方式：抽湿干燥机	干燥时间：3h	再生料使用：0
成品重：4g×2=8g	水口重：5g	模具模出数：2+2	浇口入胶方式：直入浇口		

料筒温度/℃	1	2	3	4	5
设定	330	320	315	300	290
实际					
偏差					

模具温度/℃		使用机器	设定	实际
	前	水温机	130	100
	后	水温机	130	100

保压压力/kgf	65	80		保压位置/mm	12	射出压力/kgf	100	110	120	
保压时间/s	1	2				射压位置/mm				
射胶残量/g	7.8					射出速度/%	48	30	20	
						射速位置/mm	23.5			

中间时间/s	射胶时间/s	冷却时间/s	全程时间/s	背压/kgf	回转速度/%			回缩速度/%	料量位置/mm	回缩位置/mm
1	5	10	25	5	10	15	10	10	38	3

合模保护时间/s	加料监督时间/s	锁模力/kN	顶出长度/mm	顶出次数	回转位置/mm				
1	10	60	45	1	15	35	38		

模温由120℃改为130℃

速度由15%改为30%

速度由20%改为8%

案例74 表面拉高

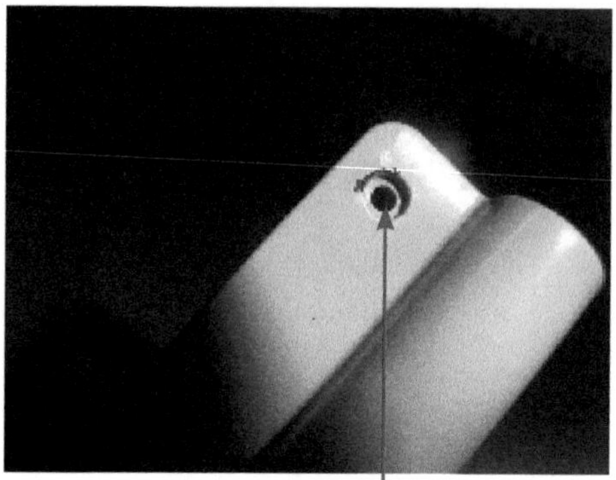
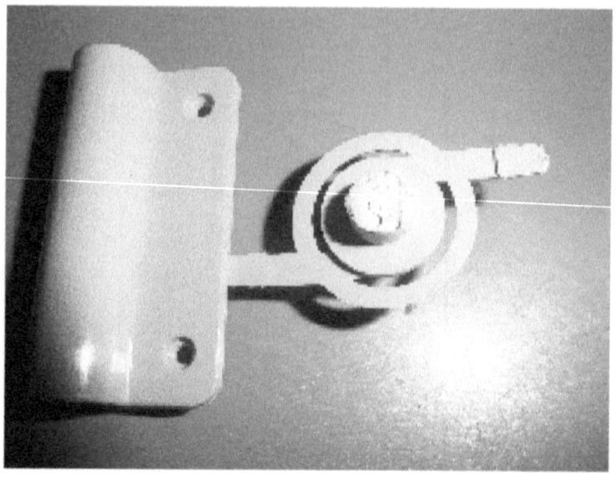

孔位表面拉高

现象 产品脱模不顺，拉前模表面拉高。

（1）注塑机特征

牌号：DEMAG　锁模力：80t　塑化能力：133g

（2）模具特征

模出数：1×8　入胶方式：直入浇口　顶出方式：推板顶出　模具温度：120℃（恒温机）

（3）产品物征

材料：PC　颜色：透明　产品重（单件）：1g　水口重：3g

（4）不良原因分析

① 产品脱模斜度不够。

② 碰穿孔位出模胶位在前模，开模时后模拉力不够，前模拉力大。

（5）对策

① 加大前模柱位针脱模斜度。

② 或在顶针上做倒扣，辅助后模拉产品。

③ 将孔位碰穿针出在后模，减小前模拉力。

注塑成型工艺表

注塑机：TMC 60T　B 型螺杆　射胶量 133g			品名：导光灯
原料：PC	颜色：透明	干燥温度：120℃	干燥方式：抽湿干燥机
干燥时间：3h	再生料使用：0		
成品重：1g×8=8g	水口重：3g	模具模出数：1×8	浇口入胶方式：直入浇口

料筒温度/℃	1	2	3	4	5
设定					
实际					
偏差					

模具温度/℃	使用机器	设　定	实　际
前	水温机	120	100
后	水温机	120	100

保压压力/kgf	65	80		保压位置/mm	12	射出压力/kgf	100	110	120	
保压时间/s	1	2				射压位置/mm				
射胶残量/g	7.8					射出速度/%	48	30	20	
	10					射速位置/mm	23.5			

中间时间/s	射胶时间/s	冷却时间/s	全程时间/s	背压/kgf	回转速度/%			回缩速度/%	料量位置/mm	回缩位置/mm
1	2	8	20	5	10	15	10	10	38	3

合模保护时间/s	加料监督时间/s	锁模力/kN	顶出长度/mm	顶出次数	回转位置/mm				
1	10	60	45	1	15	35	38		

案例75 发白

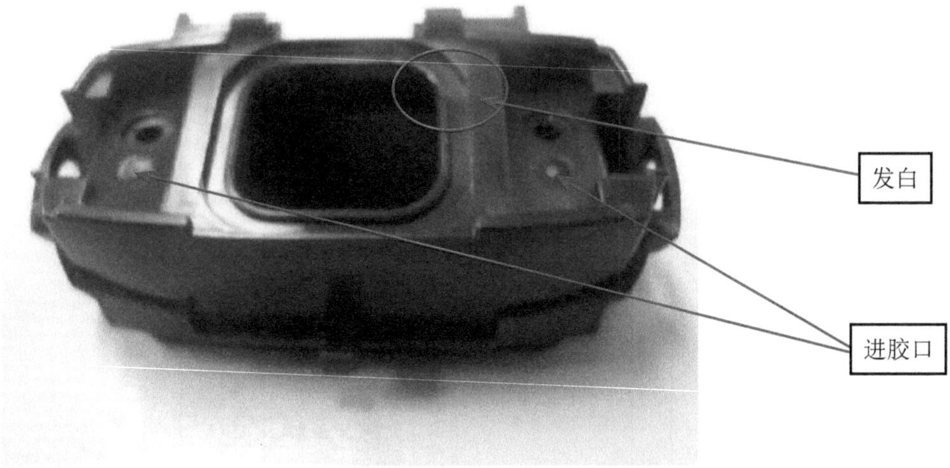

现象 电器产品刀取付台在生产过程中中间防水圈位出现发白。

分析 模具型腔填充过程中，在料流末端熔接处气体不易排出造成产品发白。

（1）注塑机特征

牌号：HT-DEMAG　锁模力：100t　塑化能力：150g

（2）模具特征

模出数：1×2　入胶方式：点水口　顶出方式：顶针顶出　模具温度：90℃（恒温机）

（3）产品物征

材料：ABS PA757　颜色：蓝色　产品重（单件）：4.5g　水口重：6.2g

（4）不良原因分析

模具主流道很大，入胶方式为两点点进胶，由于产品结构影响，模具型腔填充过程在料流末端熔接处气体不易排出，造成产品发白。

（5）对策

① 用多级注射及位置切换。

② 第一段用中等的速度充满流道并过浇口及找出相应的切换位置，第二段用快速度充填满至防水圈80%左右位置，第三段用慢速充填满防水圈，第四段用中速填充其他剩余胶位并转换保压。

注塑成型工艺表

注塑机：HT-DEMAG 射胶量 150g			品名：刀取付台		
原料：ABS PA757	颜色：蓝色	干燥温度：70℃	干燥方式：抽湿干燥机	干燥时间：4h	再生料使用：0
成品重：4.5g×2=9g	水口重：6.2g	模具模出数：1×1	浇口入胶方式：点水口		

料筒温度/℃	1	2	3	4	5
设定	230	225	210	180	
实际					
偏差					

模具温度/℃	使用机器	设定	实际
前	油温机	95	95
后	油温机	95	95

保压压力/kgf	85	95			保压位置/mm	射出压力/kgf	115	115	115	115
保压时间/s	0.3	0.8			13	射压位置/mm	14.5	17.8	21	32
射胶残量/g	8.6					射出速度/%	40	8	75	35

中间时间/s	射胶时间/s	冷却时间/s	全程时间/s	背压/kgf	回转速度/%			回缩速度/%	料量位置/mm	回缩位置/mm
5	1.3	7	26	3	10	15	10	10	35	3

合模保护时间/s	加料监督时间/s	锁模力/kN	顶出长度/mm	顶出次数	回转位置/mm				
1	10	680	55	1	15	35	38		

模具运水图

后模

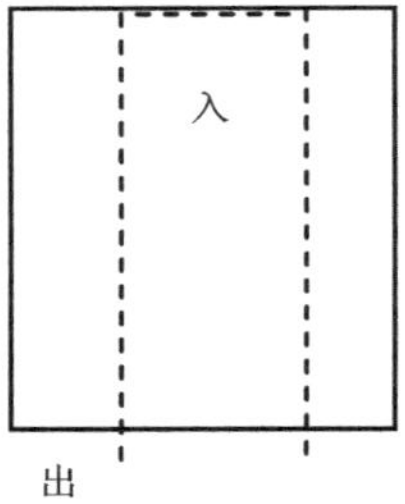

前模

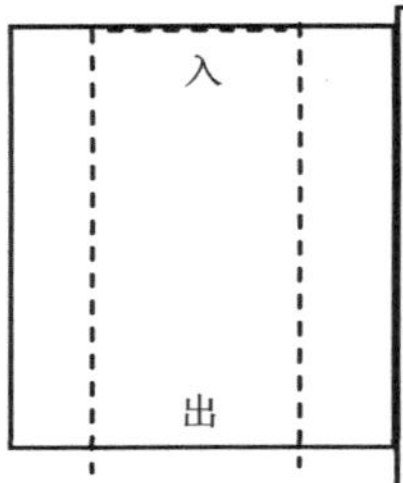

第二段射出速度由原来的55%调整为75%，位置由原先的26mm为21mm；第二段射出速度由原来的25mm调整为8mm，位置由原先的20mm为17.8mm

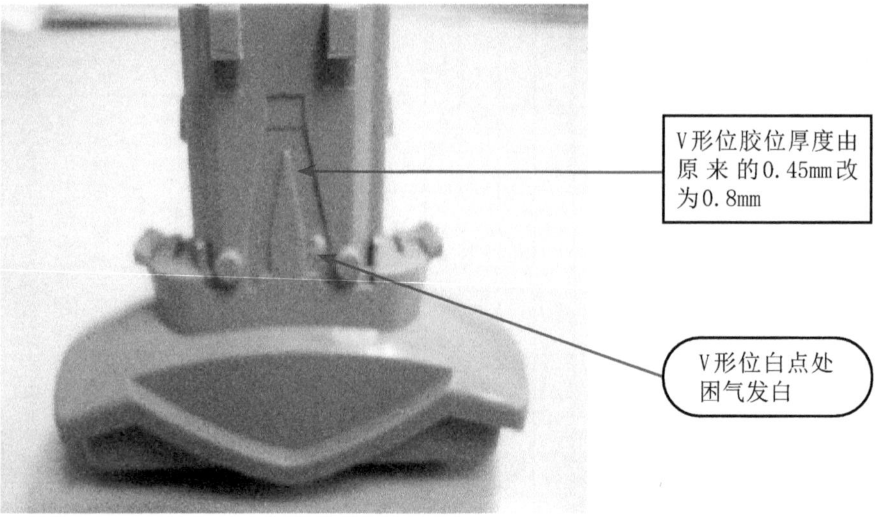
V形位胶位厚度由原来的0.45mm改为0.8mm
V形位白点处困气发白

现象 产品V形位胶位太薄，难走胶。

(1) 注塑机特征

牌号：海天　锁模力：140t　塑化能力：133g

(2) 模具特征

模出数：1×2　入胶方式：点浇口　顶出方式：推板顶出　模具温度：65℃（恒温机）

(3) 产品物征

材料：ABS　颜色：灰色　产品重（单件）：10g　水口重：8g

(4) 不良原因分析

① 产品V形胶位只有0.45mm，而产品的其他胶位厚度均在1mm以上，在快速走满整个产品时，由于V形位胶位薄太难走满胶而产生困气（发白）。

② 无论注射速度多快或多慢，V形位还是有发白现象。

(5) 对策

① 首先对模具V形位加胶处理，由之前的0.45mm加厚到0.8mm。

② 第一段用快速注射配合位置走至产品V形位2/3处，第二段用慢速走过V形后，直接用第三段走满产品即可。

③ 最后用保压压力与保压时间填充满产品的缩水即可。

注塑成型工艺表

注塑机：海天 120T　B 型螺杆　射胶量 133g	品名：电机基座

原料：ABS	颜色：灰色	干燥温度：75℃	干燥方式：抽湿干燥机	干燥时间：2h	再生料使用：0
成品重：10g×2=20g	水口重：8g	模具模出数：1×2	浇口入胶方式：点浇口		

料筒温度/℃					
	1	2	3	4	5
设定	240	230	228	220	210
实际					
偏差					

模具温度/℃		使用机器	设　定	实　际
	前	油温机	80	65
	后	油温机	80	65

保压压力/kgf	81	98			
保压时间/s	1	2.2			
射胶残量/g	6.2				

射出压力/kgf	95	105	125	
射压位置/mm	10	23	45	
射出速度/%	32	20	65	

中间时间/s	射胶时间/s	冷却时间/s	全程时间/s	背压/kgf	回转速度/%			回缩速度/%	料量位置/mm	回缩位置/mm
1	3	12	35	5	10	15	10	10	55	3

合模保护时间/s	加料监督时间/s	锁模力/kN	顶出长度/mm	顶出次数	回转位置/mm				
1	10	80	45	1	15	3	38		

速度由加胶前的10%
改为加胶后的20%

速度由加胶前的45%
改为加胶后的65%

案例76 缩水夹水线气纹

缩水气纹，柱位缩水

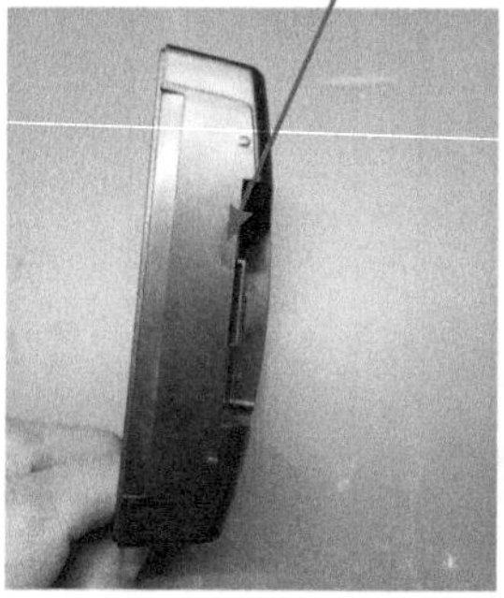

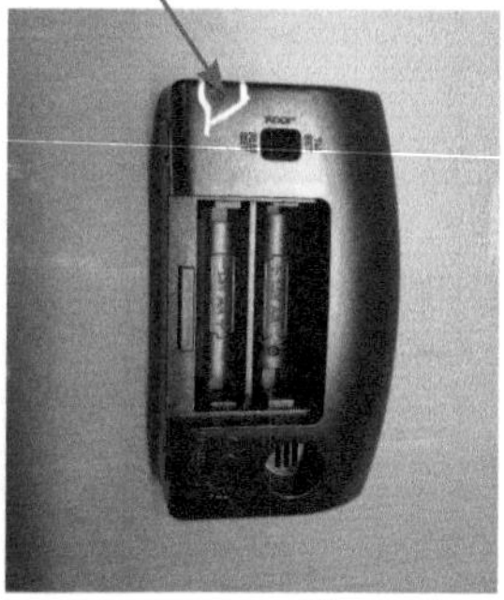

现象 底壳制品上夹水线处发白。

分析 随着注塑过程的进行，材料不断冷却，当热收缩得不到补偿时会在塑件表面材料聚集，附近产生凹陷形成表面缩水；不充分的排气造成的较深色的变色或纹痕，表现为气纹缺陷。

（1）注塑机特征

牌号：海天HTF120X1/J1　锁模力：120t　塑化能力：$173cm^3$

（2）模具特征

模出数：1×2　进胶口方式：点进胶　顶出方式：顶针顶出　模具温度：前模接冷却水，后模接冷却水

（3）产品物征

材料：ABS-PA757　颜色：黑色　产品重（单件）：32.7g　水口重：10.7g

（4）不良原因分析

① 塑件壁厚不均，较厚处产生缩水；

② 有效的保压时间太短，保压压力太小，转保压位置太靠前；

③ 熔胶量不足；

④ 由于射胶压力速度低，射胶时间太短；

⑤ 模温太低或太高，冷却时间不够；

⑥ 料温太低；

⑦ 射嘴堵塞；

⑧ 模具中的排气不良或射速过快造成缩水不良缺陷。

（5）成型分析及对策

① 此缩水在柱位，属于壁厚缩水，可加大保压压力和保压时间；

② 此气纹发生在制品流动路径的末端区域且有通孔处，在走到气纹位置时减小射速以利排气。

由原来的90kgf改为110kgf，改善缩水

第四段射速由25%改为20%，改善排气

注塑成型工艺表

注塑机：HTF120X1/J1	A-D32 螺杆　射胶量 173 cm³		品名：方底壳		
原料：ABS-PA757	颜色：黑色	干燥温度：80℃	干燥方式：料斗干燥机	干燥时间：2h	再生料使用：0
成品重：32.8g	水口重：10.7g		模具模出数：1×2	浇口入胶方式：点进胶	

料筒温度 /℃	1	2	3	4	5
设定	260	240	2[illegible]0	190	180
实际	260	240	20[illegible]	190	180
偏差		△	△	△	△

模具温度 /℃	使用机器	设定	实际
前	机水		
后	机水		

	保压 4	保压 3	保压 2	保压 1	转保压位置 /mm
保压压力 /kgf			110	120	21.1
保压流量			6	12	
保压时间 /s			1.2	0.5	
射胶残量 /g	19.7				

	射出 4	射出 3	射出 2	射出 1
射出压力 /kgf	145	150	165	170
射出速度 /%	25	45	55	65
位置 /mm	20.0	25.0	35.0	55.0

监控				
中间时间 /s	射胶时间 /s	冷却时间 /s	全程时间 /s	顶退延时 /s
1.0	7.7	20	43.7	2.00
合模保护时间 /s	锁模力 /kN	开模终止位置 /mm	顶出长度 /mm	
1.9	120	360.0	48	

时间 /s			6.0	
储料	压力 /kgf	速度 /%	背压 /kgf	终止位置 /mm
储料 1	120	70	10	75.0
储料 2	100	50	10	85.0
射退	55	20		90.0

模具运水图

案例77 电池框水口位拖伤

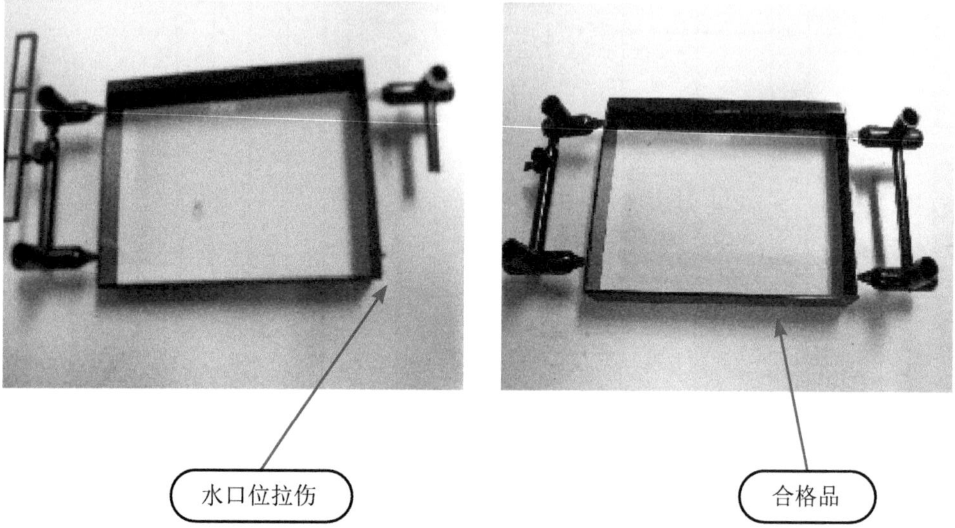

分析 小水口粘前模引起拖伤。

（1）注塑机特征

牌号：海天　锁模力：140t　塑化能力：133g

（2）模具特征

模出数：1×2　入胶方式：直入式　顶出方式：推板顶出　模具温度：65℃（恒温机）

（3）产品物征

材料：ABS+PC　颜色：黑色　产品重（单件）：3g　水口重：6g

（4）不良原因分析

① 小水口粘前模，不能与产品同步同向运行，在开模后小水口粘在前模，而产品在后模，两者相互反方向拉扯，造成水口位拉伤。

② 该水口入胶点过大，水口扣针拉力度小于入胶点拉力，形成水口粘前模。

（5）对策

将冷料扣针扣位加大，以此增加拉力，使得开模后能顺利地把小水口与产品粘附在后模上，顶出时产品水口能同步顶出。

注塑成型工艺表

注塑机：海天 120T　B 型螺杆　射胶量 133g			品名：机壳底壳		
原料：ABS+PC	颜色：灰色	干燥温度：80℃	干燥方式：抽湿干燥机	干燥时间：2h	再生料使用：0
成品重：3g×2=6g	水口重：6g	模具模出数：1×2	入胶方式：潜水直入式		

料筒温度/℃	1	2	3	4	5
设定	275	260	255	250	240
实际					
偏差					

模具温度/℃		使用机器	设定	实际
	前	油温机	85	65
	后	油温机	85	65

保压压力/kgf	81	98			
保压时间/s	1	1.2			
射胶残量/g	6.2				

射出压力/kgf	70	90	100	
射压位置/mm	10	23	28	
射出速度/%	32	45	62	

中间时间/s	射胶时间/s	冷却时间/s	全程时间/s	背压/kgf	回转速度/%			回缩速度/%	料量位置/mm	回缩位置/mm
1	1.5	8	35	5	10	15	10	10	55	3

合模保护时间/s	加料监督时间/s	锁模力/kN	顶出长度/mm	顶出次数	回转位置/mm				
1	10	80	45	1	15	3	38		

模具运水图

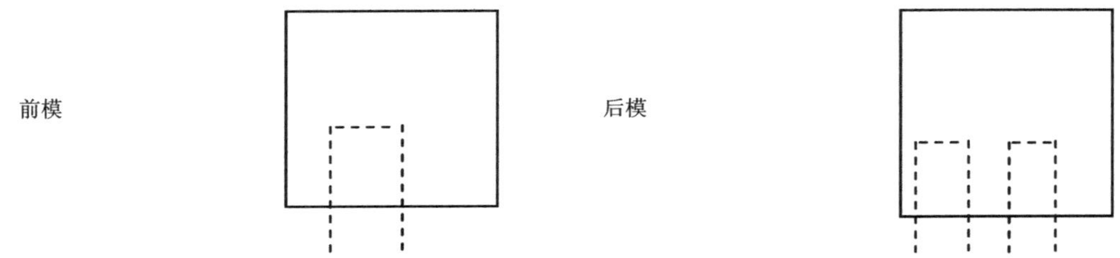

案例78 机壳底壳水口位旁顶高

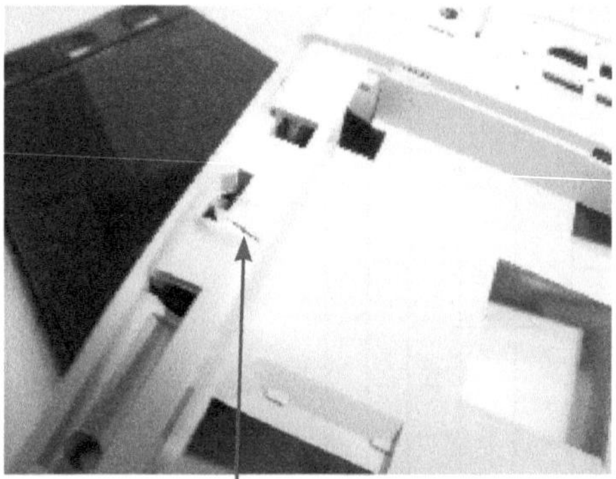

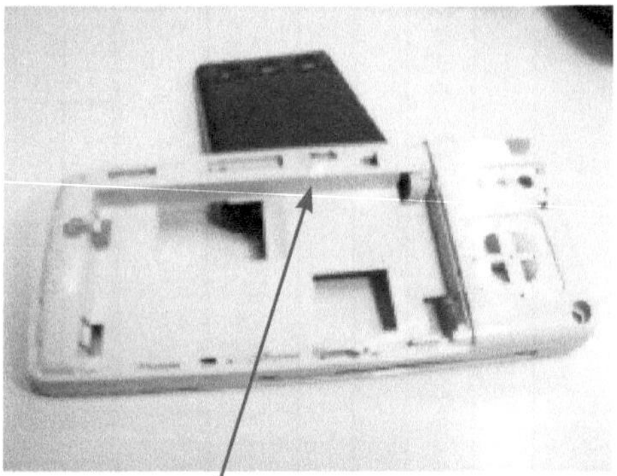

现象 顶高处靠近入胶口，深角骨位较多，只有一支斜顶顶出，且有一碰穿孔。

（1）注塑机特征

牌号：海天　锁模力：140t　塑化能力：133g

（2）模具特征

模出数：1×1　入胶方式：点浇口　顶出方式：推板顶出　模具温度：85℃（恒温机）

（3）产品物征

材料：PC　颜色：灰色　产品重（单件）：16g　水口重：10g

（4）不良原因分析

① 顶高处有一入胶口点，注塑相对较饱满，且此部位内壁有多处深角骨位，有相当大的粘拉力。

② 顶高处较大一面积范围只有一支斜顶针顶出，并且顶针的位置不在最受力的地方，此顶出力度远远小于顶高处内壁深角骨位所产生的粘拉力从而造成顶高。

③ 顶高处有一多边形结构性碰穿孔，也存在相当大的粘拉力，也给顶高制造了机会。

（5）对策

① 移换顶高处入胶口的位置。

② 在顶高处深角骨位上加制顶针辅助顶出，同时对深角骨位抛光，增大出模度，减小骨位出模的粘拉力而避免顶高。

③ 对碰穿孔位镶件抛光处理，增大出模度，减小顶出时的粘拉力。

注塑成型工艺表

注塑机：海天 120T　B 型螺杆　射胶量 133g			品名：机壳底壳		
原料：PC	颜色：灰色	干燥温度：130℃	干燥方式：抽湿干燥机	干燥时间：3h	再生料使用：0
成品重：16g×2=32g	水口重：10g	模具模出数：1×1	浇口入胶方式：点浇口		

料筒温度/℃					
	1	2	3	4	5
设定	300	290	275	260	250
实际					
偏差					

模具温度/℃		使用机器	设　定	实　际
	前	油温机	100	85
	后	油温机	100	85

保压压力/kgf	81	98			
保压时间/s	1	1.2			
射胶残量/g	6.2				

射出压力/kgf	95	105	125	
射压位置/mm	10	23	45	
射出速度/%	32	20	65	

中间时间/s	射胶时间/s	冷却时间/s	全程时间/s	背压/kgf	回转速度/%			回缩速度/%	料量位置/mm	回缩位置/mm
1	3	12	35	5	10	15	10	10	55	3
合模保护时间/s	加料监督时间/s	锁模力/kN	顶出长度/mm	顶出次数	回转位置/mm					
1	10	80	45	1	15	3	38			

案例79 模具前模腔撞伤

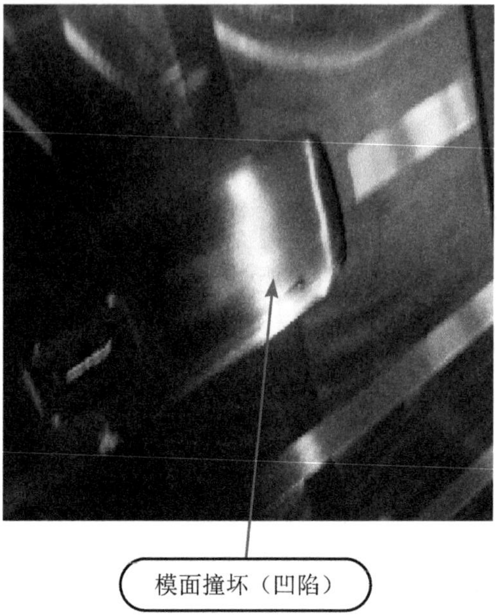

（1）注塑机特征

牌号：DEMAG　锁模力：100t　塑化能力：133g

（2）模具特征

模出数：1×2　入胶方式：直入式　顶出方式：推板顶出　模具温度：75℃（恒温机）

（3）产品物征

材料：ABS+PC　颜色：黑色　产品重（单件）：3g　水口重：6g

（4）不良原因分析

① 小水口顶针没有做成倒扣，在顶出后小水口自动掉落或到处乱飞，掉落进斜顶孔内，作业员没有发现，合模后斜顶退回不能退到位，高出模面，造成了前模压坏。

② 低压锁模调校不合理。

（5）对策

① 小水针上做倒扣，使顶出后小水口能固定在顶针上不会掉落到斜顶孔内。

② 作业员加强责任心，开模顶出后要留意小水口的去向，及时取出，要有安全生产的意识。

注塑成型工艺表

注塑机：海天 120T　B 型螺杆　射胶量 133g			品名：机壳底壳		
原料：ABS+PC	颜色：灰色	干燥温度：80℃	干燥方式：抽湿干燥机	干燥时间：2h	再生料使用：0
成品重：3g×2=6g	水口重：6g	模具模出数：1×2	入胶方式：潜水直入式		

料筒温度/℃	1	2	3	4	5
设定	275	260	255	250	240
实际					
偏差					

模具温度/℃	使用机器	设　定	实　际
前	油温机	480	65
后	油温机	480	65

保压压力/kgf	81	98			保压位置/mm	射出压力/kgf	70	90	100	
保压时间/s	1	1.2				射压位置/mm	10	23	28	
射胶残量/g	6.2					射出速度/%	32	45	62	

中间时间/s	射胶时间/s	冷却时间/s	全程时间/s	背压/kgf	回转速度/%			回缩速度/%	料量位置/mm	回缩位置/mm
1	1 .5	8	35	5	10	15	10	10	55	3

合模保护时间/s	加料监督时间/s	锁模力/kN	顶出长度/mm	顶出次数	回转位置/mm				
1	10	80	45	1	15	3	38		

模　具　运　水　图

案例80 变形

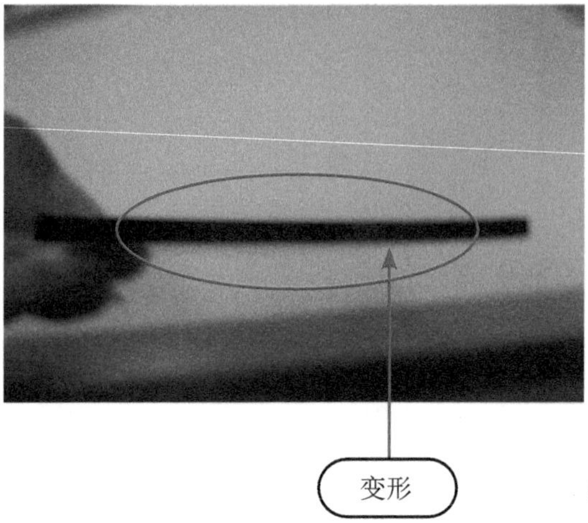

现象 通信产品电池壳在生产过程中出现翘曲变形。

分析 模具镶入钢片，注塑出模后收缩不均产生翘曲变形；产品内应力释放引起变形。

（1）注塑机特征

牌号：HT-DEMAG　锁模力：100t　塑化能力：90g

（2）模具特征

模出数：1×2　入胶方式：搭接水口　顶出方式：顶针顶出　模具温度：80℃/100℃（恒温机）

（3）产品物征

材料：ABS+PC　颜色：黑色　产品重（单件）：1.5g　水口重：11.2g

（4）不良原因分析

模具进胶口方式为四点搭接进胶，由于产品胶位厚度0.6mm，填充走胶困难，产品内应力大，加之模具镶入钢片注塑出模后收缩不均引起产品翘曲变形。

（5）对策

① 采用调节前后模具温度差。

② 调节升高料筒温度。

③ 调节多段注塑及多段逐减保压。

注塑成型工艺表

注塑机：HT-DEMAG 射胶量 90g			品名：电池壳		
原料：ABS+PC	颜色：黑色	干燥温度：100℃	干燥方式：抽湿干燥机	干燥时间：4h	再生料使用：0
成品重：1.5g×2=3g	水口重：11.2g		模具模出数：1×2	浇口入胶方式：搭接水口	

料筒温度/℃					
	1	2	3	4	5
设定	295	285	270	240	
实际					
偏差					

模具温度/℃		使用机器	设定	实际
	前	油温机	100	100
	后	油温机	80	80

保压压力/kgf	30	45	65	保压位置/mm	12	射出压力/kgf	110	110	110		110
保压时间/s	0.3	0.5	0.8			射压位置/mm	14	16	20		25
射胶残量/g	8.2					射出速度/%	45	70	85		35

中间时间/s	射胶时间/s	冷却时间/s	全程时间/s	背压/kgf	回转速度/%			回缩速度/%	料量位置/mm	回缩位置/mm
5	1.3	12	45	3	10	15	10	10	28	2

合模保护时间/s	加料监督时间/s	锁模力/kN	顶出长度/mm	顶出次数	回转位置/mm		
1	10	55	25	1	15	28	30

模 具 运 水 图

保压压力分段逐减

模具温度前后模分开控制

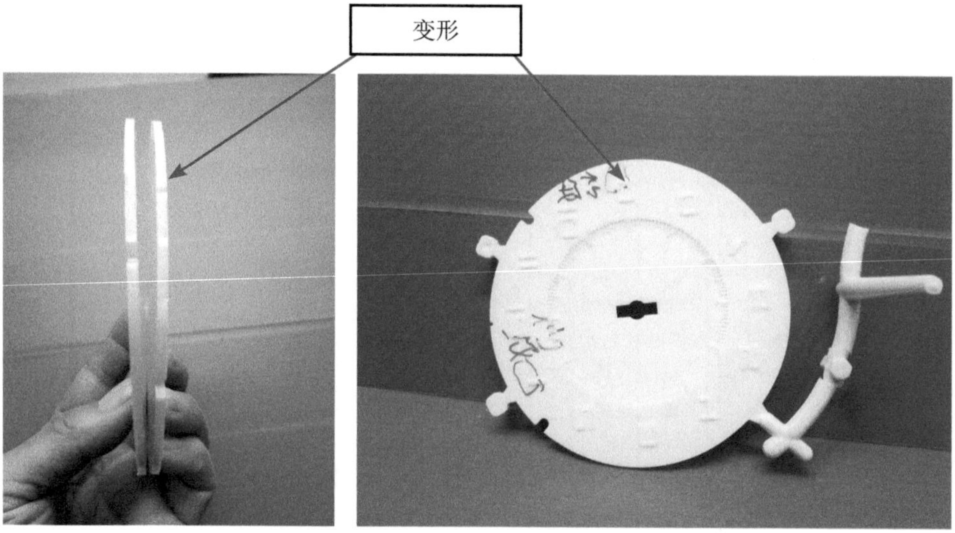

现象 数字钟面制品表面变形。

分析 变形产生的原因是注塑件在成型后，由于内应力、外力或收缩不匀，导致注塑件局部或整体发生变形。

（1）注塑机特征

牌号：海天HTF160X1/J1　锁模力：160t　塑化能力：320cm^3

（2）模具特征

模出数：1×1　进胶口方式：侧进胶　顶出方式：顶针顶出　模具温度：前模不接冷却水，后模采用模温机，温度95℃

（3）产品物征

材料：ABS-PA757　颜色：白色　产品重（单件）：15.7g　水口重：5.1g

（4）不良原因分析

① 中间长方形壁薄；

② 前后模模温不均；

③ 冷却时间不够。

（5）成型分析及对策

① 由成型条件引起残余应力造成变形时，可通过降低注射压力、提高模具温度并使模具温度均匀、提高树脂温度或采用退火方法消除应力；

② 脱模不良引起应力变形时，可通过增加推杆数量或面积、设置脱模斜度等方法加以解决；

③ 冷却方法不合适导致冷却不均匀或冷却时间不足时，可调整冷却方法及延长冷却时间等，例如尽可能地在贴近变形的地方设置冷却回路。

改为85℃

注塑成型工艺表

注塑机：HTF160X1/J1　ϕ45螺杆　射胶量320 cm^3			品名：数字钟面	
原料：ABS-PA757	颜色：白色	干燥温度：80℃	干燥方式：料斗干燥机	干燥时间：2h
再生料使用：0				
成品重：15.7g	水口重：5.1g	模具模出数：1×1	浇口入胶方式：侧进胶	

料筒温度/℃	1	2	3	4	5
设定	260	230	200	190	180
实际	260	230	200	190	180
偏差					

模具温度/℃	使用机器	设定	实际
前	不接水		
后	水温机	95℃	

	保压4	保压3	保压2	保压1	保压位置/mm
保压压力/kgf			130	50	
保压流量			10	7	
保压时间/s			3.0	0.5	41.0
射胶残量/g	40.9				

	射出4	射出3	射出2	射出1
射出压力/kgf	65	90	95	100
射出速度/%	5	12	15	17
位置/mm	41.0	45.0	50.0	58.0

监控				
中间时间/s	射胶时间/s	冷却时间/s	全程时间/s	顶退延时/s
0.5	3.0	50	76.2	3.0
合模保护时间/s	锁模力/kN	开模终止位置/mm	顶出长度/mm	
0.7	120	400.0	55	

时间/s			3.0	
	压力/kgf	速度/%	背压/kgf	终止位置/mm
储料1	130	45	12	45.0
储料2	120	35	12	60.0
射退	50	13		65.0

模具运水图

案例81 硬胶压痕

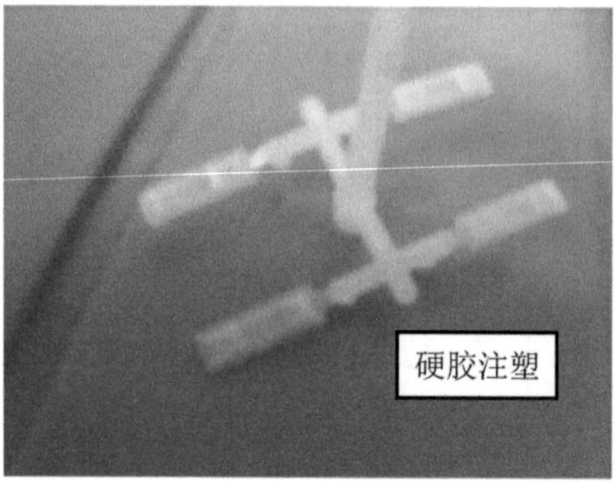

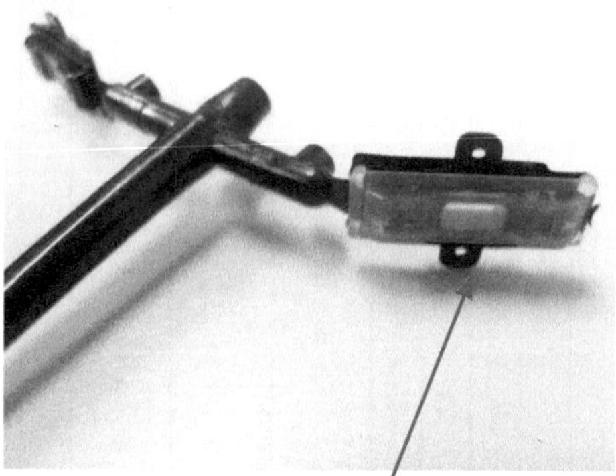

现象 通信产品音量键在生产过程中出现硬胶表面压痕。

分析 产品模具设计为硬胶和软胶二次注塑（即一套模具先注塑硬胶产品，再将硬胶镶入软胶模具注塑软胶），软胶注塑时因镶件位置空间太小，致硬胶产品表面压痕。

（1）注塑机特征

牌号：HT-50T　锁模力：50t　塑化能力：60g

（2）模具特征

模出数：1×2　入胶方式：搭接水口　顶出方式：顶针顶出　模具温度：60℃（恒温机）

（3）产品物征

材料：TPU 85度　颜色：黑色　产品重（单件）：1.5g　水口重：1.2g

（4）不良原因分析

① 产品模具设计为硬胶和软胶二次注塑，受产品结构影响，软胶模具后模设计用镶件封胶，软胶注塑时因镶件位置空间太小，致硬胶产品表面压痕。

② 硬胶产品模具1×4因镶件注塑时松退胶厚不一。

（5）对策

① 清洁软胶模具表面和保持硬胶表面无脏污。

② 将硬胶模具镶件尾部垫高，垫平，避免注塑时后退。

注塑成型工艺表

注塑机：HT-50T 射胶量 60g			品名：音量键		
原料：TPU	颜色：黑色	干燥温度：100℃	干燥方式：抽湿干燥机	干燥时间：4h	再生料使用：0
成品重：1.5g×2=3g	水口重：1.2g	模具模出数：1×2	浇口入胶方式：搭接水口		

料筒温度/℃	1	2	3	4	5
设定	185	175	170	160	
实际					
偏差					

模具温度/℃		使用机器	设定	实际
	前	油温机	60	60
	后	油温机	60	60

保压压力/kgf	30	45	65		保压位置/mm	射出压力/kgf	85	110		
保压时间/s	0.3	0.5	0.8		12	射压位置/mm	14	19		
射胶残量/g	8.2					射出速度/%	6	15		

中间时间/s	射胶时间/s	冷却时间/s	全程时间/s	背压/kgf	回转速度/%			回缩速度/%	料量位置/mm	回缩位置/mm
5	1.8	16	45	3	10	15	10	10	22	2

合模保护时间/s	加料监督时间/s	锁模力/kN	顶出长度/mm	顶出次数	回转位置/mm				
1	10	35	25	1	15	22	24		

模 具 运 水 图

案例82 行位拖模/擦烧

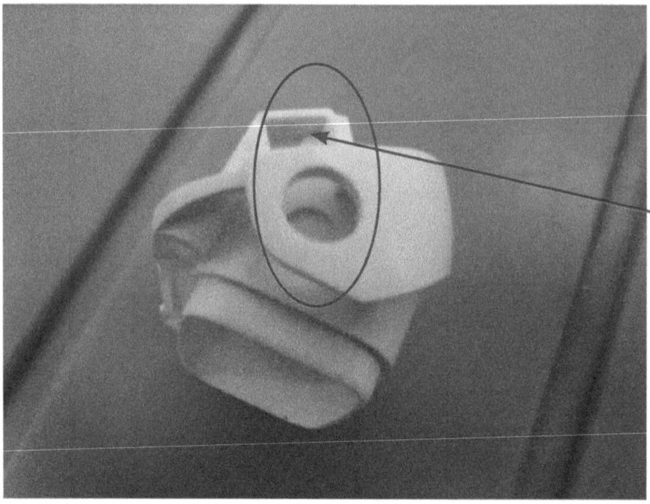

现象 电器产品刀取付台在生产过程中出现行位拖模/擦烧现象。

分析 产品模具设计为1×2侧边大行位结构，出模时行位拖模/擦烧。

（1）注塑机特征

牌号：HT-800T 锁模力：80t 塑化能力：130g

（2）模具特征

模出数：1×2 入胶方式：点水口 顶出方式：顶针顶出 模具温度：85℃（恒温机）

（3）产品物征

材料：ABS PA757 颜色：白色 产品重（单件）：7.5g 水口重：8.5g

（4）不良原因分析

产品模具设计为1×2侧边大行位结构，由于设计侧边孔位两个小行位镶入大行位滑槽内未固定，出模时小行位易滑动位置造成行位拖模/擦烧。

（5）对策

① 行位FIT模配合滑行顺畅。

② 将孔位小行位用M5沉头螺丝固定在大行位滑槽内。

注塑成型工艺表

注塑机：HT-800T　射胶量 130g			品名：刀取付台		
原料：ABS PA757	颜色：白色	干燥温度：100℃	干燥方式：抽湿干燥机	干燥时间：4h	再生料使用：0
成品重：7.5g×2=15g	水口重：8.5g	模具模出数：1×2	浇口入胶方式：点水口		

料筒温度/℃	1	2	3	4	5
设定	235	225	210	200	
实际					
偏差					

模具温度/℃	使用机器	设定	实际
前	油温机	85	85
后	油温机	85	85

保压压力/kgf	45	50		保压位置/mm	12	射出压力/kgf	100	100	110	
保压时间/s	0.5	1.3				射压位置/mm	12	12	12	
射胶残量/g	8.2					射出速度/%	55	8	55	

中间时间/s	射胶时间/s	冷却时间/s	全程时间/s	背压/kgf	回转速度/%			回缩速度/%			料量位置/mm	回缩位置/mm
5	1.8	16	32	3	10	15	10	10			32	3
合模保护时间/s	加料监督时间/s	锁模力/kN	顶出长度/mm	顶出次数				回转位置/mm				
1	10	55	25	1				15	32	35		

模具运水图

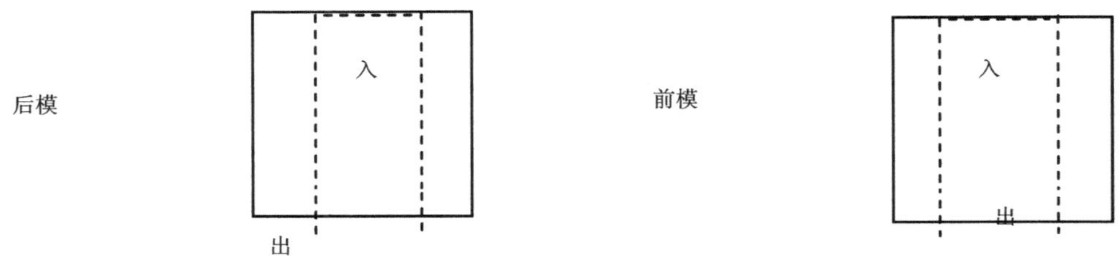

案例83 产品尺寸不一

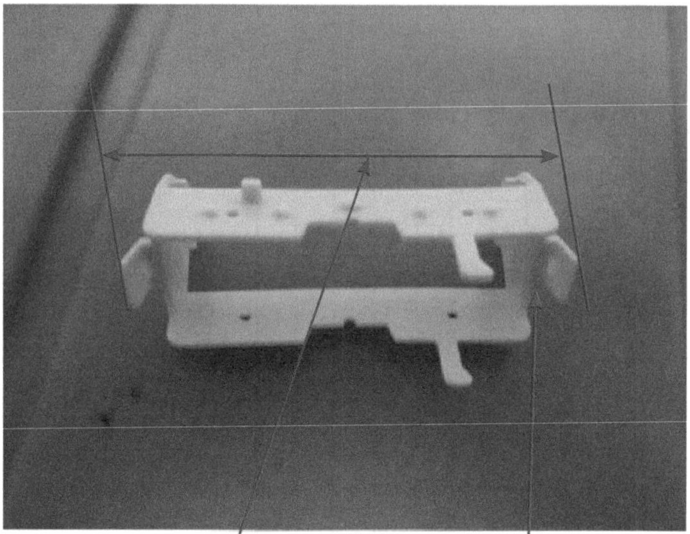

产品尺寸不一　进胶口

现象 电器产品外刀内盒在生产过程中出现产品尺寸不一现象。

分析 由于产品原料收缩易造成产品尺寸影响。

(1) 注塑机特征

牌号：HT80T　锁模力：80t　塑化能力：130g

(2) 模具特征

模出数：1×2　入胶方式：点浇口　顶出方式：顶针顶出　模具温度：80℃（恒温机）

(3) 产品物征

材料：POM M270　颜色：灰色　产品重（单件）：2.9g　水口重：3.6g

(4) 不良原因分析

模具设计采用一点进胶，由于产品原料后收缩影响及生产工艺管控不合理性造成产品尺寸不一。

(5) 对策

① 调节原料熔料回料稳定，增加残余量。

② 调高料筒第一段温度。

③ 调节生产工艺采用位置切换。

④ 注塑过程保证生产周期基本稳定一致。

注塑成型工艺表

注塑机：HT80T　射胶量 130g			品名：刀取付台		
原料：POM M270	颜色：灰色	干燥温度：85℃	干燥方式：抽湿干燥机	干燥时间：2h	再生料使用：0
成品重：2.9g×2=5.8g	水口重：3.6g	模具模出数：1×2		浇口入胶方式：点浇口	

料筒温度/℃	1	2	3	4	5
设定	220	200	195	165	/
实际					
偏差					

模具温度/℃	使用机器	设　定	实　际
前	油温机	80	80
后	油温机	80	80

保压压力/kgf	35			保压位置/mm	13	射出压力/kgf	50	75	65	
保压时间/s	0.5					射压位置/mm	15	18	23	
射胶残量/g	9.2					射出速度/%	10	18	12	

中间时间/s	射胶时间/s	冷却时间/s	全程时间/s	背压/kgf	回转速度/%			回缩速度/%	料量位置/mm	回缩位置/mm
5	1.6	6	20	5	10	15	10	10	25	2
合模保护时间/s	加料监督时间/s	锁模力/kN	顶出长度/mm	顶出次数	回转位置/mm					
1	10	65	32	1	11	25	27			

模具运水图

案例84 表面脏污

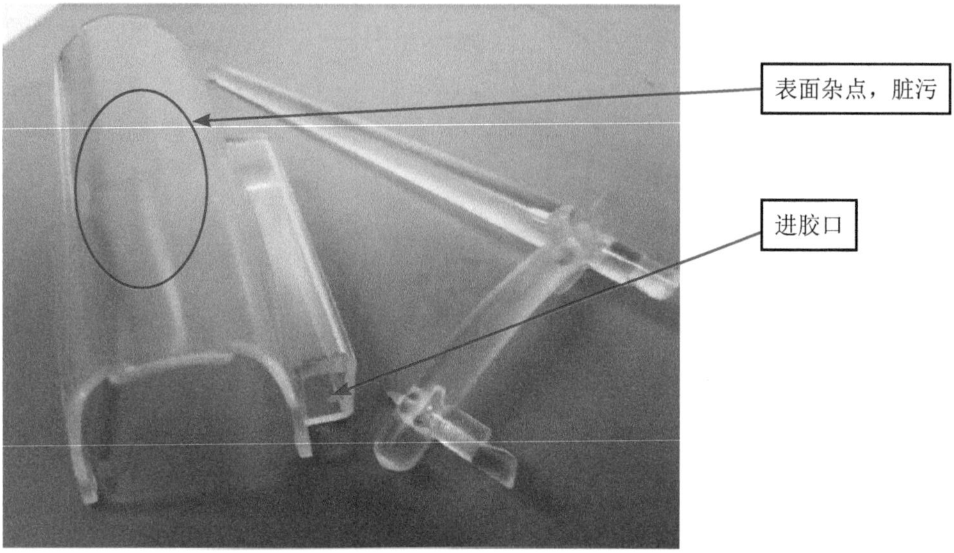

现象 透明保护盖在生产过程中时常会在产品表面不同位置出现杂点、脏污。

分析 模具表面高光亮，产品透明，模具流道残胶丝在注塑过程冲到产品表面形成杂点、脏污。

（1）注塑机特征

牌号：HT-DEMAG 锁模力：100t 塑化能力：150g

（2）模具特征

模出数：1×2 入胶方式：点浇口 顶出方式：顶块顶出 模具温度：100℃（恒温机）

（3）产品物征

材料：PC IR2200N 颜色：透明 产品重（单件）：2.5g 水口重：4.2g

（4）不良原因分析

模具主流道很大，进胶口方式为潜水点进胶，因调节产品变形冷却时间较长，开模时进胶位分流道分型面有轻微残胶，有残胶丝，以及模具流道配合不顺，有冷残胶丝，冲到产品表面形成杂点、脏污。

（5）对策

① 模具分流道省顺，前后模流道配顺。

② 将主流道冷料位置加大，出模省顺。

③ 清洁模具表面，保持洁净。

注塑成型工艺表

注塑机：HT-DEMAG　射胶量 150g			品名：保护盖		
原料：PC IR2200N	颜色：透明	干燥温度：120℃	干燥方式：抽湿干燥机	干燥时间：4h	再生料使用：0
成品重：2.5g×2=5g	水口重：4.2g	模具模出数：1×2	浇口入胶方式：点浇口		

料筒温度/℃	1	2	3	4	5
设定	320	315	310	285	
实际					
偏差					

模具温度/℃	使用机器	设定	实际
前	油温机	100	100
后	油温机	100	100

保压压力/kgf	45	50		保压位置/mm	12	射出压力/kgf	110	110	110	
保压时间/s	1.5	1.8				射压位置/mm	16	23.6	25	
射胶残量/g	8.2					射出速度/%	100	2	15	

中间时间/s	射胶时间/s	冷却时间/s	全程时间/s	背压/kgf	回转速度/%			回缩速度/%	料量位置/mm	回缩位置/mm
5	1.3	15	30	5	10	15	10	10	25	3

合模保护时间/s	加料监督时间/s	锁模力/kN	顶出长度/mm	顶出次数	回转位置/mm				
1	10	550	45	1	15	25	28		

模具运水图

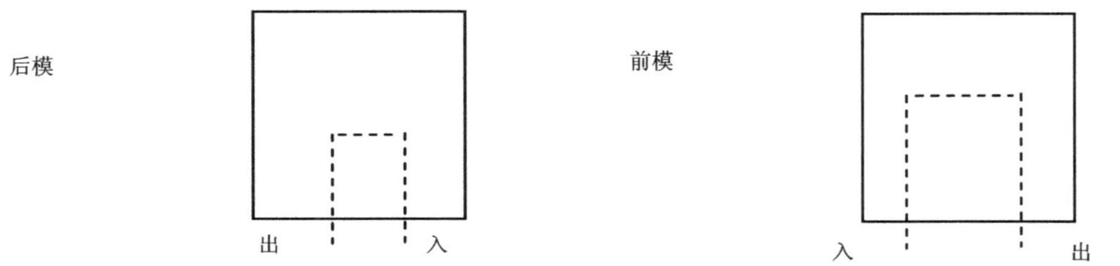

案例85 夹水线

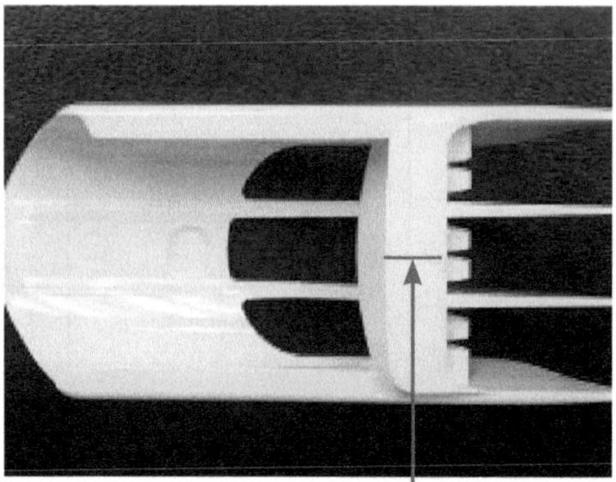

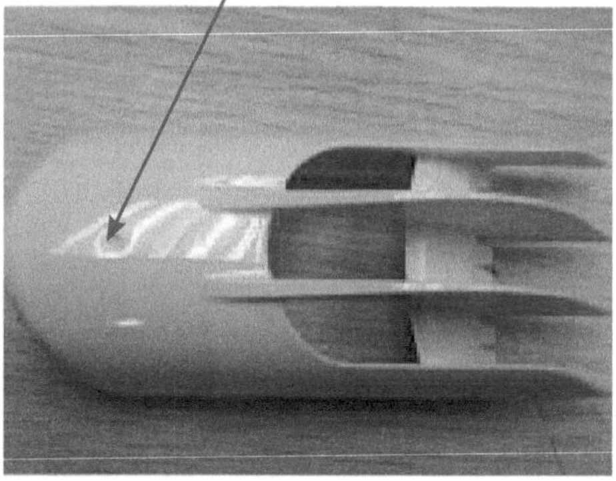

现象 此产品成型中容易在一平面印刷位出现夹水线。

分析 模具此部排位气效果不好；射胶速度及行程调整不到位。

（1）注塑机特征

牌号：海天　锁模力：120t　塑化能力：150g

（2）模具特征

模出数：1×2　入胶方式：点浇口　顶出方式：顶针顶出　模具温度：前后模90℃（恒温机），行位抽芯70℃

（3）产品物征

材料：PC K30 37824　颜色：白色　产品重（单件）：27.1g　水口重：13g

（4）不良原因分析

① 从模具入手改善此部位排气。

② 适当提高模具温度及熔胶温度，改善熔胶效果。

③ 找出产品此部位熔胶位置，调整好位置切换，增加射胶速度。

（5）对策

① 运用多级注射及位置切换。

② 第一段用相对快的速度刚刚充满流道至进胶口及找出相应的切换位置；第二段用慢速及很小的位置充过进胶口附近即可；第三段用快速充过产品的此部位；第四段用慢速充满模腔，使模腔内的空气完全排出，避免困气及烧焦等不良现象；最后转换到保压切换位置。

注塑成型工艺表

注塑机：海天 120 B 型螺杆 射胶量 150g			品名：理发器附件		
原料：PC K30	颜色：白色	干燥温度：110℃	干燥方式：抽湿干燥机	干燥时间：4h	再生料使用：0
成品重：27.1g×2＝54.2g	水口重：13g	模具模出数：1×2	浇口入胶方式：点浇口		

料筒温度/℃	1	2	3	4	5
设定	320	315	315	300	/
实际					
偏差					

模具温度/℃	使用机器	设　定	实　际
前、后	水温机	90	88
抽芯	水温机	70	68

保压压力/kgf	50			保压位置	末段	射出压力/kgf	100	100	120	110
保压时间/s	0.6					射压速度/%	15	30	8	30
射胶残量/g	7.8					射出位置/mm		15	38	45
						射出时间/s	2.0			

中间时间/s	射胶时间/s	冷却时间/s	全程时间/s	背压/kgf	回转速度/%			回缩速度/%	料量位置/mm	回缩位置/mm
1	2.0	20	45	5	10	15	10	10	38	3

合模保护时间/s	加料监督时间/s	锁模力/kN	顶出长度/mm	顶出次数	回转位置/mm				
1	10	120	45	1	15	35	38		

模具运水图

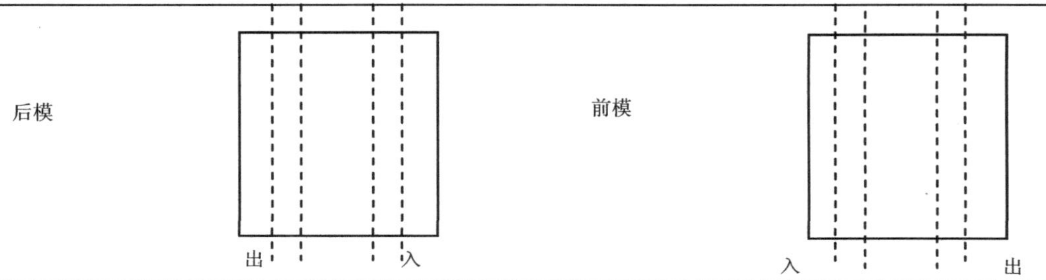

案例86 翘曲变形

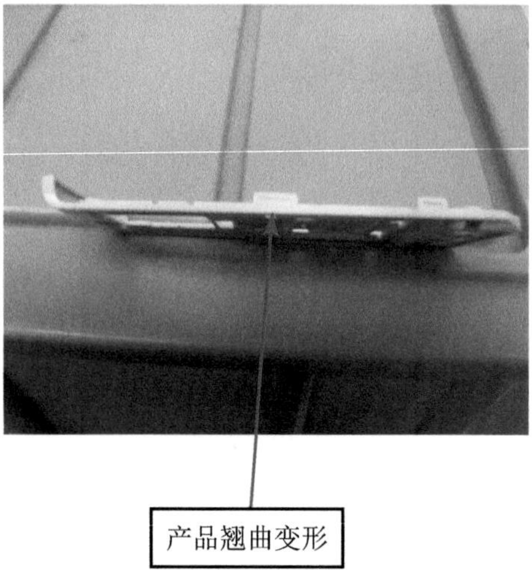

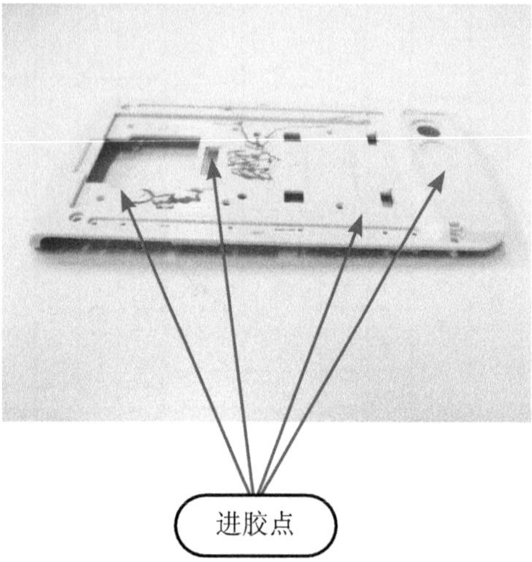

现象 机壳产品前壳在生产过程中出现翘曲变形。

分析 原料有玻璃纤维，在流动方向上取向易引起变形；产品内应力释放引起后收缩变形。

（1）注塑机特征

牌号：HT-DEMAG　锁模力：100t　塑化能力：150g

（2）模具特征

模出数：1×1　入胶方式：点浇口　顶出方式：顶针顶出　模具温度：120/135℃（恒温机）

（3）产品物征

材料：PC+GF20%　颜色：灰色　产品重（单件）：4.9g　水口重：5.6g

（4）不良原因分析

产品使用玻璃纤维增强材料注射时，玻璃纤维在流动方向上形成取向，易引起变形；产品胶位太薄，设计四点进胶，产品内应力太大，开模后应力释放造成变形。

（5）对策

① 采用调节前后模具温度差。

② 调节升高料筒温度。

③ 调节多段注塑及多段逐减保压。

注塑成型工艺表

注塑机：HT-DEMAG　射胶量 150g			品名：前壳		
原料：PC+GF20%	颜色：灰色	干燥温度：125℃	干燥方式：抽湿干燥机	干燥时间：4h	再生料使用：0
成品重：4.9g	水口重：5.6g	模具模出数：1×1	浇口入胶方式：点浇口		

料筒温度/℃	1	2	3	4	5
设定	325	325	310	295	/
实际					
偏差					

模具温度/℃	使用机器	设定	实际
前	油温机	135	135
后	油温机	120	120

保压压力/kgf	40	45	65	保压位置/mm	12.1
保压时间/s	0.3	0.5	0.8		
射胶残量/g	8.3				

射出压力/kgf	135	135	135	135
射压位置/mm	14	18	25	29
射出速度/%	25	70	85	32

中间时间/s	射胶时间/s	冷却时间/s	全程时间/s	背压/kgf	回转速度/%			回缩速度/%	料量位置/mm	回缩位置/mm
5	1.2	8	25	5	10	15	10	10	33	2

合模保护时间/s	加料监督时间/s	锁模力/kN	顶出长度/mm	顶出次数	回转位置/mm				
1	10	750	32	1	11	33	35	/	/

模 具 运 水 图

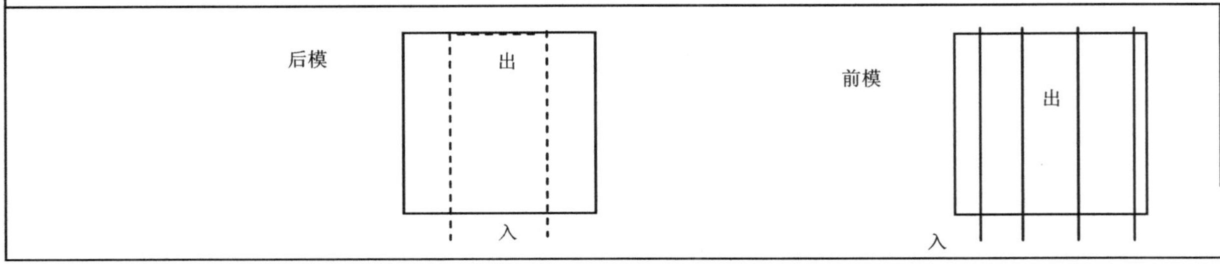

模具温度由原来前后模120℃改为单独模温控制，前模135℃，后模120℃

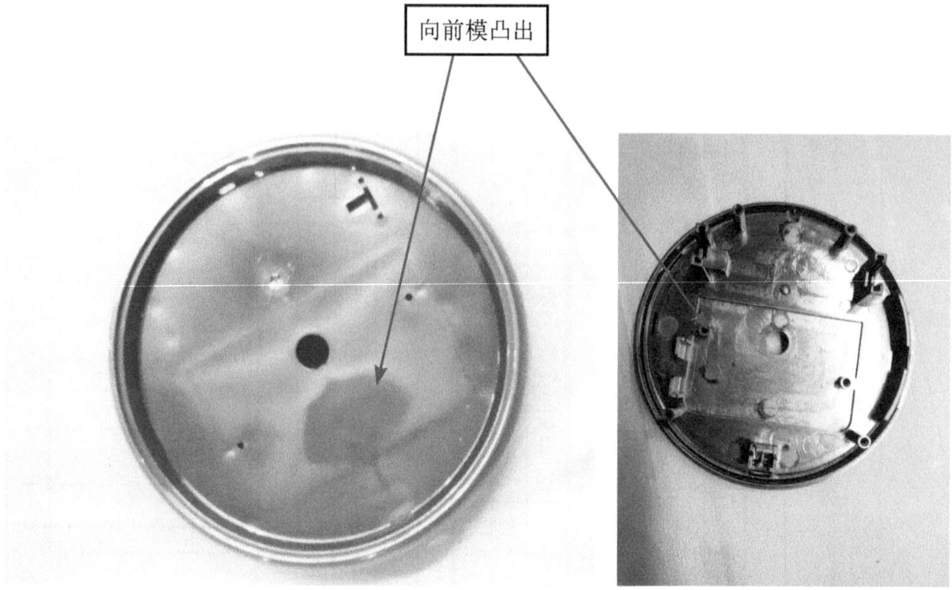

现象 圆盖制品表面中间向前模凸出。

分析 变形产生的原因是注塑件在成型后，由于内应力、外力或收缩不匀，导致注塑件局部或整体发生变形。

（1）注塑机特征

牌号：海天HTF120X1/J1　锁模力：120t　塑化能力：214cm^3

（2）模具特征

模出数：1×2　进胶口方式：点进胶　顶出方式：顶针顶出　模具温度：后模接冷却水，前模不接冷却水

（3）产品物征

材料：ABS-PA757　颜色：黑色　产品重（单件）：18.2g　水口重：4.5g

（4）不良原因分析

① 中间长方形壁薄；

② 前后模模温不均；

③ 冷却时间不够。

（5）成型分析及对策

① 因成型条件设置导致残余应力造成变形时，可通过降低注射压力、提高模具温度并使模具温度均匀、提高树脂温度或采用退火方法消除应力；

② 脱模不良引起应力变形时，可通过增加推杆数量或面积，设置脱模斜度等方法加以解决；

③ 由于冷却方法不合适，冷却不均匀或冷却时间不足时，可调整冷却方法及延长冷却时间等。例如，可尽可能地在贴近变形的地方设置冷却回路。

冷却时间由15s改为25s

注塑成型工艺表

注塑机：HTF120X1/J1	B-D40 螺杆　射胶量 214 cm^3		品名：圆盖	
原料：ABS-PA757	颜色：黑色	干燥温度：80℃	干燥方式：料斗干燥机	干燥时间：2h　再生料使用：0
成品重：18.2g	水口重：4.5g	模具模出数：1×2	浇口入胶方式：点进胶	

料筒温度/℃	1	2	3	4	5
设定	270	245	210	200	0
实际	273	245	211	200	
偏差					

模具温度/℃	使用机器	设定	实际
前			
后	机水	25	25

	保压 4	保压 3	保压 2	保压 1
保压压力 /kgf				50
保压流量				3
保压时间 /s				0.5
射胶残量 /g				

转保压时间 /s
2

	射出 4	射出 3	射出 2	射出 1
射出压力 /kgf		150	160	160
射出速度 /%		11	55	90
位置 /mm		20.0	40.0	55.0
时间 /s			2.0	

监控				
中间时间 /s	射胶时间 /s	冷却时间 /s	全程时间 /s	顶退延时 /s
0.5	0.8	25	43.4	0
合模保护时间 /s	锁模力 /kN	开模终止 /m	顶出长度 /m	
0.6	140	347.8	20	

	压力 /kgf	速度 /%	背压 /kgf	终止位置 /mm
储料 1	120	70	6	50.0
储料 2	120	70	6	70.0
射退	55	25		74.0

模具运水图

案例87 毛边

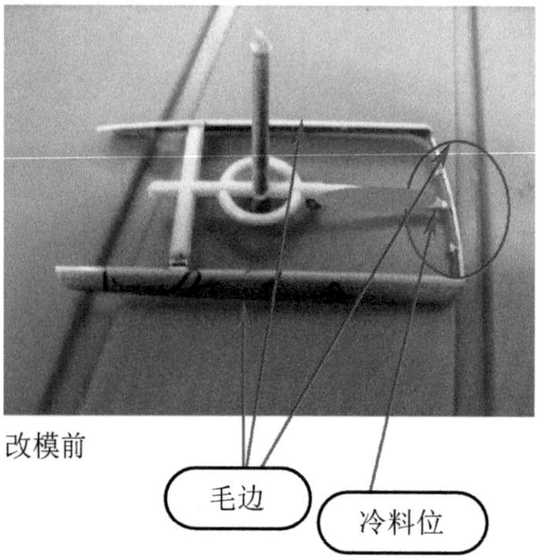
毛边
冷料位
改模前

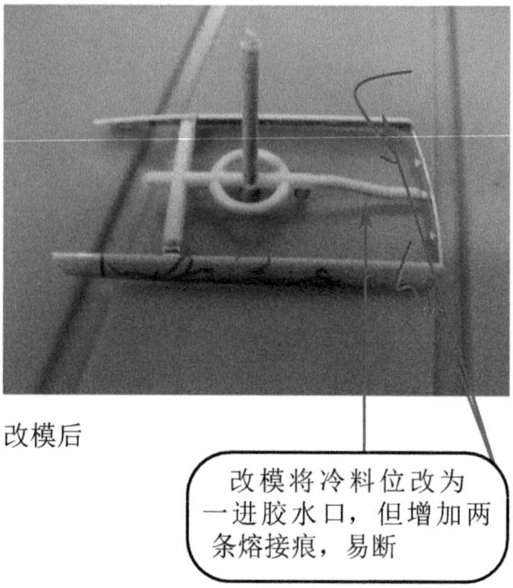
改模将冷料位改为一进胶水口，但增加两条熔接痕，易断
改模后

现象 机壳产品前壳装饰件在生产过程中在PL面和扣位有毛边。

分析 模具水口设计不合理，为调节产品多处骨位缩印，产品PL面和扣位出现毛边。

（1）注塑机特征

牌号：HT-DEMAG　锁模力：100t　塑化能力：90g

（2）模具特征

模出数：1×1　入胶方式：搭接浇口　顶出方式：顶针顶出　模具温度：115℃（恒温机）

（3）产品物征

材料：ABS+PC　颜色：灰色　产品重（单件）：5.5g　水口重：3.3g

（4）不良原因分析

模具进胶口方式为搭接进胶，模具水口设计不合理，为调节产品多处骨位缩印，产品PL面和扣位出现毛边。

（5）对策

① 增加一进胶，改模将冷料位改为一进胶水口，但增加两条熔接痕，易断。

② 将原来ABS+PC原料更改为PC原料，增加韧性，改善易断。

注塑成型工艺表

注塑机：HT-DEMAG	射胶量 90g	品名：前壳装饰件	
原料：ABS+PC	颜色：灰色	干燥温度：100℃	干燥方式：抽湿干燥机
干燥时间：4h	再生料使用：0		
成品重：5.5g	水口重：3.3g	模具模出数：1×1	浇口入胶方式：搭接浇口

料筒温度/℃	1	2	3	4	5
设定	280	280	270	245	
实际					
偏差					

模具温度/℃	使用机器	设　定	实　际
前	油温机	115	115
后	油温机	115	115

保压压力/kgf	45	85		保压位置/mm	9.1
保压时间/s	1.5	1.8			
射胶残量/g	6.3				

射出压力/kgf	130	130	130	
射压位置/mm	15	18	25	
射出速度/%	22	38	25	

中间时间/s	射胶时间/s	冷却时间/s	全程时间/s	背压/kgf	回转速度/%			回缩速度/%	料量位置/mm	回缩位置/mm
5	2.6	8	22	5	10	15	10	10	28	2

合模保护时间/s	加料监督时间/s	锁模力/kN	顶出长度/mm	顶出次数	回转位置/mm				
1	10	550	35	1	15	28	30		

模　具　运　水　图

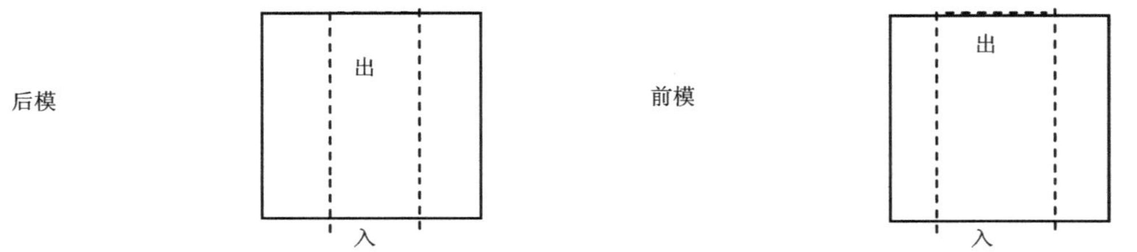

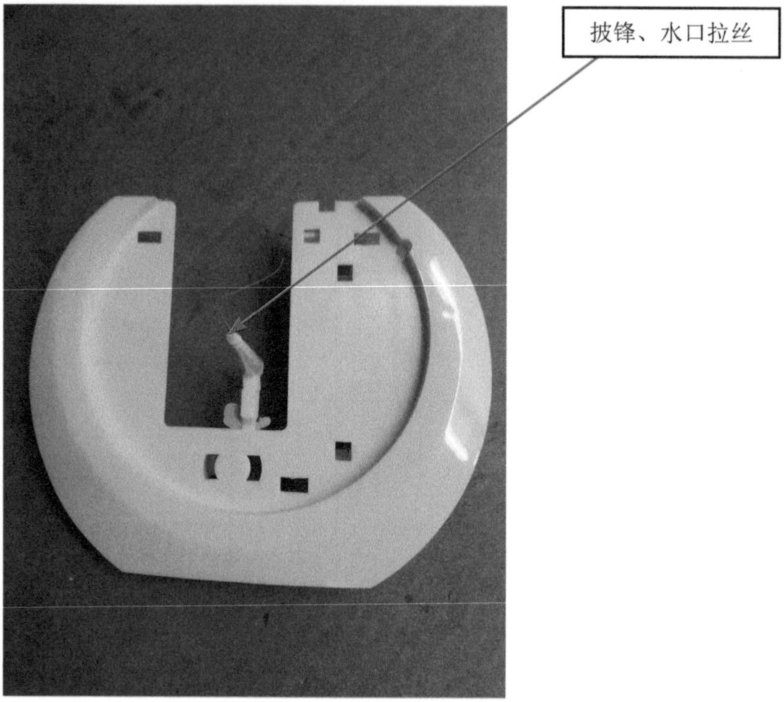

现象 卡壳制品水口拉丝。

分析 上一模制品浇口拉出料丝粘附在模具表面，下一模成型时在产品表面形成丝状物。

（1）注塑机特征

牌号：海天HTF160X1/J1　锁模力：160t　塑化能力：320cm^3

（2）模具特征

模出数：1×1　进胶口方式：侧进胶　顶出方式：顶针顶出　模具温度：前模接冷却水，后模接冷却水

（3）产品物征

材料：ABS-PA757　颜色：白色　产品重（单件）：34.6g　水口重：1.6g

（4）不良原因分析

① 缩水不良原因分析：模具分型面加工粗糙；型腔及抽芯部分的滑动件磨损过多；采用了熔体流动性好的材料，如PP、PA、PS；注射压力过大；熔体温度高；注射压力分布不均，充模速度不均；注射量过多，致使模腔内压力过大。

② 水口拉丝原因：射嘴温度过高；背压太大；抽胶量过小。

（5）成型分析及对策

① 进浇口处披锋一般都是制品过保压引起；

② 调整保压时间参数；

③ 调整射退终位置，改善拉丝。

改为1.5s，改善披锋

射退终止位置改为66mm，改善拉丝

注塑成型工艺表

注塑机：HTF160X1/J1	ϕ45 螺杆　射胶量 320cm³			品名：卡壳	
原料：ABS-PA757	颜色：白色	干燥温度：80℃	干燥方式：料斗干燥机	干燥时间：2h	再生料使用：0
成品重：34.6g	水口重：1.6g		模具模出数：1×1	浇口入胶方式：侧进胶	

料筒温度 /℃	1	2	3	4	5
设定	260℃	220	200	190	180
实际	260	220	200	190	180
偏差		△	△	△	△

模具温度 /℃		使用机器	设定	实际
	前	机水		
	后	机水		

	保压 4	保压 3	保压 2	保压 1	转保压
保压压力 /kgf			60	80	
保压流量			5	8	
保压时间 /s			2.0	0.3	位置 30.4
射胶残量 /g	30.4				

	射出 4	射出 3	射出 2	射出 1
射出压力 /kgf		140	145	135
射出速度 /%		15	17	20
位置 /mm	0	21.0	32.0	45.0

监控

中间时间 /s	射胶时间 /s	冷却时间 /s	全程时间 /s	顶退延时 /s
1.4	6.0	15	39.6	2.00

合模保护时间 /s	锁模力 /kN	开模终止位置 /mm	顶出长度 /mm
0.9	120	400.0	62.0

时间 /s	6.0			
	压力 /kgf	速度 /%	背压 /kgf	终止位置 /mm
储料 1	120	70	12	45.0
储料 2	120	55	12	60.0
射退	40	18		64.0

模 具 运 水 图

案例88 粘模

现象 机壳产品保护塞在生产过程中出现产品粘前模。

分析 模具设计产品外观为纹面，不易出模。

（1）注塑机特征

牌号：HT-50T　锁模力：50t　塑化能力：60g

（2）模具特征

模出数：1×4　入胶方式：搭接浇口　顶出方式：镶针顶出　模具温度：45℃/65℃（恒温机）

（3）产品物征

材料：TPU　颜色：黑色　产品重（单件）：1.5g　水口重：3.3g

（4）不良原因分析

模具入胶方式为搭接进胶，模具设计产品外观为纹面，不易出模。后模镶件因原料为软胶料无法辅助出模，造成产品粘前模。

（5）对策

采用前、后模模温差。前模温度高，便于脱模。

注塑成型工艺表

注塑机：HT-50T　射胶量 60g			品名：保护塞		
原料：TPU	颜色：黑色	干燥温度：80℃	干燥方式：抽湿干燥机	干燥时间：2h	再生料使用：0
成品重：1.5g	水口重：3.3g	模具模出数：1×4	浇口入胶方式：搭接浇口		

料筒温度/℃					
	1	2	3	4	5
设定	195	180	170	165	
实际					
偏差					

模具温度/℃		使用机器	设定	实际
	前	油温机	65	65
	后	机水	45	45左右

保压压力/kgf	55			保压位置/mm	9.1	射出压力/kgf	110	25	130	
保压时间/s	0.3					射压位置/mm	15	18	25	
射胶残量/g	6.3					射出速度/%	6	8	15	

中间时间/s	射胶时间/s	冷却时间/s	全程时间/s	背压/kgf	回转速度/%			回缩速度/%	料量位置/mm	回缩位置/mm
5	2.6	15	35	5	10	15	10	10	28	2

合模保护时间/s	加料监督时间/s	锁模力/kN	顶出长度/mm	顶出次数	回转位置/mm				
1	10	45	35	1	15	28	30		

模具运水图

后模　　　　　　　　前模

案例89 夹线、变形

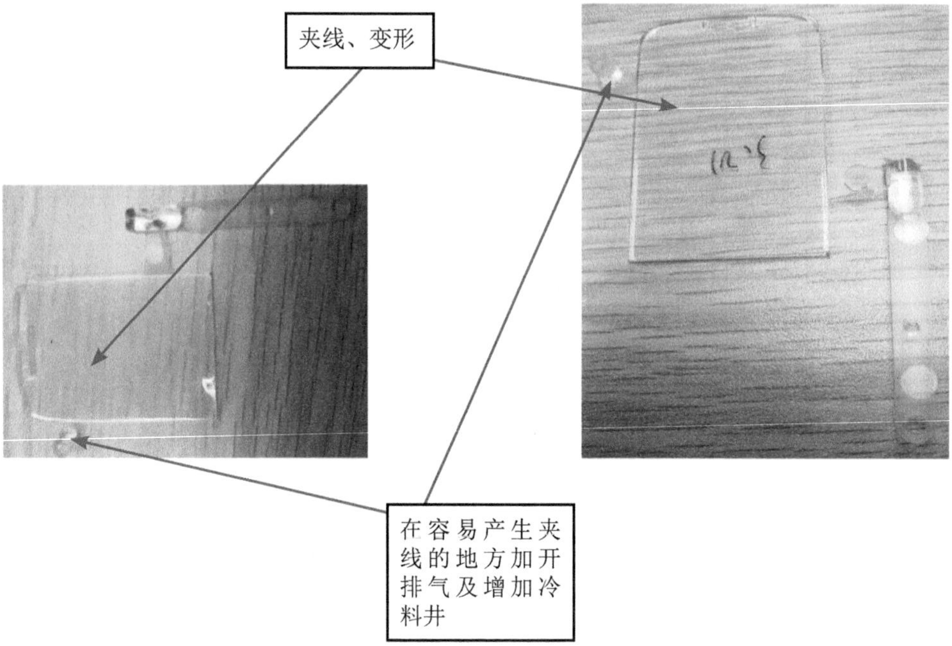
夹线、变形
在容易产生夹线的地方加开排气及增加冷料井

现象 透明镜片在生产过程中出现夹线、变形。

分析 速度快会产生熔料加剧剪切产生高温易分解；模具表面排气不良。

（1）注塑机特征

牌号：DEMAG　锁模力：50t　塑化能力：64g

（2）模具特征

模出数：1×2　入胶方式：扇形浇口　顶出方式：顶针顶出　模具温度：80℃（恒温机）

（3）产品物征

材料：PMMA 8N　颜色：透明　产品重（单件）：3.8g　水口重：5.3g

（4）不良原因分析

模具主流道很大，入胶方式为扇形进胶，熔料流至进胶口附近，由于速度过快及模具表面很光洁，形成高剪切使熔料瞬间迅速升温，原料分解产生气体，气体未及时排出而导致制品变形及夹线。

（5）对策

① 运用多级注射及位置切换。

② 在产生夹线位置处增加冷料井及加开排气。

③ 在产生夹线的地方放慢注射速度气体也容易排出。

注塑成型工艺表

注塑机：DEMAG 60T　B 型螺杆　射胶量 65g			品名：透明镜		
原料：PMMA　8N	颜色：透明	干燥温度：80℃	干燥方式：抽湿干燥机	干燥时间：2h	再生料使用：0
成品重：3.8g×2=7.6g	水口重：5.3g	模具模出数：1×2	浇口入胶方式：扇形浇口		

料筒温度/℃						模具温度/℃		使用机器	设定	实际
	1	2	3	4	5		前	水温机	80	72
设定	280	270	260	220			后	水温机	80	72
实际										
偏差										

保压压力/kgf	50			保压位置/mm	12	射出压力/kgf	100	100	120	
保压时间/s	3					射压位置/mm	15	26	31	
射胶残量/g	8.6					射出速度/%	5	8	12	

中间时间/s	射胶时间/s	冷却时间/s	全程时间/s	背压/kgf	回转速度/%			回缩速度/%	料量位置/mm	回缩位置/mm
1	5	10	25	5	10	15	10	10	35	3

合模保护时间/s	加料监督时间/s	锁模力/kN	顶出长度/mm	顶出次数	回转位置/mm				
1	10	60	45	1	15	35	38		

模具运水图

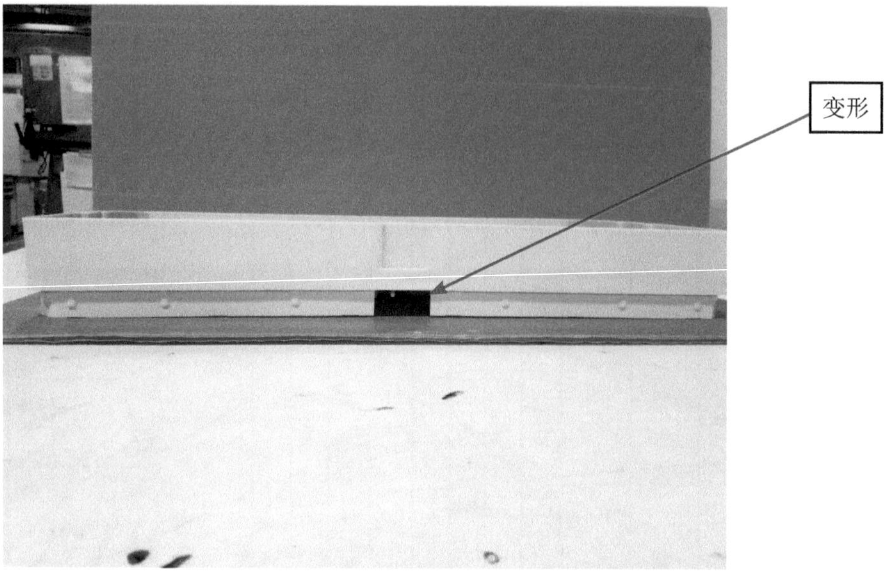

现象 支架盒制品表面变形。

分析 注塑件在成型后，由于内应力、外力或收缩不匀，注塑件局部或整体发生变形。

（1）注塑机特征

牌号：东芝IS350GS　锁模力：350t　塑化能力：855cm^3

（2）模具特征

模出数：1×1　进胶口方式：点进胶　顶出方式：顶针顶出　模具温度：前模接机水，后模接机水

（3）产品物征

材料：PP　颜色：浅蓝色　产品重（单件）：453.7g　水口重：26.6g

（4）不良原因分析

① 模温温差大；

② 冷却时间不足；

③ 顶出不平衡；

④ 保压不足；

⑤ 塑料分子取向作用大；

⑥ 产品厚薄过渡不合理。

（5）成型分析及对策

此产品为较大的长方形，且是PP料，成型后具有较大的收缩性，故采用加长冷却时间来改善变形。

冷却时间由30s改为40s

注塑成型工艺表

注塑机：IS350GS　ϕ60 螺杆　射胶量 855 cm^3		品名：支架盒	
原料：PP	颜色：浅蓝色	干燥温度：80℃	干燥方式：料斗干燥机
干燥时间：2h	再生料使用：0		
成品重：453.7g	水口重：26.6g	模具模出数：1×1	浇口入胶方式：点进胶

料筒温度 /℃	1	2	3	4	5
设定	290	225	210	185	
实际	290	225	210	185	
偏差		△	△	△	△

模具温度 /℃	使用机器	设定	实际
前	机水		
后	机水		

	保压 4	保压 3	保压 2	保压 1	转保压位置 /mm
保压压力 /kgf		65	90.0	115	
保压流量		8	10	15	
保压时间 /s		2.0	4.0	5.0	35.0
射胶残量 /g	26.4				

	射出 4	射出 3	射出 2	射出 1
射出压力 /kgf	30	60	140	150
射出速度 /%	20	50	89	70
位置 /mm	23.0	60.0	90.0	220.0

监控				
中间时间 /s	射胶时间 /s	冷却时间 /s	全程时间 /s	顶退延时 /s
0	4.0	40	69.51	2.00

合模保护时间 /s	锁模力 /kN	开模终止 /mm	顶出长度 /mm
1.9	120	400.0	85.0

时间 /s	4.0			
	压力 /kgf	速度 /%	背压 /kgf	终止位置 /mm
储料 1	145	65	15	150.0
储料 2	145	62	12	260.0
射退	50	20		270.0

模具运水图

案例90 水口位变形

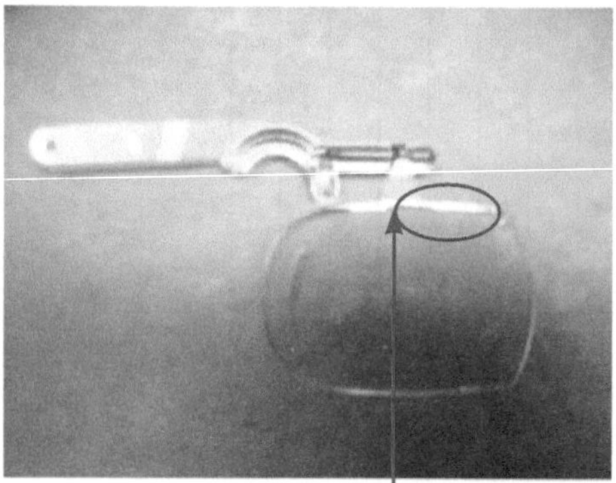

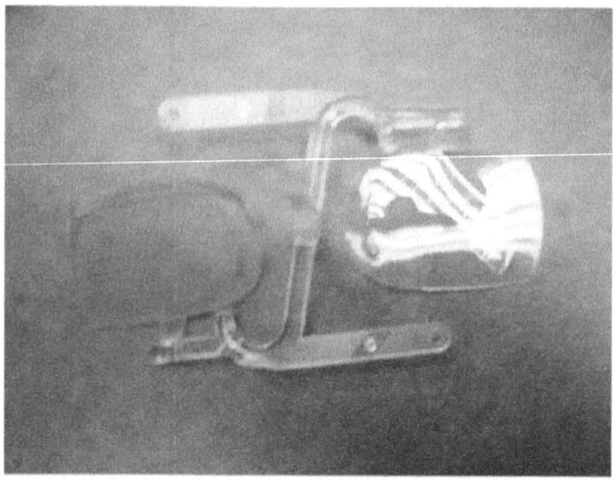

入水口经常出现凹凸不平的形状

现象 透明镜片在生产过程中时常会在水口位附近出现凸凹不平。

分析 ① 速度慢会使水口附近过快冷却；② 浇口在已冷却的情况下继续向模内注塑。

（1）注塑机特征

牌号：DEMAG　锁模力：50t　塑化能力：64g

（2）模具特征

模出数：1×2　入胶方式：点浇口　顶出方式：顶针顶出　模具温度：70℃（恒温机）

（3）产品物征

材料：PMMA 8N　颜色：透明　产品重（单件）：6.88g　水口重：5.57g

（4）不良原因分析

模具主流道很大，进胶口方式为扇形进胶，熔料流至进胶口附近，由于速度过慢及注射时间过长，形成凸凹不平。

（5）对策

① 运用多级注射及位置切换。

② 第一段用相对快的速度刚刚充满流道至进胶口及找出相应的切换位置；第二段用中速及很小的位置充过进胶口附近即可；第三段用快速充满模腔的90%以免高温的熔融胶料冷却；第四段用慢速充满模腔，使模腔内的空气完全排出；最后转换到保压切换位置。

③ 适当增加模具表面温度，防止熔体过早冷却。

注塑成型工艺表

注塑机：DEMAG 50 0T　B 型螺杆　射胶量 64g			品名：透明镜		
原料：PMMA　8N	颜色：透明	干燥温度：80℃	干燥方式：抽湿干燥机	干燥时间：2h	再生料使用：0
成品重：6.88g×2=13.76g	水口重：5.57g	模具模出数：1×2	浇口入胶方式：点浇口		

料筒温度/℃	1	2	3	4	5
设定	286	272	263	220	
实际					
偏差					

模具温度/℃	使用机器	设定	实际
前	水温机	82	78
后	水温机	82	75

保压压力/kgf	50			保压位置/mm	12	射出压力/kgf	100	100	110	
保压时间/s	3					射压位置/mm	12	12	12	
射胶残量/g	8.3					射出速度/%	55	8	55	
	10									

中间时间/s	射胶时间/s	冷却时间/s	全程时间/s	背压/kgf	回转速度/%			回缩速度/%	料量位置/mm	回缩位置/mm
1	5	10	25	5	10	15	10	10	38	3

合模保护时间/s	加料监督时间/s	锁模力/kN	顶出长度/mm	顶出次数	回转位置/mm				
1	10	60	45	1	15	35	38		

模具运水图

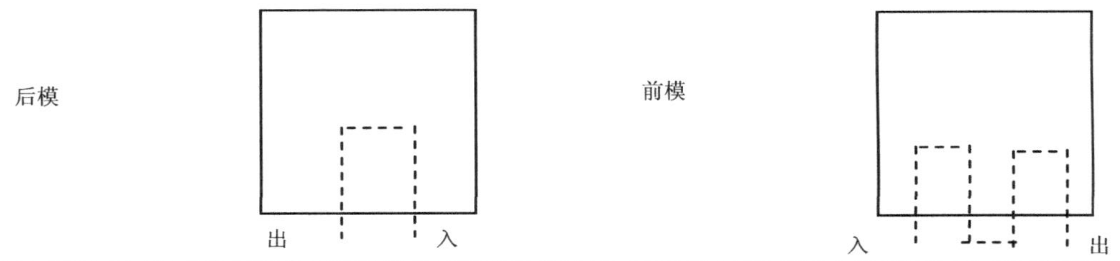

案例91 圆顶针位披锋

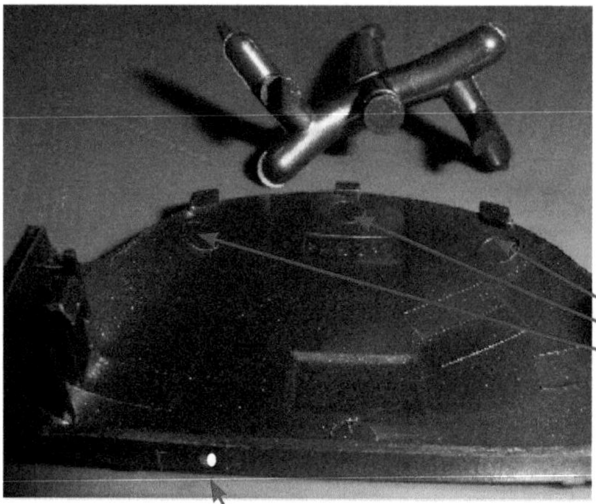

现象 由于产品困气，在各圆顶针顶出部磨有0.025mm排气槽，在冲胶时圆顶针位易产生披锋（多胶）。

分析 圆顶针上磨有0.025mm排气槽，注塑速度过快塑料易冲在顶针位排气槽内有披锋（多胶）产生；注塑压力过大，会将塑料挤压进顶针的排气槽内产生披锋；位置切换不当或过迟。

（1）注塑机特征

牌号：海天　锁模力：140t　塑化能力：133g

（2）模具特征

模出数：1×2　入胶方式：点浇口　顶出方式：推板顶出　模具温度：83℃（恒温机）

（3）产品物征

材料：ABS　颜色：黑色+金粉　产品重（单件）：3g　水口重：8g

（4）不良原因分析

由于圆顶针上磨有0.025mm排气槽后，在顶针与顶针孔间有0.025 mm间隙空间，如注射速度与注射压力过大，加之ABS料的流动性，顶针孔排气槽内极易产生披锋（多胶）。

（5）对策

① 运用三级注塑（中压，慢速）及位置切换。

② 第一段充胶至产品入胶口周围，第二段配合位置切换充胶至产品的80%左右，第三段填满产品以确保产品外观和尺寸。

注塑成型工艺表

注塑机：海天 80T　B 型螺杆　射胶量 133g	品名：背面镶板

原料：ABS	颜色：黑色	干燥温度：80℃	干燥方式：抽湿干燥机	干燥时间：2h	再生料使用：0
成品重：3g×2=6g	水口重：8g	模具模出数：1×2	浇口入胶方式：点浇口		

料筒温度/℃					
	1	2	3	4	5
设定	228	220	215	210	200
实际					
偏差					

模具温度/℃		使用机器	设定	实际
	前	油温机	100	83
	后	油温机	100	83

				保压位置/mm	12
保压压力/kgf	50				
保压时间/s	3				
射胶残量/g	6.8				

射出压力/kgf			70	75
射压位置/mm		20		
射出速度/%	55	35		
射速位置/mm	12			

中间时间/s	射胶时间/s	冷却时间/s	全程时间/s	背压/kgf	回转速度/%			回缩速度/%	料量位置/mm	回缩位置/mm
1	0.8	8	22	5	10	15	10	10	25	3

合模保护时间/s	加料监督时间/s	锁模力/kN	顶出长度/mm	顶出次数	回转位置/mm				
1	10	80	45	1	15	35	38		

模具运水图

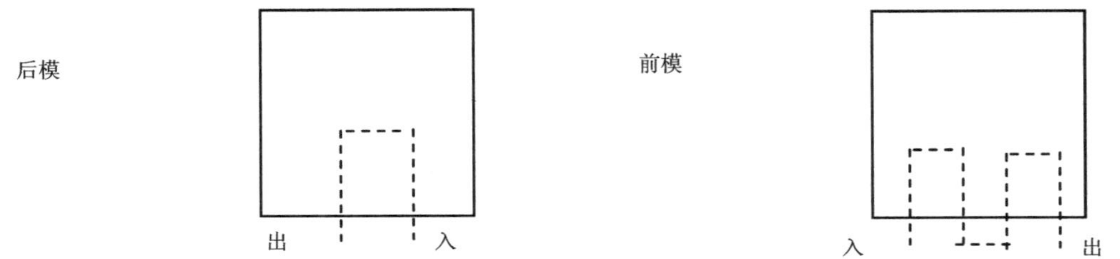

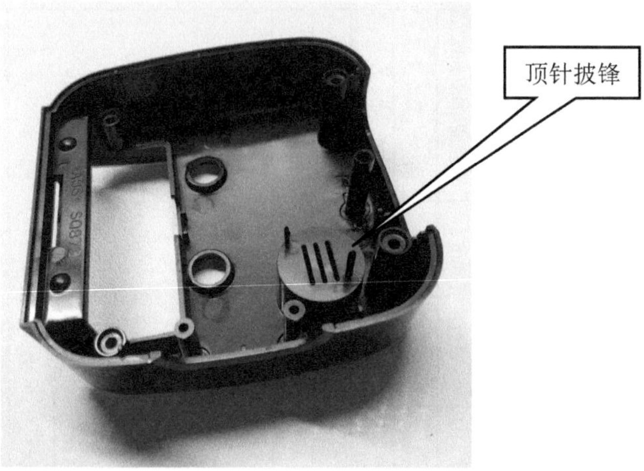

现象 电池壳盖制品表面上产生顶针披锋。

分析 熔体充模时进入模具分型面或型腔嵌块缝隙中，在制品上形成多余部分，多为射胶压力过大或过保压造成进料过多引起。

（1）注塑机特征

牌号：海天HTF160X1/J1　锁模力：160t　塑化能力：320cm^3

（2）模具特征

模出数：2×2　进胶口方式：点进胶　顶出方式：顶针顶出　模具温度：采用模温机，温度80℃；后模不接冷却水

（3）产品物征

材料：ABS-PA757　颜色：黑色　产品重（单件）：前盖24.1g，后盖18.9g　水口重：12.9g

（4）不良原因分析

① 模具缺陷；

② 锁模力不足；

③ 机台模板平行度不良；

④ 注射压力过大；

⑤ 射速过快；

⑥ 转保压位置不当；

⑦ 保压压力过大；

⑧ 料温过高；

⑨ 模温过高。

（5）对策

① 采用多级注射及多级保压方式进行；

② 降低射胶成型压力、速度参数；

③ 降低成型保压参数，避免造成进料过多。

注塑成型工艺表

速度及转保压位置是关键

注塑机：HTF160X1/J1　ϕ45 螺杆　射胶量 320 cm^3			品名：电池壳		
原料：ABS-PA757	颜色：黑色	干燥温度：80℃	干燥方式：料斗干燥机	干燥时间：2h	再生料使用：0
成品重：前盖 24.1g 后盖 18.9g	水口重：12.9g		模具模出数：2×1	浇口入胶方式：点进胶	

料筒温度 /℃	1	2	3	4	5
设定	270	230	220	210	200
实际	270	230	220	210	200
偏差					

模具温度 /℃	使用机器	设定	实际
前	水温机	80	
后	不接水		

	保压 4	保压 3	保压 2	保压 1	转保压
保压压力 /kgf			120	110	
保压流量			6	6	
保压时间 /s			1.0	0.5	位置 28.0
射胶残量 /g	20.2				

	射出 4	射出 3	射出 2	射出 1
射出压力 /kgf	155	165	145	142
射出速度 /%	15	18	25	13
位置 /mm	28.0	30.0	50.0	82.0

监控				
中间时间 /s	射胶时间 /s	冷却时间 /s	全程时间 /s	顶退延时 /s
0		20	47.5	1.00
合模保护时间 /s	锁模力 /kN	开模终止位置 /mm	顶出长度 /mm	
0.9	130	400.0	65.0	

时间			6.0	
	压力 /kgf	速度 /%	背压 /kgf	终止位置 /mm
储料 1	135	70	12	65.0
储料 2	120	60	12	85.0
射退	50	12		89.0

模具运水图

案例92 入胶口位烘印

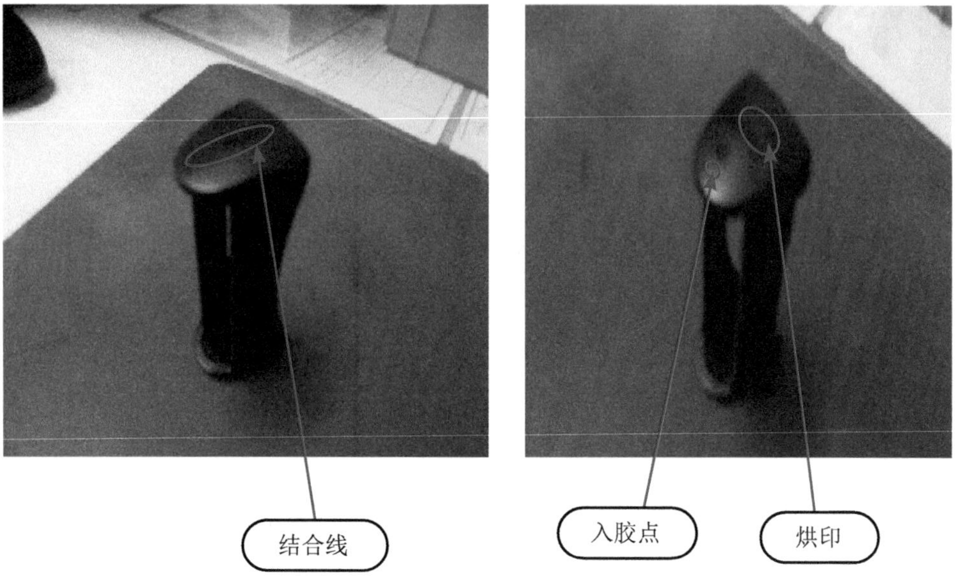

现象 在入胶口处，内壁胶厚不均匀，易受压力的挤压导致产品出现烘印（表面光泽度不均匀）。

（1）注塑机特征

牌号：海天 锁模力：140t 塑化能力：133g

（2）模具特征

模出数：1×2 入胶方式：点浇口 顶出方式：推板顶出 模具温度：90℃（恒温机）

（3）产品物征

材料：ABS 颜色：黑色 产品重（单件）：5g 水口重：8.6g

（4）不良原因分析

① 此部位在入胶口处，内壁胶厚不均匀，薄胶位处受到注射压力过大时，产生烘印。

② 在调好产品尾部夹线后，产品表面出现烘印。

③ 入胶品内壁胶位厚薄不一。

（5）对策

① 运用多级注射、保压及位置切换。

② 第一段用慢速低压填满产品入胶口至产品45%左右；第二段中速中压走满产品，并确保产品以及入水口位无明显缩水；第三段高压慢速调至夹线位熔接线不明显状态。

③ 用较高第一段保压压力与慢速去填满产品的缩水部位，用第二段保压控制产品烘印大小以确保品质外观和尺寸。

注塑成型工艺表

注塑机：海天 80T　B 型螺杆　射胶量 133g			品名：外刀架		
原料：ABS	颜色：黑色	干燥温度：80℃	干燥方式：抽湿干燥机	干燥时间：2h	再生料使用：0
成品重：5g×2=10g	水口重：8.6g	模具模出数：1×2	浇口入胶方式：点浇口		

料筒温度/℃					
	1	2	3	4	5
设定	245	235	228	220	210
实际					
偏差					

模具温度/℃		使用机器	设定	实际
	前	油温机	100	83
	后	油温机	100	83

保压压力/kgf	88	98		保压位置/mm	12	射出压力/kgf		60	50	
保压时间/s		15				射压位置/mm	10	12	20	
射胶残量/g	6.2					射出速度/%	20	45	10	

中间时间/s	射胶时间/s	冷却时间/s	全程时间/s	背压/kgf	回转速度/%			回缩速度/%	料量位置/mm	回缩位置/mm
1	1.4	8	25	5	10	15	10	10	25	3

合模保护时间/s	加料监督时间/s	锁模力/kN	顶出长度/mm	顶出次数	回转位置/mm				
1	10	80	45	1	15	35	38		

模 具 运 水 图

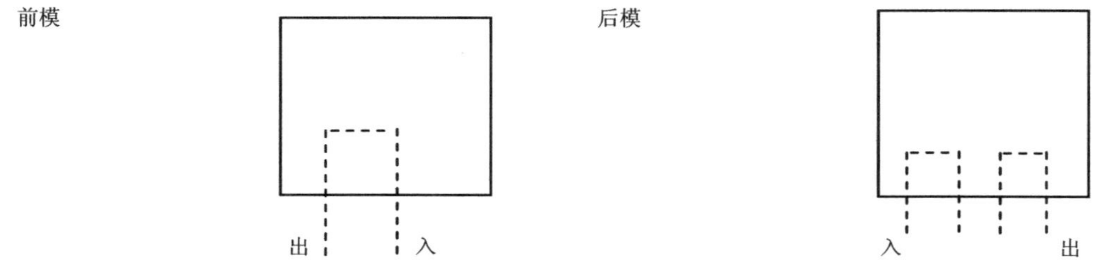

案例93 水口拉胶粉

（1）注塑机特征

牌号：DEMAG　锁模力：100t　塑化能力：150g左右

（2）模具特征

模出数：1×2　入胶方式：潜水入胶　顶出方式：顶针顶出　模具温度：100℃（恒温机）

（3）产品物征

材料：ABS+PC GE1200HF-100　颜色：黑色　产品重（单件）：7.15g　水口重：2.18g

（4）不良原因分析

① 水口针孔不光滑，在顶出时导致拉胶粉。

② 进胶水口针铁料太薄，在顶出时有摆动。

（5）对策

① 省光顶针孔。

② 跟模具厂商量更改水口设计标准。

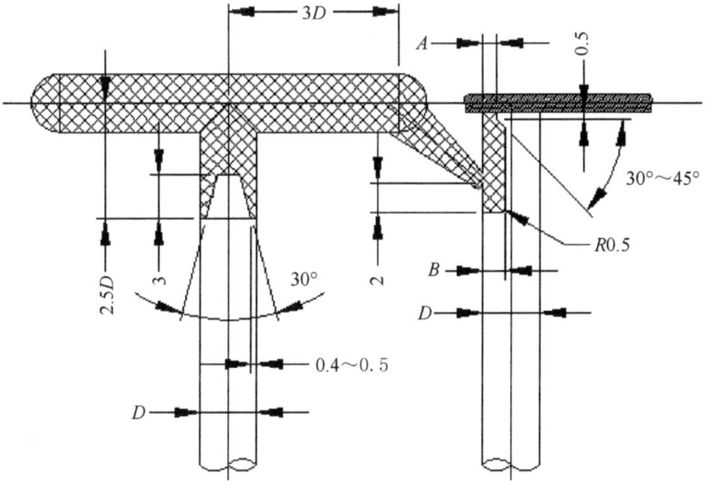

潜顶针水口设计标准

案例94 内侧拉伤

原因 产品采用潜进胶，在开模时如果作业员没发现水口掉进内行位内，就会导致下一步动作时压模，引起内行位插烧，造成产品内侧拉伤。

（1）注塑机特征

牌号：DEMAG 锁模力：100t 塑化能力：150g左右

（2）模具特征

模出数：1×2 入胶方式：点浇口 顶出方式：顶针顶出 模具温度：100℃（恒温机）

（3）产品物征

材料：ABS+PC GN5001RFH 颜色：灰色 产品重（单件）：3.83g 水口重：16.02g

（4）不良原因分析

每个产品的潜浇口达4个，作业员有可能在开模时没注意导致水口掉行位内，造成行位插烧而拉模。

（5）对策

因为水口多不方便拿取，于是将相邻两个水口在模具上开一小槽来连起来，达到好取的目的，节约时间，提高生产效率。

注塑成型工艺表

注塑机：DEMAG 100T　B 型螺杆　射胶量 150g			品名：电池框		
原料：ABS+PC GN5001RFH	颜色：灰	干燥温度：90℃	干燥方式：抽湿干燥机	干燥时间：4h	再生料使用：0
成品重：3.83g×2=7.66g	水口重：16.02g	模具模出数：1×2	浇口入胶方式：潜浇口		

料筒温度/℃	1	2	3	4	5
设定	292	290	285	245	
实际					
偏差					

模具温度/℃	使用机器	设定	实际
前	油温机	90	85
后	油温机	90	86

保压压力/kgf	50			保压位置/mm	10	射出压力/kgf		105		
保压时间/s	3					射压位置/mm		48	23	
射胶残量/g	7.0					射出速度/%	95	48		
						射速位置/mm	12	23.5		

中间时间/s	射胶时间/s	冷却时间/s	全程时间/s	背压/kgf	回转速度/%			回缩速度/%	料量位置/mm	回缩位置/mm
1	5	10	25	5	10	15	10	10	38	3

合模保护时间/s	加料监督时间/s	锁模力/kN	顶出长度/mm	顶出次数	回转位置/mm				
1	10	60	45	1	15	35	38		

模　具　运　水　图

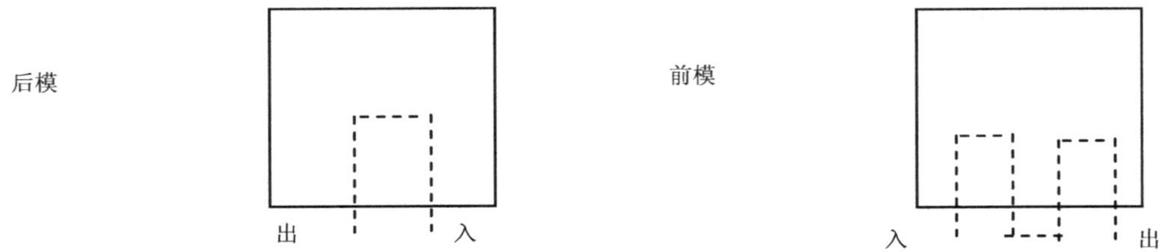

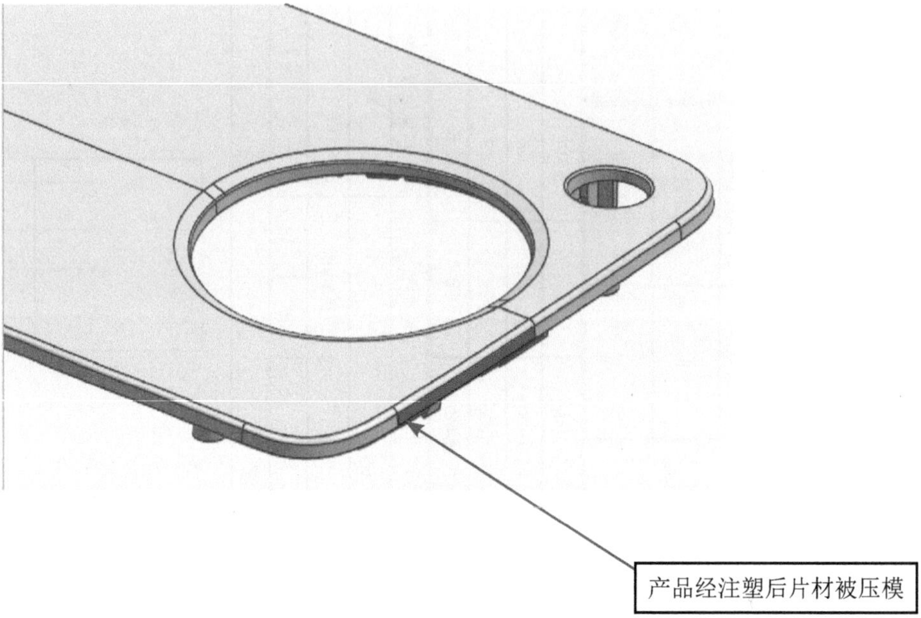

(1) 注塑机特征

牌号：DEMAG　锁模力：50t　塑化能力：100g左右

(2) 模具特征

模出数：1×2　入胶方式：牛角浇口　顶出方式：顶针顶出　模具温度：80℃（恒温机）

(3) 产品物征

材料：PMMA IRK-304　颜色：透明色　产品重（单件）：8.64g　水口重：3.61g

(4) 不良原因分析

片材在合模过程中不能定位导致。

(5) 对策

增加一个入子来定位，具体如图所示。

案例94

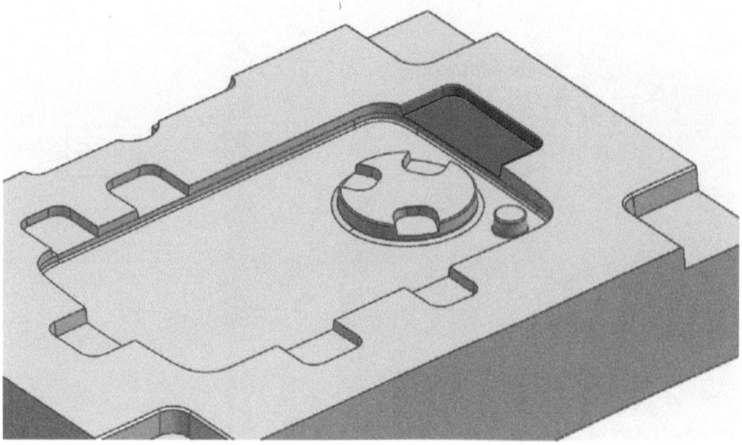

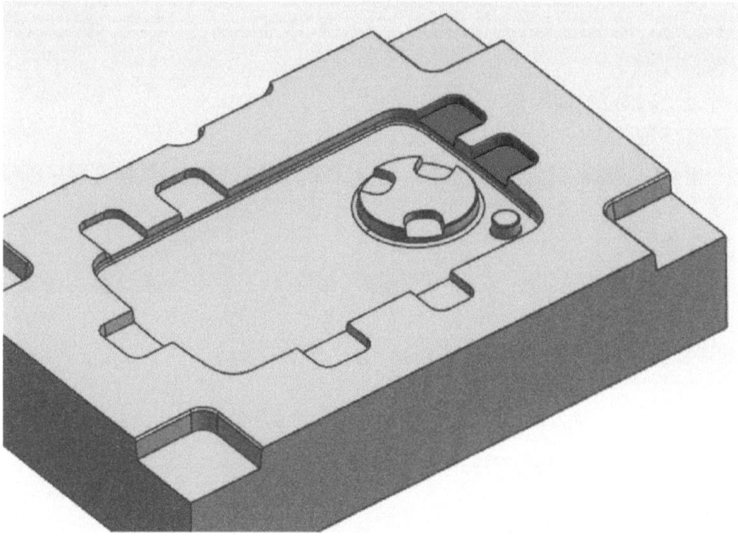

案例95 料花

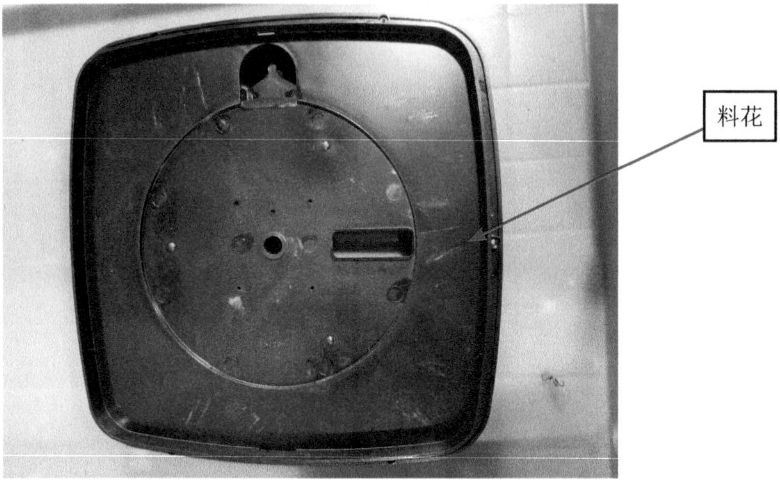

现象 底壳制品上产生料花。

分析 由于混有水汽、空气或杂质，当熔体流动时，气体和杂质逐步渗到产品表面，导致材料分层，即使用很大的压力也无法使它们很强地结合，表现为银纹或银斑。

（1）注塑机特征

牌号：东芝IS229G　锁模力：220t　塑化能力：450cm^3

（2）模具特征

模出数：1×1　进胶口方式：点进胶　顶出方式：顶针顶出　模具温度：前模接冷却水，后模接冷却水

（3）产品物征

材料：ABS-PA757　颜色：黑色　产品重（单件）：157.4g　水口重：12.4g

（4）不良原因分析

① 原料干燥温度低、干燥时间短；

② 储料背压低；

③ 后松退位置大；

④ 料筒及热流道温度高造成原料分解；

⑤ 射胶速度快；

⑥ 模具排气不良；

⑦ 材料水分及低分子含量高。

（5）成型分析及对策

此料花分布在整个产品表面，多为胶料没有烘干，应充分烘干胶料。

注塑成型工艺表

注塑机：IS220G　ϕ45 螺杆　射胶量 490 cm^3			品名：底壳		
原料：ABS-PA757	颜色：黑色	干燥温度：80℃	干燥方式：料斗干燥机	干燥时间：2h	再生料使用：0
成品重：157.4g	水口重：12.4g	模具模出数：1×1	浇口入胶方式：点进胶		

料筒温度 /℃	1	2	3	4	5
设定	265	235	230	220	200
实际	265	235	230	220	200
偏差					

模具温度 /℃	使用机器	设定	实际
前	机水		
后	机水		

	保压 4	保压 3	保压 2	保压 1	转保压位置 /mm
保压压力 /kgf			90	95	
保压流量 /%			10	13	
保压时间 /s			1.3	1.0	20.0
射胶残量 /g	19.6				

	射出 4	射出 3	射出 2	射出 1
射出压力 /kgf	75	110	110	105
射出速度 /%	20	40	70	88
位置 /mm	0	28.0	40.0	75.0

监控

中间时间 /s	射胶时间 /s	冷却时间 /s	全程时间 /s	顶退延时 /s
3	6.5	20	41.53	2.00

合模保护时间 /s	锁模力 /kN	开模终止位置 /mm	顶出长度
1.9	130	340.0	65

时间	6.0			
	压力 /kgf	速度 /%	背压 /kgf	终止位置 /mm
储料 1	100	70	10	95.0
储料 2	90	60	10	110.0
射退	40	15		114.0

模具运水图

案例96 表面流纹

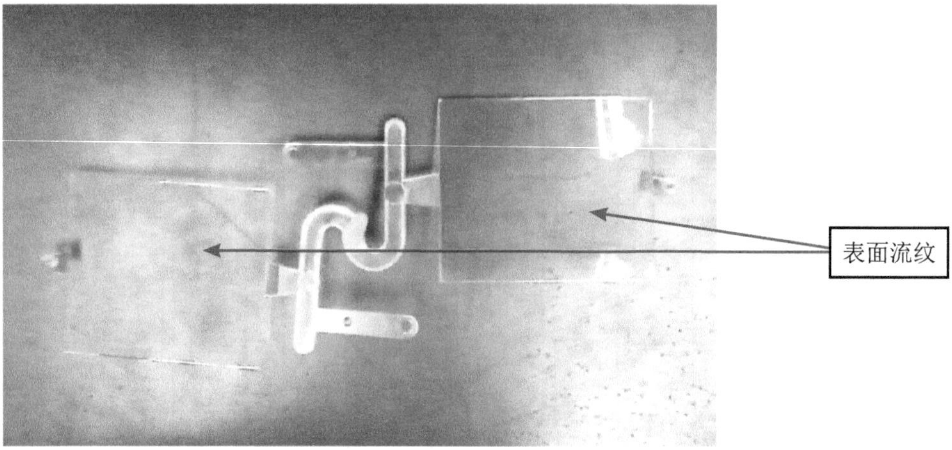

现象 透明镜片在生产过程中在表面出现流纹。

分析 速度慢会导致熔体过快冷却，模具表面温度过低；位置切换过早。

（1）注塑机特征

牌号：DEMAG　锁模力：50t　塑化能力：64g

（2）模具特征

模出数：1×2　入胶方式：扇形浇口　顶出方式：顶针顶出　模具温度：70℃（恒温机）

（3）产品物征

材料：PMMA 8N　颜色：透明　产品重（单件）：1.5g　水口重：13g

（4）不良原因分析

模具温度低，射速也比较慢，造成熔体过快冷却。

（5）对策

① 运用多级注射及位置切换。

② 第一段用相对快的速度刚刚充满流道至进胶口及找出相应的切换位置。然后第二段用慢速及很小的位置充过进胶口附近即可。第三段用快速充满模腔的90%以免高温的熔融胶料冷却，形成波浪纹。第四段用慢速充满模腔，使模腔内的空气完全排出，避免困气及烧焦等不良现象。最后转换到保压切换位置。

注塑成型工艺表

注塑机：DEMAG 50T B 型螺杆 射胶量 64g			品名：透明镜		
原料：PMMA 8N	颜色：透明	干燥温度：80℃	干燥方式：抽湿干燥机	干燥时间：2h	再生料使用：0
成品重：1.5g×8=12g	水口重：13g	模具模出数：1×8	浇口入胶方式：点浇口		

料筒温度/℃	1	2	3	4	5
设定	260	260	250	220	
实际					
偏差					

模具温度/℃	使用机器	设定	实际
前	水温机	90	92
后	水温机	90	91

保压压力/kgf	50			保压位置/mm	12	射出压力/kgf	120	120	120
保压时间/s	3					射压位置/mm	13	22	28
射胶残量/g	6.8					射出速度/%	5	12	8

中间时间/s	射胶时间/s	冷却时间/s	全程时间/s	背压/kgf	回转速度/%			回缩速度/%	料量位置/mm	回缩位置/mm
1	5	10	25	5	10	15	10	10	32	3

合模保护时间/s	加料监督时间/s	锁模力/kN	顶出长度/mm	顶出次数	回转位置/mm				
1	10	60	45	1	15	35	38		

模具运水图

后模

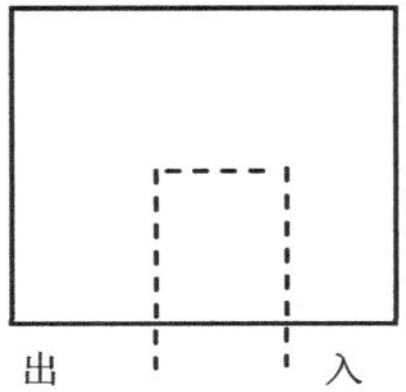

前模

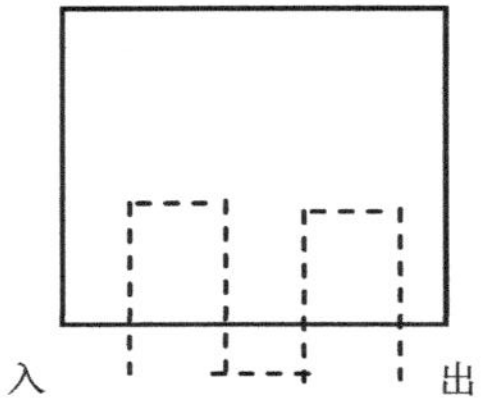

将模具温度由70℃升至90℃，产品外观质量得到保证

案例97 变形

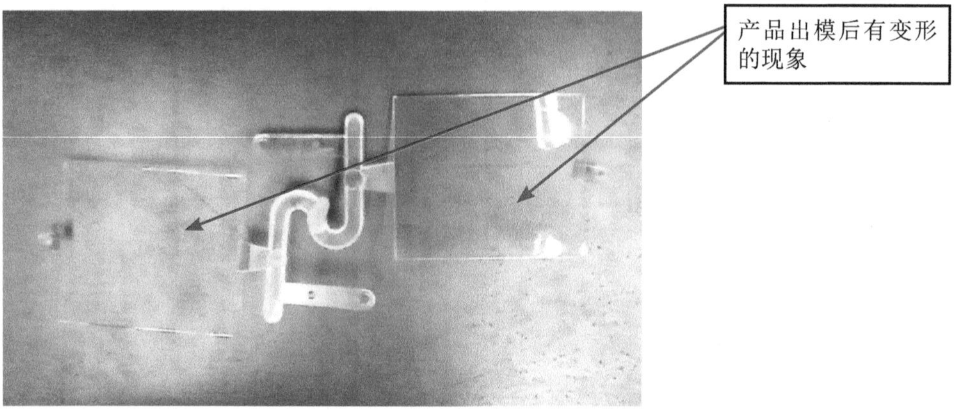

分析 ① 模具温度过高；② 冷却时间不足；③ 成型周期太短。

（1）注塑机特征

牌号：DEMAG 锁模力：50t 塑化能力：64g

（2）模具特征

模出数：1×2 入胶方式：扇形浇口 顶出方式：顶针顶出 模具温度：70℃（恒温机）

（3）产品物征

材料：PMMA 8N 颜色：透明 产品重（单件）：1.5g 水口重：13g

（4）不良原因分析

模具温度太高，成型周期过短，造成产品出模后还没有充分冷却。

（5）对策

① 运用多级注射及位置切换。

② 适当降低模具温度。

③ 适当增加冷却时间及成型周期。

注塑成型工艺表

注塑机：DEMAG 50T B型螺杆 射胶量64g			品名：透明镜		
原料：PMMA 8N	颜色：透明	干燥温度：80℃	干燥方式：抽湿干燥机	干燥时间：2h	再生料使用：0
成品重：1.5g×8=12g	水口重：13g	模具模出数：1×8	浇口入胶方式：点浇口		

料筒温度/℃	1	2	3	4	5
设定	268	260	250	220	
实际					
偏差					

模具温度/℃		使用机器	设定	实际
	前	油温机	100	92
	后	油温机	100	91

保压压力/kgf	50			保压位置/mm	12	射出压力/kgf		100	110	120
保压时间/s	3					射压位置/mm		12		
射胶残量/g	7.8					射出速度/%	55	3		
						射速位置/mm	12	23.5		

中间时间/s	射胶时间/s	冷却时间/s	全程时间/s	背压/kgf	回转速度/%			回缩速度/%	料量位置/mm	回缩位置/mm
1	5	10	25	5	10	15	10	10	38	3
合模保护时间/s	加料监督时间/s	锁模力/kN	顶出长度/mm	顶出次数	回转位置/mm					
1	10	60	45	1	15	35	38			

模具运水图

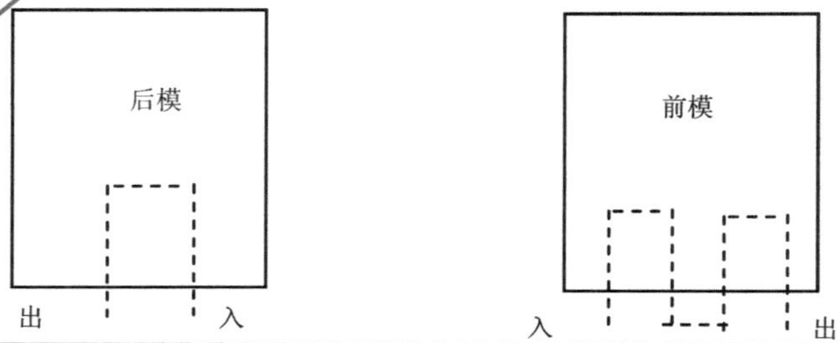

冷却时间由原来的10s增至16s，成型周期由原来25s增至31s，可保证产品基本不变形

将模具温度由100℃降至90℃，产品外观质量得到保证

案例98 两侧面顶出变形

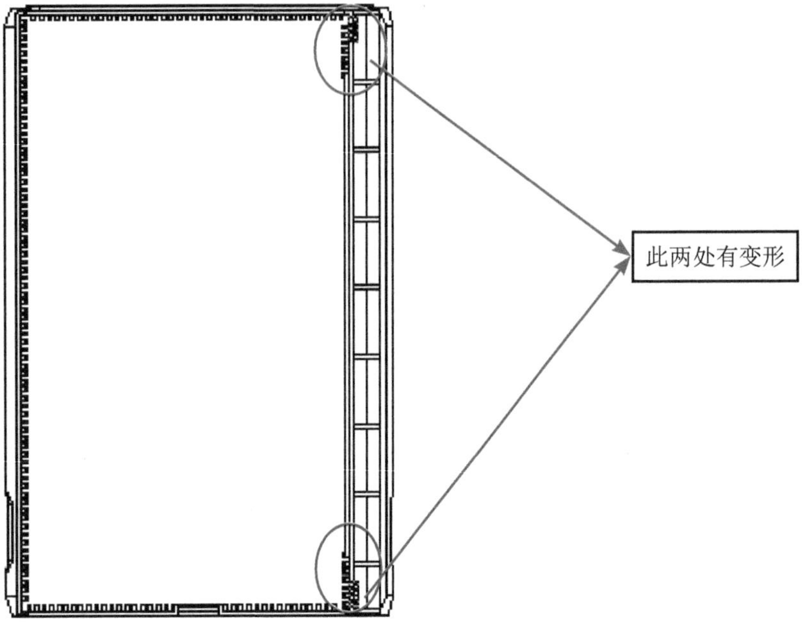

(1) 注塑机特征

牌号：DEMAG　锁模力：100t　塑化能力：150g左右

(2) 模具特征

模出数：1+1　入胶方式：牛角浇口　顶出方式：顶针顶出　模具温度：105℃(恒温机)

(3) 产品物征

材料：ABS+PC HI-1001BN W91605　颜色：灰色　产品重（单件）：4.27g　水口重：12.62g

(4) 不良原因分析

① 因为底壳比面壳难以走胶，因此在面壳充满的情况下底壳还需进胶，导致面壳在成型中过饱，因此而粘后模。

② 此处靠近进胶，并且骨位多，在开模顶出时粘后模导致产品变形。

(5) 对策

① 加大底壳入水尺寸；

② 在顶变形处增加两支扁顶针，具体如图。

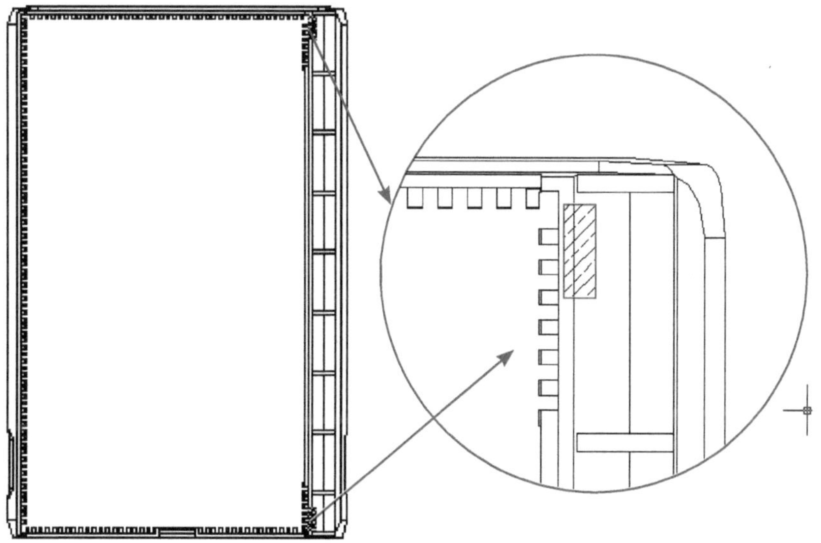

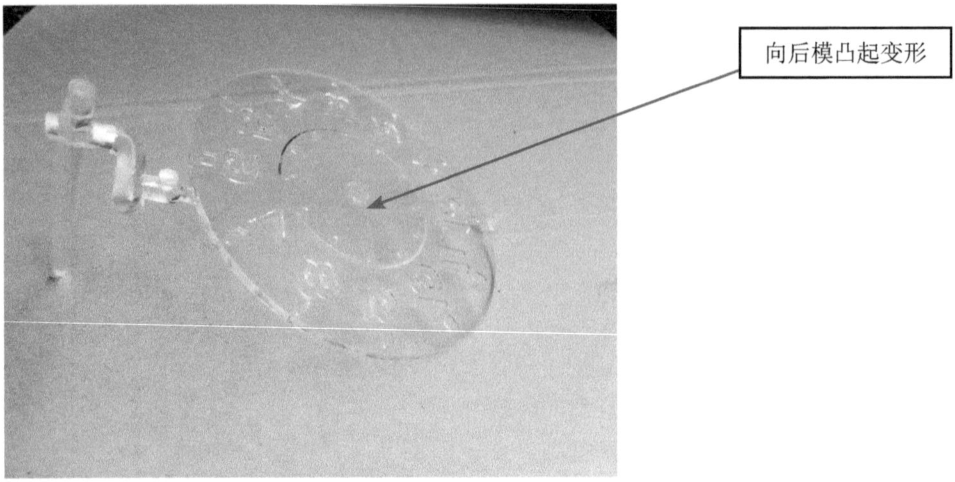

现象 数字透镜制品的表面上产生变形。

分析 变形产生的原因是注塑件在成型后，由于内应力、外力或收缩不匀，注塑件局部或整体发生变形。

（1）注塑机特征

牌号：海天MA900/260　锁模力：90t　塑化能力：121cm^3

（2）模具特征

模出数：1×1　进胶口方式：侧进胶　顶出方式：顶针顶出　模具温度：前模、后模采用模温机，温度均85℃

（3）产品物征

材料：ABS-PA757　颜色：透明　产品重（单件）：3.3g　水口重：9.5g

（4）不良原因分析

① 原料受到高压高温而产生内部应力造成变形；

② 由于产品内部的密度不均匀而产生变形；

③ 产品厚薄相差大，冷却速度不均匀，薄壁部分的原料冷却快，黏度提高，厚壁的部分加快收缩，造成变形；

④ 成品没有充分冷却，顶针对表面施加压力，造成变形；

⑤ 入水设计不合理。

（5）成型分析及对策

① 对于成型收缩所引起的变形，必须修正模具的设计；

② 脱模不良引起应力变形时，可通过增加推杆数量或面积，设置脱模斜度等方法加以解决；

③ 冷却方法不合适，使冷却不均匀或冷却时间不足时，可调整冷却方法及延长冷却时间等，例如尽可能地在靠近变形的地方设置冷却回路。

改为75℃

注塑成型工艺表

注塑机：MA900/260　A-D32 螺杆　射胶量 121cm³				品名：数字透镜	
原料：GPPS-PG33	颜色：透明	干燥温度：80℃	干燥方式：料斗干燥机	干燥时间：2h	再生料使用：0
成品重：12.4g	水口重：2.7g	模具模出数：1×1	浇口入胶方式：侧进胶		

料筒温度 /℃					
	1	2	3	4	5
设定	240	230	210	200	190
实际	240	230	210	200	190
偏差					

模具温度 /℃		使用机器	设定	实际
	前	水温机	85	
	后	水温机	85	

	保压 4	保压 3	保压 2	保压 1	转保压位置 /mm
保压压力 /kgf			50	60	
保压流量			7	3	
保压时间 /s			3.5	0.5	4.2
射胶残量 /g	37.9				

	射出 4	射出 3	射出 2	射出 1
射出压力 /kgf	0	50	90	80
射出速度 /%	0	20	55	20
位置 /mm	0	42.0	46.0	61.0

监控				
中间时间 /s	射胶时间 /s	冷却时间 /s	全程时间 /s	顶退延时
4.0	5.07	35	53.81	0.5
合模保护时间 /s	锁模力 /kN	开模终止位置 /mm	顶出长度 /mm	
0.9	140	250.0	48.0	

时间 /s			8.0	
	压力 /kgf	速度 /%	背压 /kgf	终止位置 /mm
储料 1	90	50	12	45.0
储料 2	80	40	12	60.0
射退	40	15		63.0

模具运水图

案例99 外观色差

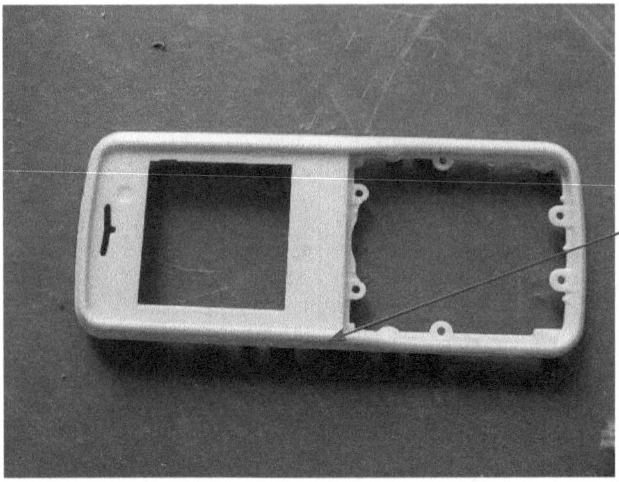

现象 机壳产品前壳在生产过程中产品表面外观色差。

分析 料流剪切力高和热分解；原料熔胶不均匀；产品颜色敏感易产生视觉差。

（1）注塑机特征

牌号：HT-DEMAG 锁模力：100t 塑化能力：150g

（2）模具特征

模出数：1×2 入胶方式：点浇口 顶出方式：顶针顶出 模具温度：105℃（恒温机）

（3）产品物征

材料：ABS+PC 颜色：黑色 产品重（单件）：5.5g 水口重：3.3g

（4）不良原因分析

模具主流道很大，入胶方式为点进胶，料流剪切力高和热分解以及原料熔胶不均造成产品表面外观色差现象。

（5）对策

① 原料充分干燥，减少水分。

② 增加原料塑化能力，保持塑化均匀。

③ 模具加开排气。

④ 改善模具冷却水路均匀。

⑤ 采用多段注塑，增加模具温度。

⑥ 降低料筒温度。

⑦ 降低注射速度。

⑧ 缩短和稳定生产周期，减少残余量。

注塑成型工艺表

注塑机：HT-DEMAG　射胶量 150g			品名：前壳		
原料：ABS+PC	颜色：黑色	干燥温度：100℃	干燥方式：抽湿干燥机	干燥时间：4h	再生料使用：0
成品重：5.5g	水口重：3.3g		模具模出数：1×2	浇口入胶方式：点浇口	

料筒温度/℃	1	2	3	4	5
设定	275	270	260	245	
实际					
偏差					

模具温度/℃	使用机器	设定	实际
前	油温机	115	115
后	油温机	115	115

保压压力/kgf	45	85		保压位置/mm	9.1
保压时间/s	1.5	1.8			
射胶残量/g	5.3				

射出压力/kgf	130	130	130	
射压位置/mm	15	18	25	
射出速度/%	22	38	25	

中间时间/s	射胶时间/s	冷却时间/s	全程时间/s	背压/kgf	回转速度/%			回缩速度/%	料量位置/mm	回缩位置/mm
5	2.6	6	20	5	10	15	10	10	28	2

合模保护时间/s	加料监督时间/s	锁模力/kN	顶出长度/mm	顶出次数	回转位置/mm				
1	10	550	35	1	15	28	30		

模 具 运 水 图

后模

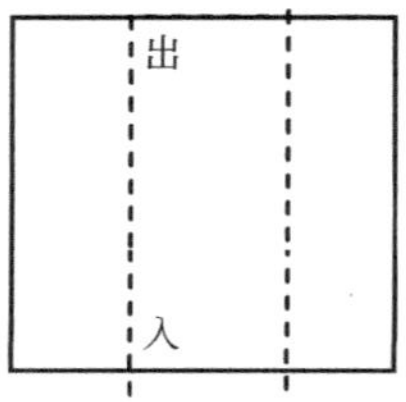

前模

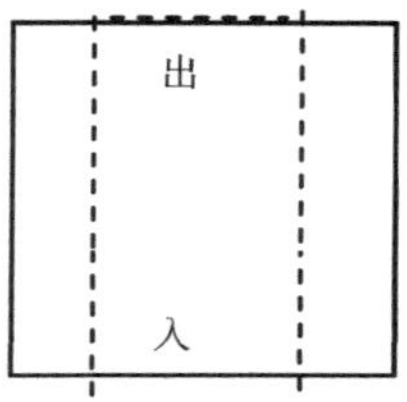

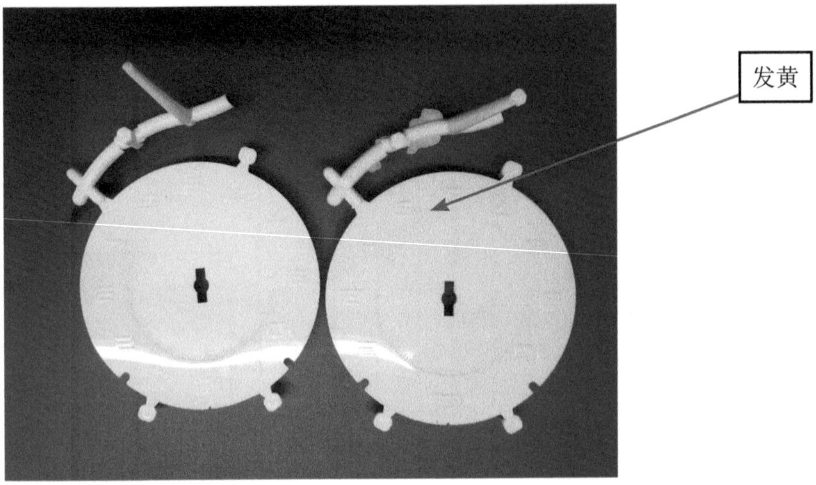

现象 数字钟面制品表面上部分发黄。

分析 熔料强度下降或色粉或胶料不耐高温，在较高的温度时发生降解而变色；因色粉混合差异而致变色。

（1）注塑机特征

牌号：海天HTF160X1/J1 锁模力：160t 塑化能力：320cm^3

（2）模具特征

模出数：1×1 进胶口方式：侧进胶 顶出方式：顶针顶出 模具温度：前模不接冷却水，后模采用模温机，温度95℃

（3）产品物征

材料：ABS-PA757 颜色：白色 产品重（单件）：15.7g 水口重：5.1g

（4）不良原因分析

① 不耐温的色粉在较高的温度时发生降解而变色；

② 不耐温的胶料在较高的温度时发生降解而变色；

③ 因色粉混合差异而致变色。

（5）成型分析及对策

① 降低背压，减慢熔胶转速；

② 降低料筒温度设定；

③ 检查并排除料筒死角；

④ 更换热稳定性好的色母。

温度由240℃降至220℃

注塑成型工艺表

注塑机：HTF160X1/J1	ϕ45 螺杆　射胶量 320 cm^3		品名：数字钟面
原料：ABS-PA757	颜色：白色	干燥温度：80℃	干燥方式：料斗干燥机
干燥时间：2h	再生料使用：0		
成品重：15.7g	水口重：5.1g	模具模出数：1×1	浇口入胶方式：侧进胶

料筒温度 /℃	1	2	3	4	5
设定	220	200	190	180	170
实际	220	200	180	180	170
偏差					

模具温度 /℃	使用机器	设定	实际
前	不接水		
后	水温机	95	

	保压 4	保压 3	保压 2	保压 1	保压位置 /mm
保压压力 /kgf			120	80	
保压流量			8	6	
保压时间 /s			3.0	2.0	25.0
射胶残量 /g	22.2				

	射出 4	射出 3	射出 2	射出 1
射出压力 /kgf	75	90	156	135
射出速度 /%	6	10	20	35
位置 /mm	25.0	29.0	38.0	38.0
时间 /s	2.0			

监控				
中间时间 /s	射胶时间 /s	冷却时间 /s	全程时间 /s	顶退延时 /s
0.5	3.0	30	49.2	3.0
合模保护时间 /s	锁模力 /kN	开模终止位置 /mm	顶出长度 /mm	
0.7	120	400.0	55	

	压力 /kgf	速度 /%	背压 /kgf	终止位置 /mm
储料 1	130	45	12	35.0
储料 2	120	35	12	40.0
射退	50	13		45.0

模 具 运 水 图

后模

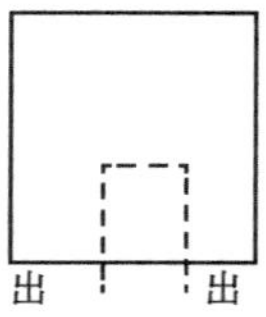

前模

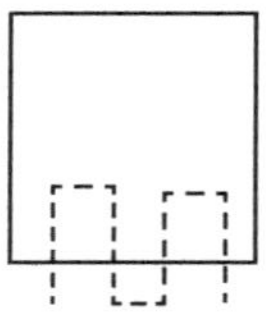

案例100 料流结合处容易断裂

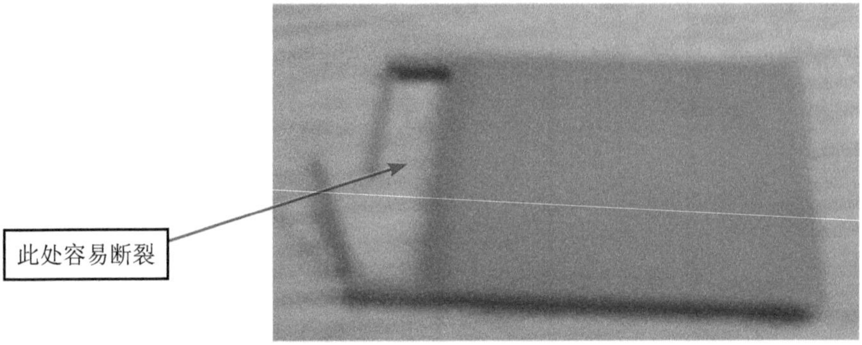

分析 原料流动性能不好；在料流结合处气体无法排出，导致结合不充分。

（1）注塑机特征

牌号：DEMAG 锁模力：100t 塑化能力：150 g 左右

（2）模具特征

模出数：1×2 入胶方式：牛角入水 顶出方式：顶针顶出 模具温度：110℃（油温机）

（3）产品物征

材料：ABS+PC GN-5001RFH 颜色：灰色 产品重（单件）：0.73g 水口重：7.74g

（4）不良原因分析

① 原料流动性不好；

② 结合处排气不好。

（5）对策

① 更换流动性好及韧性好的原料：由LG ABS+PC HP 5004S+色粉改为LG ABS+PC GN-5001RFH+色粉；

② 在料流结合处放入子增加排气效果。